让内向成为一种优势

孙平◎著

别让自己活在主观想象中，
别因为内向而与成功擦身而过

中国纺织出版社

内 容 提 要

你是聚会中滔滔不绝，活跃气氛的中心人物，还是因激烈的摇滚乐让你眩晕，而只能默默坐在角落里咬吸管，对热闹无多大兴趣的那类人？你是一个内向的人吗？你了解内向性格吗？

本书通过罗列这些年我们因为性格内向所吃的亏，从而深入剖析出内向性格是如何形成的，给予真心想要改变自己的内向性格者一些建议，目的在于激发内向性格者自身潜在的能量。

图书在版编目（CIP）数据

让内向成为一种优势 / 孙平著. —北京：中国纺织出版社，2017. 12（2023.1 重印）
ISBN 978-7-5180-4172-5

Ⅰ.①让… Ⅱ.①孙… Ⅲ.①内倾性格—通俗读物
Ⅳ.①B848.6-49

中国版本图书馆CIP数据核字（2017）第252020号

责任编辑：闫 星 特约编辑：李 杨 责任印制：储志伟

中国纺织出版社出版发行
地址：北京市朝阳区百子湾东里A407号楼 邮政编码：100124
销售电话：010－67004422 传真：010－87155801
http：//www.c-textilep.com
E-mail：faxing@c-textilep.com
中国纺织出版社天猫旗舰店
官方微博http：//weibo.com/2119887771
佳兴达印刷（天津）有限公司印刷 各地新华书店经销
2017年12月第1版 2023年1月第6次印刷
开本：710×1000 1/16 印张：17
字数：231千字 定价：38.00元

前　言

这些年，你是否吃过很多亏……

这些年，因为太内向，不管是在学生生涯，还是职场，常常会错过许多自我发展的机会。

社交场合，性格内向的人不受欢迎，只能一个人在角落里偷偷观察这个世界。面对他人的请求，从来说不出一个“不”字，哪怕自己真的有非常不得已的原因，或者其实内心很不乐意，但依然会不由自主地应承下来，成为别人口中的“老好人”；做任何事情，总是很要面子，特别在意别人对自己的评价，结果死要面子活受罪；每当朋友聚会、同事聚餐，都会尽量找借口推脱，人群狂欢的背后却只剩孤独的背影；甚至，有可能患上社交恐惧症，害怕交际，更不愿意去陌生的地方、见陌生的人。

职场中无法成功升职加薪。哪怕每天工作勤勤恳恳，但苦于口才不够，只能原地踏步，当所有跟自己同时进入公司的同事都升职加薪，而自己依然拿着微薄的薪水、挂着“基层人员”的牌子在奔波。对某个工作项目，尽管自己很有想法，但是却犹豫不决，只能成为唯唯诺诺的平庸员工。身边的同事都欺负到自己头上了，但却因为不好意思生气，还是忍耐着。所以，你成为了一位平凡的员工。

情感上一直受挫，爱在心里口难开。喜欢女孩子多年，却一直保持不咸不淡的朋友关系，不敢把爱说出口，害怕失去这个朋友。可能就在你犹豫不决的

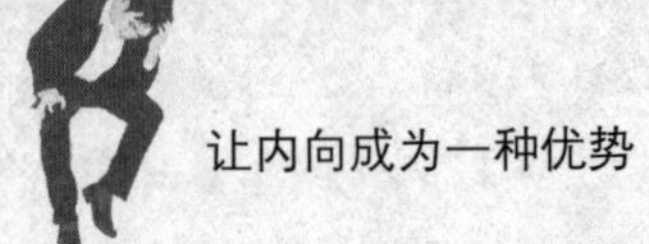

时候，别人已经捷足先登，而你却自己一个人在深夜流泪到天明。

这些年，我们确实吃过太多亏，而都是因为太内向了。

内向与外向，类似黑与白，每个人都有内向和外向两种态度，和任何的其他对立力量一样，内向与外向是一种彼此互补的关系。当然，在这个世界，并非只有你一个人是内向的。内向者因其自身的性格特点，由于不善表达，不懂得如何让别人听到自己委屈、反抗的声音，所以比较吃亏。

本书通过剖析内向者在职场、社交的各种表现，探究其在情感、情绪上的症结点，全面展示内向者的性格特点及形成原因，并引导出如何改变内向性格行之有效的方法。希望能给予每一位内向者以实质性的帮助，促使其走出自我，拥抱世界！

编著者

2017年7月

目　录

上篇　你为什么会吃亏

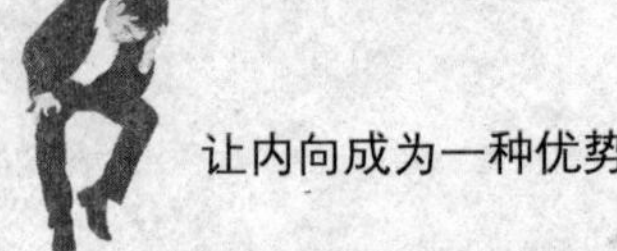

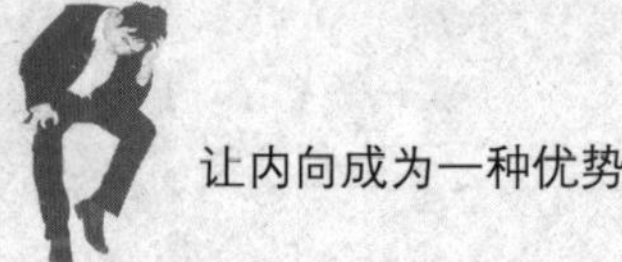

下篇　如何改变内向的性格

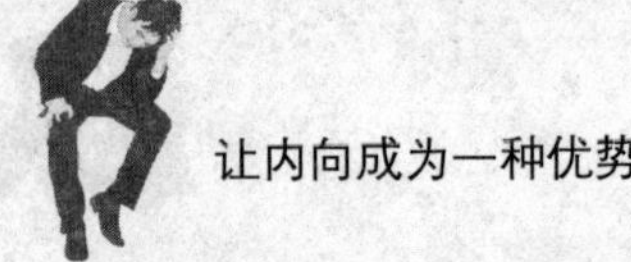

上篇

你为什么会吃亏

在日常生活和工作中，很多人总是莫名吃亏，他们自卑、羞怯、孤僻、多疑、寡言、冷漠，所以在做事、做人方面难免会不引人注目，注定成为一个被忽视的人物。而他们有一个共同的名字——内向者。

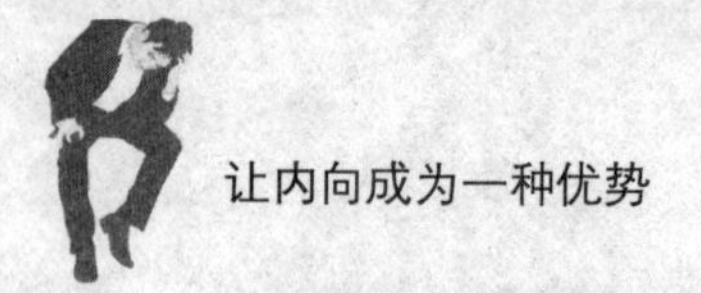

第01章　总是吃亏？还是因为你太内向

你为什么总是吃亏？还是因为你太内向。内向的个性，导致其不能将自己的想法如实地以别人可以理解的语言和可接受的态度表达出来。不仅仅是交际、工作上，和家人相处，这一点都是相当重要的。所以，内向者往往更容易吃亏。

自卑，经常错过许多自我发展的机会

自卑心理，用科学的语言可以解释为对自己缺乏一种正确的认识，在人际交往中缺乏自信，做事缺乏勇气，畏首畏尾，随声附和，没有自己的主见，一遇到有错误的事情就以为是自己不好，最后的结果是导致自己失去交往的勇气和信心。实际上，正是因为这样的自卑心理，最后会让自己失去展现自我价值的机会。

自卑，是一种不能自助和软弱的复杂情感。那些有着自卑心理的人总容易轻视自己，认为无法赶上别人。在这里，自卑心理主要表现为两个方面：一是一个人认为自己或自己的环境不如别人的自卑观念为核心的潜意识欲望、情感所组成的一种复杂心理；二是一个人由于不可以或不愿意进行奋斗而形成的文饰作用。自卑心理是因为婴幼儿时期的无能状态和对别人的依赖而引起的，对人有普遍的意义，能驱使人成为优越的正能量，不过又是反复失败的结果。当然，自卑心理，是可以通过调整认识和增强自信心并给予支持而消除的。

杰克·韦尔奇出生在一个典型的美国中产阶级家庭，父亲在铁路公司工作，每天早出晚归，因而，培养孩子的任务就主要落在了母亲的身上。与其他母亲不太一样的是，她对韦尔奇的关心更主要体现在提升他的能力和意志上。

母亲是一位非常有权威性的人，她总是让韦尔奇觉得自己什么都能干，教会了韦尔奇独立学习。每当韦尔奇的行为有所不妥，母亲总是以正面而有建设性的意见唤醒他，促使韦尔奇重新振作，母亲虽然话不是很多，但总令韦尔奇心服口服。

母亲一直抱持着这样的理念：坦率的沟通、面对现实、主宰自己的命运。她将这三门非常重要的功课教给了韦尔奇，使得韦尔奇终生受益。母亲告诉韦尔奇："要掌握自己的命运就必须树立自信。"尽管韦尔奇到了成年还是略带口吃，但是母亲安慰韦尔奇："这算不了什么缺陷，只不过想的比说的快些罢了。"正是母亲给予的这份自信，让口吃不再成为阻碍韦尔奇发展的绊脚石，而且成为了韦尔奇骄傲的标志。美国全国广播公司新闻部总裁迈克尔对韦尔奇十分钦佩，甚至开玩笑说："他真有力量，真有效率，我恨不得自己也口吃。"

韦尔奇的中学成绩应该是可以保证他进入美国最好的大学，但是，由于种种原因，他最后只进了麻州大学。刚开始，韦尔奇感到十分沮丧，但进入大学以后，沮丧变成了庆幸。他后来回忆这段经历，这样说道："如果当时我选择了麻省理工大学，那我就会被昔日的伙伴们打压，永远没有出头的一天，然而，这所较小的州立大学，让我获得了许多自信，我非常相信一个人所经历的一切，都会成为建立自信的基石，包括母亲的支持，运动，上学，取得学位。"韦尔奇的大学班主任威廉这样评价他："是他的双眼，他总是很自信，他痛恨失败，即使在足球比赛中也一样。"1981年，韦尔奇成为了历史上最年轻的CEO，他是通用电气公司董事长。而自信成为了通用电气的核心价值观之一，韦尔奇这样说："所有的管理都是围绕自信展开的。"

生活中，大部分人总是受自卑心理所驱使，无形之中把自己当做一个失败者，从而让自己失去表现自我的机会。事实上，每个人都有自己的优点，比如韦尔奇，他有口吃的毛病，不过，他却擅长唤醒内心沉睡的巨人，从那些成功经验中得到启发，进而增强自己的信心。

自信、执着，会让你握有一张人生之旅永远的坐票。那些不愿意主动寻找自己，最终只能在漂泊无依中一直流浪到老的人，他们其实就是在生活中安

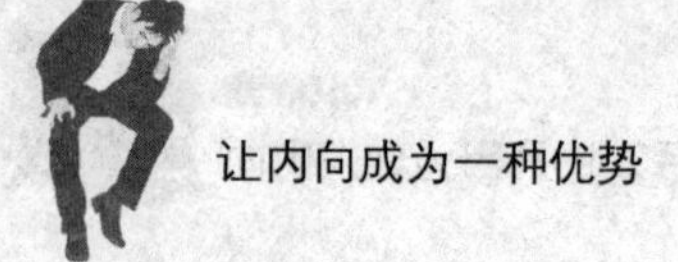

于现状、不思进取、害怕失败的自卑者，最终，他们永远滞留在没有成功的起点。

在现实生活中，曾经见到过这样的自卑者，或许自己也曾经是他们中的一员。他们不敢大声说话，不苟言笑，都是独自一个人在某个角落里默默注视着他人，实际上他们心里也渴望得到别人的关注，就是因为自卑的心理，让他们抬不起头来。因此，他们的内心世界一片黑暗，他们很少交到真心朋友，就这样自卑地活着。其实，自卑心理是可以用实际行动来克服的，而克服自卑心理最好的办法就是付诸行动，去做自己害怕的事情，直到获得成功。

那么，如何才能克服自卑心理呢?

1. 尽可能坐在最前面的位置

心理学家认为，坐在前面可以建立信心。因为敢为人先，敢上人前，敢于将自己置于众目睽睽之下，就必须有足够的勇气和胆量。时间长了，这种行为就会成为习惯，自卑也就在潜移默化中转变为自信。而且，坐在比较显眼的位置，就会放大自己在公众视野中的比例，增强反复出现的频率，起到强化自己的作用。所以，从现在开始就尽量往前坐，虽然坐前面会比较显眼，但通常情况下有并成功的一切都是显眼的。

2. 走路的姿势

从行为心理学角度分析，一个人行走的姿势、步伐与其心理状态有一定关系。若一个人步伐缓慢、步履懒散，那表示其情绪低落；若一个人抬头挺胸、快步走，那表示其信心十足，他们稳定的步伐仿佛在告诉人们："我即将去一个很重要的地方，去做很重要的事情"。

3. 微笑给予自己自信

当看到镜子里满面愁容、自卑的自己，不妨给自己一个亲切的微笑，告诉自己"一切都会好的"；当因为工作遭受挫折，不妨给自己一个微笑，给予自己充足的自信。微笑不仅能使自己充满自信，同时还能赢得别人的好感。

4. 学会正视别人

俗话说，眼睛是心灵的窗口，一个人的眼神可以折射出性格，透露出情感，传递出微妙的信息。假如不敢正视别人，那就意味着自卑、胆怯、恐惧；

躲避别人的眼神，则折射出阴暗、不坦荡的心态。当我们用眼睛正视对方，那就等于告诉对方："我是诚实的，光明正大的，我非常尊重非常尊重你，喜欢你。"所以，正视别人，反映的是一种积极心态，是自信的象征，更是个人魅力的展示。

5. 学会当众讲话

在公众场合，自卑的人认为自己的意见可能是没价值的，如果说出来，别人可能会觉得自己很愚蠢，那最好什么也不说，而且，其他人可能比自己懂得多，内心其实并不想让别人知道自己很无知。于是，在这样的过程中一次次摧毁好不容易建立起来的自信心。从积极的角度来看，假如尽可能讲话，就会增加信心。因此，不管是参加什么样的活动，每次都要主动讲话。

心理启示：

信心是获得成功不可缺少的条件，信心会引导我们走向成功的彼岸。有信心的人，他们遇事不畏缩，不恐惧，即使内心隐隐不安，最后也能勇敢地超越自我。有信心的人，他们浑身上下充满了活力，能解决任何问题，凡事全力以赴，最终成为最伟大的胜利者。

羞怯，无法充分表达自己的思想感情

羞怯心理，这是一种正常的情绪反应，一旦这种心理出现时，人体肾上腺素分泌增加，血液循环加速，这种反应往往导致大脑中枢神经活动的暂时紊乱，最后导致记忆发生故障，思维"混乱"，因此羞怯的人经常在人际交往中出现语无伦次、举止失措的现象。羞怯的人会过分考虑自己给别人留下的印象，总是担心别人看不起自己，无论做什么事情，总会有一种自卑感，总是质

疑自己的能力，过分夸大自己的缺点和不足，使自己长时间处于消沉的思想状态之中。同时，由于羞怯心理的阻碍，使得内向者无法表达自己内心的真实情感。

克里斯多夫·迈洛拉汉是一位心理治疗专家，他曾经有一个病人是30岁的单身女子，极其害怕与人约会。后来在迈洛拉汉的建议下，她写下了与约会有关的一系列事情：接电话，安排出门，在约会时说什么，关于未来又谈些什么，在将事情整个思考一番之后，她发现自己最担忧一个她并不喜欢的男人会爱上自己，她担心一旦出现这样的场面，自己不知道该如何去拒绝他。于是，迈洛拉汉帮她出了个主意，告诉她如果不想再见到约会的那个人，她该怎么样说，一旦她有了这样的准备，约会就变得轻松随意多了。

对此，迈洛拉汉总结说："记日记是一种简易而有效的方法，我们对自身的认识也许比我们自以为知道的更多，当我们用文字将我们的害怕和焦虑梳理一番时，自己也会为之惊讶。"

羞怯心理产生的原因，是因为神经活动过分敏感和后来形成的消极性自我防御机制。通常情况下，过于内向和抑郁气质的人，尤其是在大庭广众下不善于自我表露，自卑感较强和过分敏感的人也会由于太在意别人对自己的评价而显得畏首畏尾，表现得很不好意思，浑身不自在。

伯·卡登思提出这样一个词："社交侦察。"他说："假如你要参加一个晚会，最好事先弄清楚哪些人会参加，他们将说些什么，他们的兴趣是什么。假如你要参加一个商业会晤，就应尽可能了解对方的背景材料。这样，当你与人交谈时，就有了更大的主动权。"比如，你可以先找一些与自己兴趣相同的人打交道，让他们帮助树立信心。

一位心理治疗专家曾帮助一名害怕与陌生人打交道的妇女战胜羞怯。他先是了解到这名妇女喜欢编织，于是，在这位心理治疗专家的建议下，这名妇女报名参加了一个编织学习班，在那里，她可以兴致勃勃地与那些新认识的人一起讨论感兴趣的编织问题。渐渐地，她的这种班内谈话慢慢使她交上了不少朋友，并将自己的社交圈子拓展到班级之外。最后，她终于可以与人轻松相处了，即便在公众场合也很少羞怯。

在社交场合，常常会有这样的现象：有的人轻松自然，谈吐自如；有的人却手足无措，不知道怎么办才好，言谈举止都显得十分慌张。比如第一次上讲台的新教师或第一次当众演讲的人也有这样的体验：事先想好的话，一到台上就乱套了。

有人说："我从小就怕见到陌生人，在陌生人面前不知所措，从来不主动回答老师的提问，怕在众人面前说话，我今年已经30岁了，在异性面前就感到很紧张，很不自然，因此影响了我交女朋友，也影响了我与周围人的交往。请问，我这是属于一种什么心理障碍？"其实，这就是一种羞怯心理。

那么，如何才能克制自己的羞怯心理呢？

1. 增强自信心

在平时的生活中，我们应该善于发挥自己的优点和长处，千万不要为自己的缺点而难过，而要相信"天生我材必有用"，假如你只看到自己的缺点，那就越会显得自卑、羞怯。假如你抬头挺胸，自己的智慧和能力就会得到最大限度的发挥。有了自信心，自然能消除羞怯的心理。

2. 不要怕被别人议论

分析那些害怕在公众场合讲话、羞于自己与人交往的原因，我们很容易发现，他们最怕得到来自别人的否定评价。这样越怕越羞，越羞越害怕，最终形成恶性循环。实际上，在社交活动中，被人评论属于正常现象，没有必要过分计较。有时候否定的评价还会成为激励自己不断前进的动力。美国前总统林肯在年轻时演说就曾被人轰下台，不过他并没有气馁，反而更加努力，最终成为一名演说家。

3. 进行自我暗示

每当自己到了公众场合，自己感觉很紧张的时候，就对自己说："没什么可怕的，都是同样的人，不要怕"。通过自我暗示镇静情绪，那么，羞怯心理就会减少大半。万事开头难，只要我们第一句话说得确切自然，那随之而来的就是顺理成章的语言。

4. 大方与人交往

我们可以向经常见面但说话不多的人，比如邮递员、售货员等问好，与

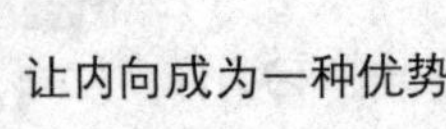

人交往，尤其是陌生人交往，要善于把紧张情绪收敛，尽可能使用一些平静、放松的语句，进行自我暗示，这样可以起到缓和紧张情绪、减轻心理负担的作用。

5. 讲究说话技巧

在平时的说话过程中，当我们感觉脸红的时候，不要试图用某种动作掩饰它，这样反而会让我们更加害羞，进一步增加了自己的羞怯心理。我们应该意识到，羞怯只是由于精神紧张，并非是不能应付社交活动。

6. 说出自己的忧虑

作为一个羞怯者，心理学家建议可以去找一些“可告的人”，比如家人、朋友和医生，这些人可以善意地对待自己的羞怯而不会嘲笑自己，向他们倾诉自己心中的忧虑，这既可以让他们为你出谋划策，又可以帮助自己摆脱心理包袱。

7. 设想最糟糕的情形

我们应该设想一下最糟糕的情形。比如，你害怕发表一个讲演，我们就设想一下这些问题：“你对这次演讲最担心的是什么？”“演讲失败，被大家笑话。”“假如真的失败了，最糟糕的局面会是怎么样？”“要么我跟他们一起笑，要么我以后再也不演讲了。”这样设想，最糟糕的结果也不过如此，并非一场不能接受的灾难，那有什么值得羞怯的呢？对于羞怯者而言，普遍的担心就是因紧张而出现的一些身体外部表现被人笑话，比如出汗、声音颤抖、脸红等，不过，这些担忧纯属多余，因为这些表现很少会被人注意到。

心理启示：

许多羞怯的人想摆脱羞怯，其结果却是越想摆脱，反而表现得越明显，逐渐形成一种恶性循环。所以，我们首先应该接纳羞怯心理，带着羞怯心理去做事，认识到羞怯只是生活的一部分，很多人都可能有这种体验，这样反而会让自己放松下来，克服羞怯心理。

孤僻，享受自我而不愿参与群体活动

孤僻心理，也就是我们常说的不合群，不能与人保持正常关系、经常离群独居的心理状态。在日常交际中，孤僻的人主要表现为不愿意与他人接触，待人冷漠，对周围的人常有厌烦、鄙视或戒备的心理。当然，有着孤僻心理的人猜疑心比较强，容易神经过敏，做事喜欢独来独往，不过也免不了被孤独、寂寞和空虚所困扰。

小王是一名战士，下士军衔，不过大家都说他性格怪异，冷漠，很少看到他与战友嬉笑打闹，做什么事情也总是独来独往，喜欢溜边，没事一个人总是待在一个角落，成为部队热闹生活的旁观者。由于他不愿意和别人交流，开会也很少发言，除非点名叫他，否则是看不到他举手的，而且说起话来语速很快很紧张一幅小心翼翼的样子。战友们都很难了解小王内心的想法，而小王平日在部队里也是一副“各扫门前雪，莫管他人瓦上霜”的态度。

有一天，领导安排四个战友在球场上打球，领导叫上小王一起去打球，小王的第一反应就是：“我不去，我又不会打。”这就是杜绝第一交际，领导说：“好，你不打，陪我去转转总可以吧，不行我们再一起回来。”好说歹说总算愿意去了，到了球场，大家都在喊：“小王，来一起玩”。小王不吱声看着领导，领导先下去，他在场边看领导和战友们打，球场上五个人肯定分不均匀，领导说：“你来吧，不然人不够，你够点意思。”小王说：“我不会，打不好。”这时小王就处于“不想交际”了。领导说：“就一次，下次我喊其他人，你就陪我们打一次，打一会就回去了。”小王不吱声，战友和领导又喊了几次，终于拖下来了。

算是勉为其难的进入了球场，当战友们看到他有好位置的时候，就把球传给他，让他投，他迟疑了，战友们都鼓励他投，说他位置好，赶紧投，他才把球投了出去。当然，他离球框很近，而且没有防守，球进了，大家都说看不出来啊，小王还留了一手。他害羞地笑了，很短暂地又闭上了嘴巴，还是那副冷漠的样子。后来，在战友们的“配合”下，小王又进了几个球，而且不用战

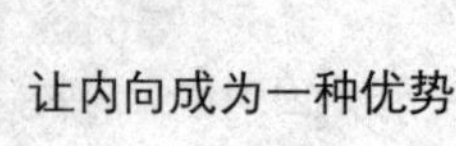

友们说会自己主动投球。打了一会儿，大家都累了，坐在球场边上东一句西一句的聊，不过话题离不开“小王球打得不错”，看他冷冰冰的脸上害羞的红红的，战友们猜测其心理肯定是在想“其实挺好的”。后来再打球，小王都主动来了。

小王就是典型的孤僻心理，符合心理孤僻所有的性格行为。那他的孤僻心理是如何产生的呢？原来，小王的父母在其幼年时死于一场火灾，自幼跟随爷爷奶奶生活，火灾的发生，给小王留下的不只是身上被大火烧伤的疤痕，而且还有不完整的人生。在他成长的过程中，小王给自己画了一个圈，给自己定了性，自己给自己增加心理暗示，自我的羞耻感、屈辱感不断增强，自我否定意识的不断形成与加剧，表现出了消极的自我评价，对身边人的戒备心理就开始产生了。随着消极自我暗示的不断出现，自己的情商扭曲，慢慢形成逃避现实、孤僻自卑、谨小慎微、容忍退让的懦弱性格。

孤僻心理的产生来自多方面的因素：青年时期的心理特点，使得孤僻心理在青年人中比较多见。青年人正处于成长的关键阶段，世界观和人生观刚开始建立，自认为已经长大成人，经常委屈地感到自己不被理解，有一种莫名奇妙的孤独感；一个缺乏强烈事业心的人也会有孤僻的心理；通常情况下，内向性格的人容易孤僻，因为他们的自我中心观念比较强，内心深处对外界有强烈的抗拒感，往往对外界事物和周围人群表现得很冷漠；童年时期的创伤经历，比如父母离婚、伙伴欺负等不良刺激，都会使他过早接受了人世间的烦恼、忧虑、焦虑不安的不良情绪体验，会使他们产生消极心境，最终形成孤僻的性格。

那如何对孤僻心理进行自我调节呢？

1. 正确认识自己和他人

孤僻者本人要对孤僻的危害有一个正确的认识，打开自己紧闭的心扉，追求人生的乐趣，摆脱孤僻的困扰，同时正确地认识别人和自己，努力寻找自己的优点和长处。孤僻者一般都没能正确地认识自己，有的觉得自己比别人强，总想着自己的优点和长处，只看到别人的缺点，自命不凡；有的则比较自卑，总认为自己不如别人，怕被别人嘲笑，而把自己封闭起来。其实，这两者都需要正确地认识别人和自己，多与别人交流思想，沟通感情，享受人与人之间的友情。

2. 敢于与人交往

性格孤僻的人应该多与那些性格外向的人一起交往，让自己的情绪受到感染，也使自己变得开朗起来。这样，在每一次交往中都会有所收获，丰富知识经验，纠正认识上的偏差，一方面获得了友情，一方面愉悦了身心。

3. 掌握交际技巧

假如我们在交际方面显得比较笨拙，那可以通过看一些有关交往的书籍，学习交往技巧，同时多参加正当、有益的集体活动，比如郊游、跳舞、打球等，在活动中逐渐培养自己开朗的性格。

心理启示：

孤僻者缺乏朋友之间的欢乐与友情，交往需要得不到满足，内心很苦闷、压抑、沮丧，感受不到人世间的温暖，看不到生活的美好，很容易消沉、颓废、不合群。由于缺乏群体的支持，整天过着提心吊胆的日子，忧心忡忡，容易出现恐慌心理。假如这样的消极情绪长时间困扰自己，就会损伤身体，严重的还会有轻生的念头。

猜疑，人为地制造交往的阻力和障碍

猜疑心理，就是在交往过程中，自我牵连倾向太重，总觉得其他什么事情都会与自己有关，对他人的言行过分敏感、多疑。《三国演义》中有这样一段描写：曹操刺杀董卓败露后，与陈宫一起逃至吕伯奢家。曹吕两家是世交。吕伯奢一见曹操到来，本想杀一头猪款待他，可是曹操因听到磨刀之声，又听说要“缚而杀之”，便大起疑心，以为要杀自己，于是不问青红皂白，拔剑误杀

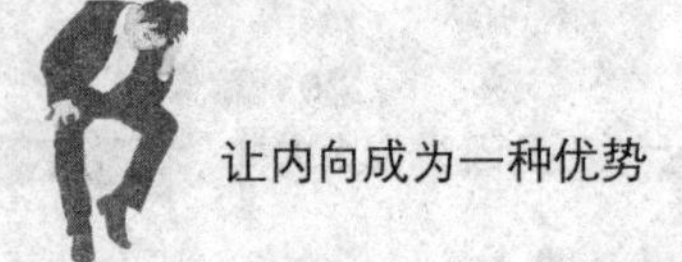

无辜，这就是一出由猜疑心理导致的悲剧。

猜疑心理无疑是人性的弱点之一，自古以来都是害人害己的祸根，一个人一旦掉进猜疑的陷阱，那必定是神经过敏，事事捕风捉影，对他人失去信任，对自己也同样心生疑窦，从而损害正常的人际关系。生活中那些疑心病很重的人，整天疑心重重，无中生有，认为人人都是不可信、不可交。比如有的人见到别人背地里讲话，就会怀疑是在讲他的坏话；有人对他态度冷淡一些，就会觉得是不是对自己有了看法。他们总觉得别人在背后说自己的坏话，或给自己使坏。同时，有猜疑心理的人特别注意留心外界和别人对自己的态度，别人脱口而出的一句话很可能都要琢磨半天，努力发现其中的“潜台词”。实际上，猜疑心理，就是人为地为爱的沟通制造了障碍。

他和她认识在浪漫的大学时代，之后在一大帮朋友的撮合下陷入了热恋。他很爱她，这是众人皆知的秘密；她也很爱他，这一点，没有人质疑。朋友们都说她就像是他的影子，总是跟在他身边，形影不离。有人说，距离产生美。但他们俩却异口同声地反驳：有了距离，美也就没有了。

她不喜欢他抽烟，尤其是在公共场合，那他就不抽，只要她高兴；她还不喜欢他上网打游戏，说那是玩物丧志，他也可以不打，因为他认为她说得很对。她不让他做的事情，他从来不坚持，因为他觉得她也是为了自己好，他应该尊重她。渐渐地，他已经习惯了她这样左右自己的生活，而她觉得只有这样，才能充分说明自己在他心目中的位置。

大学毕业后，他们开始工作了，他的工作时间并不是法定的八小时，而是变得更长。刚开始，她只是埋怨他没有时间陪她，但是后来，这种埋怨逐渐升级为猜疑。有一次，他加班回家已经深夜一点了，一进门就看到她坐在床上，便问她为什么还没有睡，她阴阳怪气地说想等他回家闻闻有没有香水味，他只当她开玩笑，脱衣服去洗澡，可洗完之后却发现她正在床上翻自己的口袋。那天晚上，两个人都无法入睡。

后来，她每天都会打数十个电话查岗，有一天他终于忍无可忍，生气地说：“我在单位，你可以放心了吧？”这样的行为愈演愈烈，每天都会有歇斯底里的争吵，本来深浓的感情一点点地被扼杀在猜疑了。

在爱情的世界里，我们都有过感动、有过信任，但在某些时候，这样的信任远远不及自己的猜疑。到底是什么扼杀了爱情？其实，真正的元凶就是因为自己抓得太紧了，没有足够的呼吸空间，爱情因窒息而死。当爱情逝去，有人才开始追悔“自己为什么会傻到去猜疑一个如此爱自己的人，甚至做了那么多愚蠢的行为”，纵然幡然醒悟，但终究亲手扼杀了一段美丽的爱情。一直以为，只要有爱，没有什么不可以的，但是，现在想来，爱情和人一样，也需要空间，也需要氧气，这样才能获得最起码的生存。

疑心病就是我们在交往过程中，总觉得其他什么事情都与自己有关，并对他人的言行猜疑，以证实自己的想法。疑心病是一种不健康的心理，具有疑心病的人，总是虚构一些因果关系去解释别人为什么会有这样的举止言谈。疑心病根源于心理学上的暗示，暗示可以分为积极暗示和消极暗示：积极暗示可以增强自信心，使人精神更加振奋；相反，消极的暗示可以使人忧心多虑，严重者会疑神疑鬼。而疑心病则源于后者，似“无病疑病”，所以，是一种不健康的心理，会影响到我们的生活、工作。

怎样才能消除疑心病呢？

1. 培养自信心

我们应该看到自己的优点与长处，逐渐培养起自信心，相信自己会处理好与他人的关系，会给他人留下良好的印象。比如，相信自己的言行在别人面前是没有挑剔的，相信自己在朋友面前是一位值得信任的人，从而打破自己虚构的因果关系。当我们充满信心地投入到交际中去时，就不用担心自己的行为，也不会随便怀疑对方是否会挑剔、为难自己了。

2. 以理智战胜疑心病

当发现自己开始怀疑别人的时候，应该及时找出自己产生疑心病的原因，在没有形成思维之前，瓦解怀疑心理。比如，怀疑朋友拿了自己的东西，这时我们可以冷静地想想，会不会是自己忘了带回家，或者是在下班路上丢了。那么，这样一来，那些胡乱的猜疑就会被逐渐瓦解。其实，现实生活中的很多猜疑是可笑的，对此，冷静地思考一番是很有必要的。

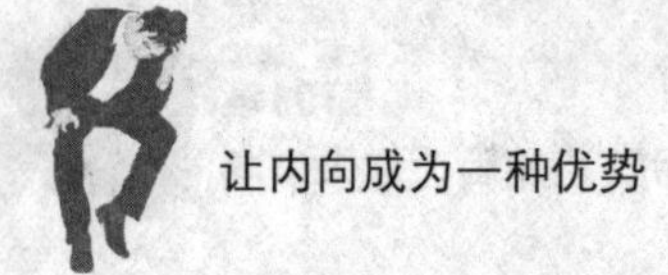

3. 自我安慰

在生活中，我们遭到别人的非议与流言，或者与朋友产生误会，这都是很正常的，没有必要去斤斤计较，你计较越多，疑心病就越重，给自己带来的烦恼就越多。假如自己觉得朋友在怀疑自己，应当安慰自己没有必要为别人的闲言碎语所纠缠，不要在意对方的议论，这样就会使自己从疑心病的烦恼中解脱出来，同时，有效地提高了自己的心商。

4. 主动沟通，消除怀疑心理

事实上，怀疑是误会的升级版，当彼此之间的误会没有得到及时的解除，就会发展为猜疑；当猜疑不能及时消除，就会导致疑心病的加重。因此，我们应该主动、及时地与"怀疑"对象开诚布公地沟通，弄清事情的真相，解除误会，消除疑心病。如果是误会，通过沟通可以及时消除；如果是意见有了分歧，适当地沟通对双方也有好处；如果猜疑是真实的，双方经过心平气和地讨论，也可以有效地解决问题。

心理启示：

疑心病本质上来说，主要是因为安全感不够，它会威胁到我们的心理健康。因此，当自己有了疑心病的征兆时，就要努力去克制住这一不健康心理的滋生，把它消灭在萌芽状态，并有效提升心商。

焦点，你并不是人群关注的中心

焦点效应，也叫做社会焦点效应，是人们高估周围人对自己外表和行为关注度的一种表现。简单地说，人类往往会把自己看作是一切的中心，并且直觉地高估别人对自己的关注程度。在现实生活中，每个人或多或少都会有焦点效应的体验，这种心理状态让我们过度关注自我，过分在意聚会或者工作集会时周围人们对我们的关注程度。

或许，我们也曾经因为在某一次派对上把饮料撒了一身而懊恼很久？我们也曾在公众场合摔倒，然后在几秒内快速爬起来，还要装作若无其事一样？假如你的答案都是“是”，那恭喜你，你已经是焦点效应的群体成员了。心理学家曾经做了这样一个实验：让康奈尔大学的学生穿上某名牌T恤，然后进入教室，穿T恤的学生事先估计会有大约一半的同学注意到他的T恤。但是，最后的结果却让人意想不到，只有23%的人注意到了这一点。通过这个实验表明，我们总觉得别人对我们会格外关注，但事实上并非如此。最终得出的结论就是：我们对自我的感觉的确占据了我们世界的重要位置，在不知不觉之间，我们放大了别人对我们的关注程度，而且通过自我的关注，我们会高估自己的突出程度。

小姿是一名歌手，以前，她也有过抱怨的时候，虽然这样的时候并不多。她上节目时说过：“自己太辛苦，实在受不了压力太大的生活，有时候，为了讨好歌迷、媒体，一年发行两张专辑，但是，自己又想把工作做得更好，这样的工作量简直令我崩溃。”以前的工作时间安排得很紧，如果白天上通告做宣传，晚上，还要去录音棚完成下一张专辑的录制，这样的生活超出了小姿可以承受的范围，每天，她都感觉到很累，但是，心中的怨气却无处诉说。最后，在内心快要崩溃的时候，她选择了退出歌坛。

在四年的休息时间里，小姿做自己喜欢的事情，她说：“以前都是大家看我怎么变化，现在我是用自己的脚步来看大家的改变。我现在可能年纪大了，似乎变得老了一些，但是，年龄并不是能掩盖的东西，我也想永远年轻，但是，却懂得这就是时间给我的礼物。在我成长的过程中，我得到的最大的一份礼物是不用费劲去证明，只需要做自己喜欢的东西，完全跟着自己的步伐，在以后的时间里，如果我能完全坚持自己的选择，那就是最好的生活。年龄在小姿纯净的笑容里被完全掩藏，而正是这样一个年龄，是一个不需要讨好任何人的时候。最近，小姿复出了，在工作上，她已经与唱片公司达成了一致的意见，不需要拿任何事情炒作新闻，同时，不需要为了赢得名气而故意报大唱片的数

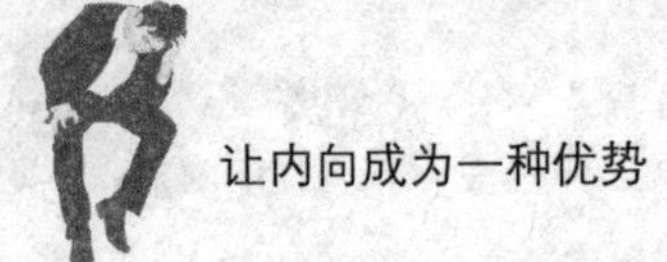

字，自己可以自由自在地唱歌，这是小姿最喜欢的一种状态。”

她这样告诉所有的媒体：“我不需要讨好所有的人，我只需要做自己喜欢的事情。”然而，就是这样一句话，令所有的媒体工作者既羡慕又嫉妒，因为，对于媒体工作者，他们的工作就是在讨好所有的人，从而放弃自己的委屈和自尊。每天，都有很多人为了人际交往，为了生存而讨好他人，他们在这种过程中感到很累，甚至，感觉到心力透支。

焦点效应，可以说在现实生活中是无所不在的。举个例子，同学聚会时拿出集体照片，每个人基本都在第一时间找到自己，事实上每个人也都在照片中首先找到了自己。当我们跟朋友聊天的时候，会很自然地将话题引到自己身上来，而且，每个人都希望成为众人关注的焦点，被众人评论。若是和初次见面的人一起用餐，不小心把酒杯打翻，或者在夹菜过程中出现了失误，这时我们都会觉得很尴尬，觉得别人都在看自己的笑话。可能很多人都会有这样的感觉，即便不是那么强烈也会觉得不好意思，那接下来的举动就会变得小心翼翼。这都是正常的表现，因为我们都很想给初次见面的人留下好印象，然而真相就是自己没那么重要，完全没必要那么紧张。

1. 不要委屈自己去讨好所有人

在日常生活中，我们都会羡慕那种所谓的“好人缘”，似乎每个人跟他都能聊到一起去，更关键的是，他所说的每一句话，所做的每一件事，都是按照大家的意愿而做的，他没有理由不受到大家的喜欢。

在公司，上司说这个方案行不通，他一句话不说，马上修改成上司喜欢的方案；挑剔的同事说，你今天的打扮好像不太和谐，第二天，他就真的换了一套服饰；在家里，爸妈说，你新交的男朋友没有固定的工作，她就真的决定与男友分手，重新找了一个能让父母感觉满意的男朋友。在这个过程中我们都会发现，自己不过是在讨好身边的人而已，我们逐渐失去了自己的生活。

2. 不需要成为焦点，自己喜欢才重要

我们生活的最初点，似乎都是在讨好所有的人，让自己成为焦点，而从来没有讨好过自己。事实上，我们要懂得这样一个道理：你不需要讨好所有的人，只有自己喜欢才是最重要的，因为，你所过的生活没有任何人来分担你的烦恼、愤怒。

心理启示：

因为焦点效应心理，我们会因为在聚会上站在角落或者弄洒了饮料而觉得自己很失败。我们总是觉得社会聚光灯会格外关注自己，但其实并不是这样，假如我们仔细观察，就会发现那些注意到我们把饮料弄洒或其他尴尬场景的人并没有想象中的那么多，所以，我们完全没必要那么紧张。

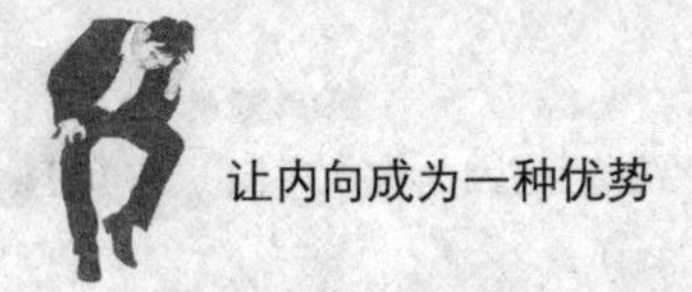

第02章　交际内向者——没人欣赏你的拘谨

在日常交际中，内向者的言行总是表现得十分拘谨，一方面他们担心自己会做错什么，另一方面在于他们不好意思表露自己。因为拘谨，往往无法更好地展现自己；因为拘谨，往往无法赢得对方的好感。

总是不好意思，都是“内向”犯的错

生活中，总有那么一群不好意思的人：不好意思打招呼，不好意思作自我介绍，不好意思赞美，不好意思批评，不好意思请功，不好意思催账……他们在人前总会不好意思，但真正到了独处的时候，便会抱怨自己“那天明明应该说几句话的”“都是内向性格造成的，害得自己白白错失了一个好机会”。尤其是在与陌生人交流的时候，这种不好意思表现更甚，使人非常窘迫。而事实上，从对方的心理角度来看，人们在与陌生人交往的过程中，都希望对方能主动打破尴尬。总是显得不好意思，其实都是内向性格的原因。因此，我们要想攻破陌生人的心理防线，就要懂得应该与陌生人聊什么。

迈克是一家外企公司的人力资源经理，他招收过一批新员工。但让他感到不解的是：这些员工们在应聘时一个个都是侃侃而谈，对考官的各种提问都应答如流，可是进入公司后，很多人不善言谈的弱点“原形毕露”，即便让他们说些迎言送语式的话，也是面红耳赤，羞涩得不得了。后来，迈克就主动找他们谈话，问他们是不是对新环境感到不适应，他们大多低着头，小声嗫嚅：“不习惯和陌生人说话。”倒是其中有一个人反问迈克：“我也不知道该怎样做才能把自己融入集体？”

迈克笑了笑，随后问另一个把嘴管得死死的新员工：“你是不是每次跟人说话都像赶考？”他点头表示“是”。迈克说：“你这是患了语言怯生忧郁综合症了。”

恐怕很多人在陌生的集体和在陌生人面前都出现这样的情况，因为怯生，所以就会出现舌头打滚、语无伦次，越想把话说得尽善尽美，越是说得言不达意。这就像一个初次登台的演唱者准备得越充分，演唱效果越是打折扣一样——怯场所致。

那么，我们该怎样说话，才能将话说到陌生人心中，从而不会感觉到不好意思呢？为此，我们需要掌握几个要点：

1. 开门见山

如果你经人介绍和一个陌生人或者一群人认识，你不了解他们，他们也不了解你，你的心跳会不会突然加快，不知道如何是好？

很多人在这时候便会不好意思，甚至希望简单的自我介绍也省了。但事实上，社交就是这样，第一次陌生，第二次就熟悉了。跟陌生人认识，最简单的莫过于打招呼，“大家好，我是某某”，一个简单的介绍就行了。当然，对于那种想要在陌生人面前留下深刻印象的人，则需要讲究点谋略，比如“我就说三句话。一句是……一句是……最后一句话……谢谢大家”。

2. 问话探路

当然，介绍完自己，还需要适时询问一下对方是什么样的情况。比如“你也是这个学校的吗”“看起来有些眼熟，你经常去图书馆吗”“听说你是山东人，我也是，请问你是山东哪里的？”当然，所选择的问题需要找准对方的问题点，才能适时提问，不至于引起对方的反感。

3. 轻松探微

和一个陌生人初识，有时只需抓住对方工作或生活的某个细节，就会很顺利地叩开对方的心门，激发彼此交流的欲望。

仔细观察一下你身边的陌生人，看看他们是否有比较特别的地方，比如，对方使用的手机款式让你非常青睐，比如对方的耳环是不是很特别……谈论这些细节很可能立刻吸引对方的兴趣。聊天的话题最好选择节奏感比较轻松明快

的、无需费尽思量的，这样就不会让人对你的搭话产生反感。有时候，即使无语，只需向对方抱以会心的一笑，也会拉近彼此的距离。

心理启示：

戴尔·卡耐基在他的《人性的弱点》中提到了人际关系的抑郁症。是什么导致抑郁？是怯生。而怯生的原因反过来归结于我们不懂得如何说出打破尴尬的话。当对方有意和你沟通时，无论对方的话是对是错，切忌否定对方，因为毕竟你们还不熟，一旦被否，余下的沟通就很难继续，前面你所做的一切细节探微的努力也会因此而徒劳。

内向者如何建立人脉？

我们在生活中，总会遇到很多陌生人，与他们有着或亲或疏的关系，千万不要不好意思与陌生人做朋友，因为任何一个朋友都是从陌生人开始发展而来的。通常情况下，我们为了工作、生活，不可能永远局限在自己狭窄的交际圈子里，必须不断地拓展自己的交际圈子，结识更多的新朋友，扩大自己的人脉关系，储备自己的人脉资源。这对于每个人来说，都是必不可少的交际过程。因此，我们每天面对众多的陌生人，他们之中就有我们需要结实的新朋友，他们就是我们即将拓展的交际圈子中的一员。

小张是公司采购部的调查员，这次他被委派到乡下调查村民的蘑菇收成情况。由于当天他处理一些事情耽误了最后一趟班车，而这个地方离镇上的招待所又很远，所以他不得不就近找一户人家投宿。但是他一连问了好几家，都被主人婉言拒绝了。对此，小张倒也能理解，毕竟谁也不愿意留一个陌生人在家里住宿。可是，天已经越来越黑了，小张决定最后再碰碰运气。

当小张再次敲开一户农家的门时，开门的是一位老大爷，只见他一脸戒备地问道："你是谁？你有什么事吗？"

这次，小张并没有直接说自己想投宿的意思，而是说："大爷，我听说这个村子里有几家种蘑菇的能手，听说他们对蘑菇的研究比专业的研究人员还厉害，我是公司采购部的调查员，准备调查一下他们的蘑菇收成情况，但是不知道那几家住在哪里，所以向您打听一下。"

那位老大爷听了小张的话，脸上的神情立即缓和了下来："小伙子，你进来慢慢说吧，这天都黑了，外面黑灯瞎火的，你怎么赶路呢？"

小张连忙道谢，跟随着老大爷一起进了屋，小张看了看老大爷的屋里，不经意发现了很多晒干的蘑菇。小张走上前去，拿了一朵蘑菇放在手里观察，发现被晒干的蘑菇，色泽鲜亮，异常饱满硕大，小张不禁问道："大爷，您可真会种蘑菇啊！您就是村里几家能手之一吧！"

老大爷听了，乐呵呵地笑了："你还别说，我其他没有什么好说的，就是我这辈子就数种蘑菇有了点成绩。"

小张不禁向老大爷竖起了大拇指："这已经是巨大的成绩了，您种这种蘑菇有什么讲究吗？"

一个问题打开了老大爷的话匣子，这一老一少就种蘑菇的话题说开了。当然，那天晚上小张就住在了老大爷的家里。

小张并没有直接说出自己想投宿的意思，但是他希望借宿的目的却达到了。他用老大爷引以为豪的种蘑菇作为话题的切入点，迅速把双方之间的感情距离缩短了。

在我们身边的每一个朋友都是从陌生到熟识的，与陌生人交流，如果处理得好，可以一见如故，相见恨晚；如果处理不当，就会导致四目相对，局促无言。因此，我们在与陌生人交往的时候，最关键的就是消除对方心里的陌生感。那么，这就需要你掌握几个可行性的技巧和方法。

1. 顺势取材

据说，在西方很多国家见面打招呼的第一句话就是"今天天气怎么样"。这样的场面话当然不错，但是如果你不论时间、地点只一味地谈论天气则会显

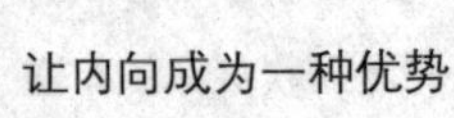

得有些滑稽。最好就是结合周围的环境，顺势取材，随机应变。比如，对方第一次邀请你去他家玩，你不妨就他们家的装修、室内设计进行赞美："这房间设计不错"。对方可能会自豪地说："这都是我的主意"，这样一下子就打开了双方的话匣子。其实，这样的谈话并没有多少实质性的内容，主要是为了消除彼此的陌生感，使双方之间的气氛融洽。

2. 善意的微笑

陌生人之间第一次见面，必然要留下极为深刻的印象。如果你能在陌生人面前露出善意的微笑，那无疑会为你增添不少魅力。每个人在面对一个陌生人时，总会多多少少有一种防备心理，不愿意向对方开启心灵之门。但是，微笑是打开对方心扉的"钥匙"，即便是一个再冷漠的人，他对你的微笑也是没有任何戒备心理的。因为，微笑不仅不具备攻击性，更是一种友好的表达方式。

3. 适当地提问

我们在与陌生人见面时，免不了要进行语言上的沟通，除了倾听对方的谈话之外，还需要适当的提问，激起对方谈话的欲望。提问是引导话题、展开谈话或话题的一个好方法。提问有三方面的作用：一是通过发问来了解自己不熟悉的情况；二是对方的思路引导到某个要点上；三是打破冷场，避免僵局。

当然，提问也是需要技巧的，要避开一些对方难以应对的问题，比如，超乎对方知识水平的有关问题、对方难以启齿的隐私等。还需要注意提问的方式，不能像查户口一样机械性地提问，你可以适当问："你这次到北京有什么新的感触"，这样才能激起对方谈话的欲望。如果你向对方提问，对方不愿意回答或者回答不上来，那么你要迅速转换话题，化解尴尬的气氛。

心理启示：

如何与一个完全陌生的人交朋友呢？最为关键的一步就是要消除彼此之间的陌生感，使对方产生一种亲切感，对你失去戒备心理，自愿与你建立一种良好的人际关系。

内向者总是死要面子活受罪

俗话说："人争一口气，佛争一炷香。"在一些内向者的眼里，面子是非常重要的，它总是与一个人的人格、自尊、荣誉、威信、影响、体面等联系在一起。如果一个人的面子受到损害时，他就会下不来台，就会生气。因为爱面子，也怕丢面子，因此有些人总是千方百计地维护自己的面子，而正是在这一过程当中，他们失去了很多更加有价值的东西。"死要面子活受罪"说的就是这种事情。

对于那些死要面子的人，真正到了自己的正当利益受到损害或面临威胁时，却因为害怕丢面子，不敢站出来据理力争，最后只能看着本该属于自己的那份利益被他人拿走，可谓是哑巴吃黄连——有苦说不出。

惠心禅师做小沙弥时，皇帝赏赐不少，惠心托人送给母亲，以表孝心。不久，母亲写信来说："你给我的东西，是皇上的赏赐，我当然十分喜欢。但我当初送你学道为僧，是希望你做一个有修有证的禅人，并不希望你一生都在名利场中生活。如果只好世间的虚荣，就是违背了我的心愿。希望你记住什么叫做'真参实学'，什么叫做'人天师范'！"

惠心沙弥读完母亲的这封信后，从此立志要做一个真正弘法度众的宗教家，效法《华严经》中的提示，"但愿众生得离苦，不为自己求安乐"，而不再汲汲名利上追求。

鲁迅在《"要面子"与"不要脸"》这篇文章里面说，"要面子"与"不要脸"实在也有很难分辨的时候。例如，一个绅士，叫他四大人吧，有钱有势，人们都以能和他攀谈为荣。有一个专爱夸耀自己的叫花子，有一天突然高兴地对大家说："四大人和我说过话了！"大家既惊奇，又很羡慕，问他："说了什么呢？"叫花子回答说："我站在他门口，四大人出来了。对我说：'滚开去！'"所以，有些自以为有了面子的人，实际上是"不要脸"的人。在生活中我们要时时警惕自己，看看自己是否要了不该要的面子。

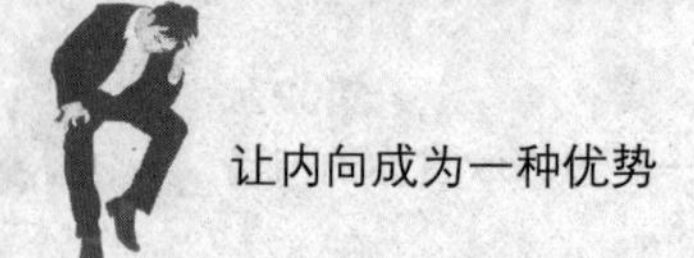

有个书生家里很穷，却很爱面子。一天晚上，小偷来到他家中，搜寻之后，没有发现值得一偷的东西，便跺脚叹道："晦气，我算碰到了真正的穷鬼！"书生听了，赶紧从床头摸出仅有的几文钱，塞给小偷，说："您来的不巧，请您就把这点钱带上。但在他人面前，希望您不要张扬，给我留点面子啊！"

这个书生就是一个爱慕虚荣的人，其实这样的人在生活中很多。这些都是自己的虚荣心在作怪。无论处在人生的哪个阶段，无论处于什么样的境地，都要警惕自己的虚荣心。有时候，与其装出一副自己都对、洋洋得意的样子，还不如做错事情的时候勇敢承认。

齐国有一个人，娶了两个老婆。这个齐国人很爱面子，经常在妻子面前炫耀自己在外面跟大人物来往。他常常喝得醉醺醺地回家。大老婆问他："你跟什么人喝酒？"他洋洋得意地回答："都是些有钱有势的大官人！"

大老婆便告诉小老婆，说："丈夫外出，总是饭饱酒醉而后回来；问他同一些什么人吃喝，他说全都是一些有钱有势的，但是，我从来没有见过什么显贵人物到我们家来，我准备偷偷地跟踪他，看他究竟到了些什么地方。"

第二天清早起来，大老婆便偷偷跟随在丈夫后面，走了很久，全城几乎走遍了，也没发现一个什么显贵的人物站住同她丈夫说话。最后，来到了东郊外的墓地，看见丈夫走向一些祭扫坟墓的人，讨些残菜剩饭；此处不够，又东张西望地跑到别处去乞讨。他吃饱喝醉的办法于是真相大白。

大老婆回到家里，便把情况告诉小老婆，悲痛地说："丈夫是我们仰望而终身倚靠的人，现在他竟然这样欺骗我们，我们还有什么指望呢！"两人便在家里一起哭起来，咒骂着自己的丈夫。但丈夫还不知道，高高兴兴地从外面回来，又向他两个女人摆起威风来了。

或许有人说，男子汉大丈夫，怎么可以不要面子呢？那么到底什么是面子呢？难道大丈夫的面子就是在妻儿面前发号施令、颐指气使的样子？难道大丈夫的风度就是当众喝酒赌博、狂言乱语的样子？俗话说得好："大丈夫能屈能伸。"假如大丈夫连一点小事都觉得丢了面子，那他还算是一个大丈夫吗？

1. 不要为了面子把自己逼疯

在生活中，有的人原本很穷，却死要面子，勒紧裤腰带，与人比阔。有的人，为死要面子，四处吹嘘自己怎么怎么“有能耐”“能办事”，无限夸大自己所谓的“后台”是如何如何的“硬”，也有的人明明意外成功，自己明明“喜出望外”，激动异常，却死要面子，假装深沉，装作没事一样。其实，很多事情是可以把自己逼疯的。对于那些爱面子的人，他们总是采取一种务虚而不务实的态度，把面子放在绝对不可动摇的位置，自动承受由此带来的利益上的巨大损失。

2. 不要得了面子，丢了里子

面子是表面的，是虚浮的，要面子就是虚荣心的表现。里子是深层的，是实实在在的。面子华而不实，里子却是表里如一。里子真实的人，虽然没有外表的美，但是却有内心美，最终会得到人们的理解和尊重。一个人假如没有灵魂，那么这个躯壳还有什么用。

心理启示：

在对待面子的这个问题上，我们一定要学会放下，面子既不能不要，也不能死要面子，让自己活受罪。但面子应该留多少，什么样的面子值得维护，什么样的面子该舍弃，一定要把握好这个度。否则，自认为要了面子，而其实往往就是丢了面子，丢了面子还算是小事情，问题是让自己白白吃了哑巴亏就太不划算了。

老好人总是不好意思拒绝

在生活中，许多内向者总是被人们贴上“老好人”的标签。“老好人”是人们对一个人人格的赞许，因为他们对别人总是有求必应，哪怕自己会因此感到痛苦，他们也不会拒绝。对此，美国心理学家莱斯·巴巴内尔认为，为人

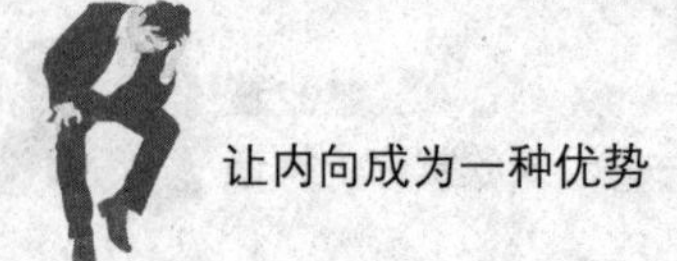

友善是应该的，不过在能力不足或自己繁忙时懂得拒绝才算正常。不懂得拒绝的人并不值得赞美，因为其外表的友善掩盖了一系列的心理和精神问题。巴巴内尔在其著作《揭开友善的面具》中写道，这类人的病理状态名为“看管人性格紊乱”或“友善病”。他们之所以表现得很友善，有可能存在天生的人格问题，如自卑或孤僻，也可能是受到不好的家庭教育，如家教过严，从小就不敢顶嘴或辩解。

有一个典型案例：

王女士的亲友有问题就爱向她求助，一个侄女每天给她打电话，声泪俱下地控诉丈夫，而且一说就是数小时。王女士的其他朋友也是遇到问题就找她帮忙，她从来都不知该如何拒绝别人。私下里，王女士说，她已经身心俱疲了。有一次，一位同事向她倾诉，她放下自己的事情安慰同事。“我当时真想让她闭嘴或滚开，但不知如何开口。”

人们不懂拒绝的原因竟然是取悦别人，当然，这些人的心态存在逻辑的缺陷和错误。一旦拒绝了对方，无法取悦对方，他们就会产生沮丧、焦虑、自责和内疚等消极情感，结果自己就会在适得其反的紧张循环中难以自拔。

2001年布莱柯的《讨好的毛病：治疗讨好他人的综合症》一书问世，如同一颗重磅炸弹在美国社会中引起强烈的反响，不但一下子成为畅销书，而且在著名电视主持人奥普拉·温弗瑞的电视节目中成为讨论的专题，直到今天，这依然是一个大众心理学不可错过的好话题。

在书中，布莱柯认为，一心当好人原来并非没有问题，而是一种有害的心理疾病，它源自“好人”对自己个体价值的信心匮乏，渴望用对他人做好事来赢得外来的肯定与赞美，这样的渴望一旦成为心理定势，就会严重降低行为者的判断力和自控力，成为一种习惯和依赖。

你是否是老好人，这是可以测试的：

请根据自己的真实情况，进行一次“体验”，请回答“是”或“否”。

A. 与其协商分歧之处，我试图强调我们的共同之处。

B. 在问题解决的过程中，我试图找到一个妥协性的解决方法。

C. 我可能努力缓和他人的情感，从而维持我们的关系。

D. 我有时牺牲自己的意志，而成全他人的愿望。

E. 为避免不利的紧张状态，我做一些必要的努力。

F. 我试图推迟对问题的处理，使自己有时间做一番周全的考虑。

G. 我试图不伤害对方的情感。

H. 感到意见分歧总是值得令人担心。

I. 我放弃某些目标作为交换，以获得其他的目标。

J. 我避免站在可能产生矛盾的立场。

如果你的回答中“是”超过半数，你就是个十足的滥好人。你总是模糊事情的真相，喜欢在灰色地带处理人事问题，喜欢扮演好人而不讲实话。

如同港剧中的台词，安慰别人时说：“做人呢，最重要的是开心”，遇到别人吵架时，来一句“都别吵了，喝碗糖水先”等等，你善于缓和气氛，更会没原则地和稀泥。你缺乏创造力，工作效率不高，生活中没有特别偏激的观点，也不喜欢处处与人交恶，处处一副“温良恭俭让”的低调姿态。

在美国，有一个叫“好人综合症”的说法，所谓的“好人”，是那些对别人十分亲切友善、特别好说话、有求必应、想方设法帮助别人、从来不考虑自己，并以此为荣的人们。对这些所谓的“好人”而言，当好人不但是一种习惯或行为方式，而且更是一种与他人建立的特殊人际关系。老好人所做的都是对别人有利，讨别人喜欢的事情，所以他们都收到了别人颁发的“好人卡”。实际上，接受好人助人为乐行为的其他人，都有意无意带有自私目的，但老人却乐在其中，甚至一般人并不觉得这样做有什么问题。

1. “老好人”是一种行为偏差

老好人是一种行为偏差，甚至是生活或工作的某些方面出现了危机。老好人通常都是很普通的职员，他们工作十分努力，但成就却相当有限，于是，做好事成为他们博得他人另眼看待或赞扬的补偿方式。这样的人通常在家庭或家庭关系中可能有欠缺，如童年得不到父母或兄弟姐妹的关爱，这会使他们更加在意关系疏远者对自己的好感，不惜为之付出自己的百倍努力，甚至也有人对家人态度恶劣，对外人特别和蔼可亲。

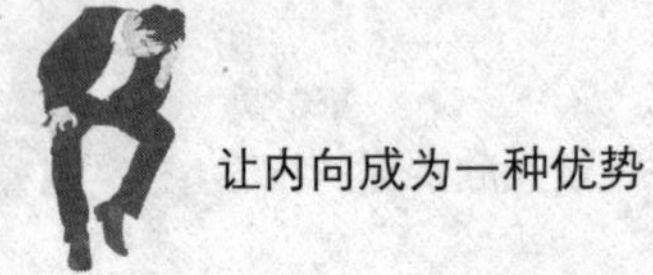

2. 缺少健康界限

老好人并非好人一个人的事，往往会弄得身边人也会困扰，甚至给他们带来跟着受罪的感觉，而且好人的亲疏不辨还会给家人带来伤害。对此，心理学家指出，一个人要保持健康的心理，有合乎常理的行为，就必须保持一定的“健康界线”。也就是说，每一位个体的人都生活在某种身体、感情和思想的健康界线之内，这个界线帮助他判断和决定谁可以接纳，并接纳到什么程度，为谁可以付出什么，并付出到什么程度。

3. 有时候会带来坏情绪

有时候，老好人的思想意识会给人带来负面感情。比如当朋友需要你帮助，或者要求你周末陪她逛街，如果你做不到，就会感到内疚；假如领导需要你在工作时间做一些烦琐的事情，你若做不到，则很可能感觉到的并非内疚，而是担心领导不高兴。

心理启示：

老好人要学会控制自己的思维，毕竟总想取悦对方的心态是不靠谱的。思想会促使自己为取悦于人的习惯找理由，从而让这些习惯根深蒂固，比如，养成付出的习惯，不懂拒绝的习惯。甚至，这样的思想还会纵容自己继续逃避及可怕的情感。

放下清高，送礼并不庸俗

在日常生活中，我们常说“礼多人不怪”，在送礼之风越来越盛行的现代社会，拜访朋友稍点东西，看望老人买点补品，逢年过节更是礼不断。内向者平时不善言辞，到了求人办事时也总是不开窍，不学别人送送礼，结果事儿没办成怪自己。如果我们在办事时空着手，没有任何表示，办事也就无从下手。

其实，在反复送礼、回礼的过程中，你会发现礼物让彼此之间的距离更近了，那么，办事自然也就容易多了。喜欢足球比赛的人都知道，在比赛开始之前，两队的队长都会交换礼物和队旗，然后说上两句友好的话才开始比赛。其中交换礼物和队旗，这既是彼此之间的尊重，同时，也是连接友谊的纽带。如果在足球场上发生了不和谐的事情，双方队长也会看在先前的赠礼环节而妥善处理争端。由此可见，送礼已经成为了一种最有效的办事方式之一。

三国演义中，关羽被曹操俘虏之后，由于曹操爱惜人才，不但没有杀他，而且还听从了谋士的话，将从吕布那里缴获的赤兔宝马送给了关羽，并且赐予了关羽爵位。关羽在当时并没有被这些礼物打动，他依然想着投奔刘备，不惜过五关斩六将离开曹营。

不过，后来，曹操所赠送的那些礼物却派上了用场。在曹操危难的时候，关羽斩颜良诛文丑，在华容道的时候更是饶了他一条命。原来，在赤壁之战的时候，曹操兵败，落荒而逃，不料在华容道遇到被诸葛亮派往把守的关羽。此时，曹操身边只剩下几员大将和随从，早已是人困马乏，只要关羽一声令下，立即就会束手就擒。结果，关羽念在昔日曹操对自己的赐予之恩，而把他放跑了。

或许，曹操也没想到自己当时送出的“笼络人心”之礼却挽救了自己的性命，曹操的礼物为自己投资了人情，而在曹操危难之际，关羽也正是看在人情上而放过了他。由此看出，礼物在人与人交流之间所起的作用。

王小姐在业务部待了三年，奔波劳累的生活令她十分疲倦，更令自己感到烦躁的是，现在的客户越来越刁钻，往往是说得嘴巴都麻木了，可对方还是不为所动。这不，她又被公司派遣到一家公司当说客，希望能够签下一份合同。王小姐疲惫地对上司说：“我会尽力的！”可是，谁知道结果呢？她又在心中补充了一句。

在公司门口等了大半天，王小姐才得以见到了那位老总，一见面，王小姐觉得对方很面熟，想不起在哪里见过。她摇了摇头，人家可是公司老总，怎么会认识我呢？在言谈中，那位自称是张总的女士十分亲热，在了解了相关产品之后，她就主动拿出一份合同，双方拟定了条件，签下了那份合约。王小姐十

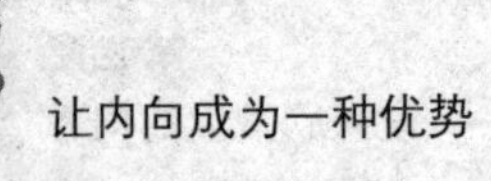

分惊讶，没想到这么快就摆平了。会谈后，张总说："快到中午了，咱们一起吃个饭吧。"王小姐有些受宠若惊，但还是答应了。

席间，张总微笑着说："王娜，你认不出我来了？"王小姐十分惊讶："啊？您怎么认识我？"张总回答说："我是张婷啊，高中的时候，咱们是同桌，你刚进办公室，我就认出你来了。""张婷？"王小姐脑海中浮现出一个农村女孩的样子，可是，这变化也太大了，张总继续说："我记得在高中的时候，你对我特别好，我是一个穷人家的孩子，你却经常送我文具啊，书本啊那些礼物，当时，我就暗暗下决心，长大了要好好报答你。没想到，还真遇到了你，你还在跑业务吗？我公司正想招聘办公室主任，要不，你来我这里上班吧。"王小姐有些愣住了，没想到多年以前所送出的礼物，今天却收到了丰厚的回报。

因为礼物而积攒下来的人情是珍贵的，这样的一份人情在办事时能够助我们一臂之力。的确，那些很多年以前送出的礼物，也同样会勾起对方的回忆，在某一天，它将以丰厚的回报来到我们身边。礼物，能增进彼此之间的感情，同时，能为我们办事成功赢得几分几率。

1."礼"和"利"

在现代社会中，"礼"和"利"是相连在一起的，往往是"利""礼"相关，先"礼"后"利"，有了"礼"才有"利"。而且，礼物在很大程度上可以为我们投资人情。所以，要想办成大事，我们要善于送礼，多投资人情，建立强大的关系网，那么，办事也就不费劲了。

2. 礼能敲开"心门"

有人将礼物作为"敲门砖"，的确，这样一块敲门砖不仅能够敲开对方的门，还能敲开对方的心。更为重要的是，礼品是商品，是人情投资，办事时若是稍上些礼物，那么，自然能事倍功半。所以，在生活中，我们要善于送礼，掌握送礼的技巧与方法，多投资人情，为自己办事铺平道路。

心理启示：

《礼记·曲礼》：“礼尚往来，往而不来，非礼也；来而不往，亦非礼也。”这就是我们常说的礼尚往来，从礼物的不断流动中，我们可以看到，陌生人变成了熟人，熟人变成了朋友。在日常交际中，人与人之间来往的频繁度往往决定了两个人感情距离的远近程度，而礼物本身就是用来增加彼此之间的往来频率的。

别不好意思承认错误

内向者犯错，总不好意思承认错误，自己一个人闷着。有时候，我们有可能会说错话，有可能会做错事，这就难免会得罪他人，使原有和谐友好的人际关系产生裂痕。不过，在错误发生之后，如果我们能诚恳地致歉，主动说“对不起”，一般而言，我们是能够得到对方谅解的。假如我们发现自己错了，却不愿意道歉，甚至处处找借口为自己辩解，这样的结果不仅得不到朋友的谅解，也使自己处于孤立无援的境地。

从卡耐基家步行一分钟，就可以到达森林公园。因此，卡耐基常常带着一只叫雷斯的小猎狗到公园散步。因为他们在公园里很少碰到人，又因为这条狗友善而不伤人，所以卡耐基常常不替雷斯系狗链或戴口罩。

有一天，他们在公园遇见一位骑马的警察，警察严厉地说：“你为什么让你的狗跑来跑去而不给它系上链子或戴上口罩？你难道不知道这是违法吗？”“是的，我知道。”卡耐基低声地说，“不过，我认为它不至于在这儿咬人。”“你不认为！你不认为！法律是不管你怎么认为的。它可能在这里咬死松鼠，或咬伤小孩，这次我不追究，假如下次再被我碰上，你就必须跟法官解释了。”警察再次提出了警告。

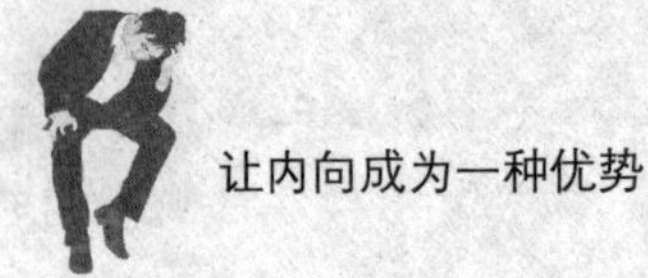

卡耐基的确照办了，可是，他的雷斯不喜欢戴口罩，他也不喜欢它那样。一天下午，他和雷斯正在一座小坡上赛跑，突然，他看见那位警察大人正骑在一匹棕色的马上。卡耐基想，这下栽了！他决定不等警察开口就先发制人。他说："先生，这下你当场逮到我了。我有罪，你上星期警告过我，若是再带小狗出来而不给它戴口罩，你就要罚我。""好说，好说"警察回答的声调很柔和，"我知道在没有人的时候，谁都忍不住要带这样一条小狗出来溜达。""的确忍不住。"卡耐基说道，"但这是违法的。""哦，你大概把事情看得太严重了，"警察说，"我们这样吧，你只要让它跑过小山，到我看不到的地方，事情就算了。"

在这个案例中，卡耐基先后两次向警察诚恳地道歉，在后面一次，他先发制人，率先批评自己，言辞恳切地表示自己应该受到惩罚。出人意料的是，就在卡耐基一个劲地责备自己的时候，警察已经开始宽容他的过错。在生活中，如果我们免不了受到责备，为什么不自己先认错呢？至少，谴责自己总比挨别人批评好受得多，并且，更容易得到对方的谅解。

诚恳而巧妙的道歉，能够挽救人际危机，化解尴尬气氛，继而巩固关系，推进新的人际关系的发展。不过，在这其中，道歉也是需要技巧的，下面我们就简单地列举以下几种。

1. 道歉用语

诚恳的道歉需要适宜的道歉用语，比如"对不起""请原谅""很抱歉""请你转告王先生，就说我对不起他""对不起，是我的错""我错怪你了""不好意思，给你添麻烦了"，等等。

2. 把握道歉的最佳时机

当你发现自己说错了话或者做错了事情的时候，就需要及时地道歉，道歉越及时越有效果，我们很难想象在几十年后才说"对不起"会发生什么事情。当然，道歉的最佳时机还应该选在双方都心平气和的时候，对方情绪比较好的时候，更容易接受你的道歉。

3. 先批评自己

道歉并不是等对方的责备已经来了再道歉，这时候你已经激起了对方的怒火，因此，我们需要先发制人，率先批评自己，这样对方就不好意思再责备你了，而且，也会宽容地谅解你的错误言行。

心理启示：

俗话说："智者千虑，必有一失。"一个人再聪明，再能干，也会有犯错误的时候。孙子曾说："过也，人皆见之；更之，人皆仰之。"在日常生活中，我们都不可避免地会做错一些事情，其实，做错事情并不是一件丢人的事情，只要能够及时认识到错误并改正错误，即刻向对方诚恳地道歉，这样化解矛盾，获得对方的好感。

第03章　职场内向者——谁偷走了你的升职机会

日常工作中，总有那么一群默默努力的人，不邀功、不展现自我，就连简单的汇报工作也不会。也因此，他们错过每次升职和加薪的机会。那么，这些职场内向者，是谁偷走了你的升职机会呢?

你总是默默无闻不受关注吗?

信息时代，最受瞩目的是什么?——注意力。现代社会，人们所面对的都是电脑、智能手机等新兴科技产品，再加上繁忙的生活工作，使得人们的注意力下降，不容易被吸引。这时，如果能够有较强的关注度，吸引人们的高度重视，那就是最大的成功。

现代社会，不管是因特网，还是趋于流行的智能手机，这一切的背后都有一种力量在驱动着人们，目的就是为了吸引其注意力。哪怕在大自然，鸟类用羽毛和歌声来吸引异性的注意，以获得繁殖后代的优先权，而在知识经济时代，注意力则成为商机的先导。

在职场，同样会存在“注意力”。那么，你的关注值有多少呢?作为职场人，领导和同事对你有多少关注呢?你是处于角落里默默无闻的路人甲还是整天进出领导办公室的红人?如果你是属于前者，那么很遗憾的告诉你，你应该适时想办法提升自己的关注度了。

瑶瑶今年快30了，职场之路平淡无奇，直到这个年纪仍是一名普通的员工，拿着微薄的薪水，过着不咸不淡的日子。

不过，她常常跟朋友抱怨：“我觉得老板一点都不喜欢我，那天还特意在

公司大会上点了我的名字，希望我能提升业务量，你说那么多同事，为什么偏偏提我的名字呢？而且比我业务差的人不在少数呢，干嘛是我？”……“你不知道，我们最近发工资了，但是我与同事之间差了整整七百，我就知道老板偏心，好像我不招人待见一样，哎，亲爱的，看来我得想办法转行了……”

当朋友询问：“你经常和老板沟通、汇报工作吗？”她却一直摇头：“没有，我不喜欢与领导距离走的近，如果我经常去找他，别的同事肯定以为我在拍马屁，或想升职，总而言之，办公室又会多很多闲话，我不喜欢这样。”朋友不解：“可是，对于你正在做的工作的进展情况，你不需要主动向领导汇报吗？不然，他怎么知道你一天在忙些什么呢？而且对于工作上有难度的地方，你也应该及时请教老板，他才知道你在努力工作，想办法解决问题。”瑶瑶一脸单纯地回答：“可是，我只是单纯地做一个员工而已，我没想那么多。”

所以呢，瑶瑶永远得不到领导的关注，反而认为自己被忽略了。

增加关注值，在于增加与领导见面的频率。举个简单的例子，一个进公司半年的人升职了，原因在于他进公司半个月就与领导熟悉了，之后各种汇报工作，加深了他在领导心目中的印象；而一个在公司工作五年的人，默默无闻地守在自己的办公桌前，从未升职，因为他很少与领导交流、沟通，更别说主动汇报工作了。

事实上，向领导汇报工作是员工履行好职责的基本功，汇报是一个主动沟通的机会。尽管领导都是难以伺候的，跟他汇报工作他嫌你烦，不汇报工作他又说你自作主张。不过，既然你并不是老板，那就只能主动去适应工作，调整自己，找到适合领导个性的汇报方式。

小张刚进公司三个月，就被任命为小组长，获得如此快的职场提升不仅仅在于他卓越的工作能力，还取决于他与领导的熟络程度。

上班第一天结束，他就趁着领导等车的几分钟打了招呼，当领导礼貌性地问一天工作下来感觉怎么样时，他侃侃而谈：“还可以，我很快适应了这里的工作节奏，今天您交给我的策划案，我已经快完成了，明天早上就能发到您的邮箱，我知道这份策划案很急，所以晚上加班再详细检查一遍。”领导赞许地点点头，拍拍他的肩膀：“好好干！我看好你。”

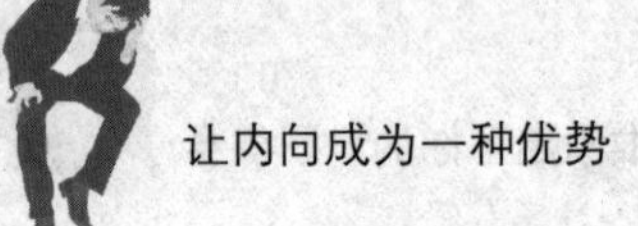

在之后的工作时间里，小张总会不定时地汇报工作，而他汇报工作很有诀窍，简单明了，几句话就能让领导清楚工作进展情况，令领导对其大加赞赏。当遇到产品出问题的情况，同事担心挨批评而选择暂时不汇报，而小张却及时汇报，领导对此做出准确的判断，及时挽救了危难局面。经过这个事情，领导对其更加器重，当即在一个月后破例提拔了这个来公司不到半年的职场新人。

一个成功的员工必然是一个善于汇报工作的人，因为在汇报工作的过程中，他能得到领导对他最及时的指导，更快地成长，也因为汇报工作，他能够与领导建立起牢固的信任关系。

古人曰："一人之辩，重于九鼎之宝；三寸之舌，强于百万雄兵。"现代社会，人们说："当兵的腿，当官的嘴；好马长在腿上，能人长在嘴上；讲话好了，叫有水平；写字好了，叫有文化；汇报好了，叫有能力。"而员工从优秀到卓越应该具备三种能力：工作能干、坐下能写、站起能说。工作汇报，可以说是无时不在，意味着与领导进行沟通。

心理启示：

很多人抱怨自己在职场不受领导关注，总是被忽略。你是否找了自己的原因呢？在现代注意力经济时代，你的关注值有多少呢？吸引关注度，学会汇报工作，多与领导接触，那自己的关注度自然会直线上升。

别埋头苦干，适时展现自我

很多人都可以说是勤奋工作的典范，在职场中，他们总会恪守"脚踏实地"的原则，做任何事情都是循序渐进。他们明白，如果要想获得成功，就必须从一件小事做起，哪怕是一件微不足道的小事。他们只专注于现在所拥有的工作。内向者更愿意通过慢慢添加一砖一瓦，踏踏实实地坚守自己的岗位，最终打造出属于自己的一片天地。不过，正因为他们专注于勤奋地工作，而不断丧失了许多展示自己的机会。其实，在实际中，不仅要勤奋工作，更需要懂得展现自己，比如，汇报工作。

孙女士在一家公司上班，她工作认真努力，人也很聪明，一直在业务部任职，做生意通常是靠长年累月积攒下来的良好的客户关系。她在同一个工作岗位上做了好几年，虽然薪水优厚，上司与同事也都很喜欢她，但她并没有因此而平步青云。

孙女士工作那么优秀，也很受上司和同事们的赏识，但是为什么却一直得不到提拔和重用呢？那是因为她局限在自己作为女性性格的一些表现上，显得内向，不善于表现自己，特别是不善于向上司主动汇报工作。孙女士的能力是很优秀的，可能上司也很欣赏她，但是上司更欣赏的是敢于担当的员工。

小万是刚到公司不久的新员工，大学刚毕业，正是“初生牛犊不怕虎”的年纪。有一次，在公司例行大会上，董事长表示自己手上有一个重要的企划案，希望在座的各位能给出一个切实可行的策划方案。同事们都面面相觑，你看我，我看你，面有难色，都不敢接这个“烫手山芋”。

小万刚开始觉得自己是新人，不敢与同事争功。可是，等了几分钟后，还是没有人去接企划案，急性子的小万坐不住了，腾地站起来：“我想试试”。董事长看见有人能站出来接受这个任务，也露出微笑，但看到是一位新来的员工，又是个女孩，显得有些不放心：“你能行吗？”这可激起了小万的好胜心：“一定行，给我一周的时间，我会把它做好的。”

就这样，在下一次的公司例行大会上，董事长拿着一份企划案，赞许地看着小万：“你是最棒的！希望你继续努力，公司需要你这样的人才。”立刻，会场上响起了热烈的掌声。

正是因为小万大胆地站起来，表达自己的想法，最终用实际行动证明了自己的能力，赢得了全公司同仁的认同。

如果小万在会场上一直沉默，那么，她的能力就不会因这个机会而得到展示。正是她大胆说出自己的想法，才让老板对她赞赏有加。如今的社会，人才济济，作为女性，如果你不把握适时的机会，说出自己真实的想法，展现自己的能力，那么你就会永远地埋没了。俗话说："酒香也怕巷子深"，说的就是这个道理，如果你是一个各方面条件都优秀的人，更要大胆表现出来。

1. 认真勤奋地工作

在日常工作中，除了各司其职之外，内向者更需要认真做事，体现自己作为一个职业人的职责与精神。当一个教师按照教学大纲的要求备好课、上好课，这是一种职责，但如果教师在传道授业解惑的同时还可以顾及到学生的体验，争取用最佳的方法，最好的形式以及最合理的时间把知识传授给学生，那就不是简单地教书了，而是认真做事了。

2. 大胆表现自己

如果你足够优秀，就要勇敢地表现出来，并不是说对方了解你的优秀，就会重视你。但要受到他人的重视，就要敢于表现出来，哪怕是向他表功。表功并不是骄傲的体现，恰恰是你能力的表现，如果你真的是有功之臣，得到理应受到的重视，也是无可厚非的。

心理启示：

对于我们而言，在职场上不仅要努力工作，脚踏实地，而且还需要展示自己优秀的一面。现代社会，"酒香也怕巷子深"，如果你只是埋头工作，不被人记住，那是可悲的。或许，你自以为已经很努力了，但事实上这对于你本人的晋升是没有帮助的。

别总是唯唯诺诺，凡事有主见

在生活中，当大家的意见无法统一时，绝大多数都会采用"少数服从多数"的游戏规则。虽然，我们也经常说"真理掌握在少数人的手里"，但还是

挡不住随大流的趋势，这就是人类的心理。人们的行为在很大程度上体现出了“羊群效应”，也就是当看见所有人都在朝一个方向涌进的时候，即使没有任何外力，他自己也会朝那个方向走去。通俗来说，每个人都有可能表现随大流的心理特征，好像人类本来是不能忍受孤独的，所以，一直以群居的方式来生活。正因为这个道理，他们不能忍受独自坚持着，而需要与大众持同样的态度。当然，羊群效应所告诉我们的并不是“群众的眼睛是雪亮的”，而是侧面告诫我们：做事不要跟风，需要拥有自己的独到见解。

羊群本身就是一种很散乱的组织，平时在一起也是盲目地左冲右撞，但一旦有一只头羊动起来，其他的羊也会不假思索地一哄而上，全然不顾前面有可能出现的危险。羊群效应就是一种跟风行为，表现了人类共有的一种从众心理，这种从众心理很容易导致自我盲从。实际上，羊群效应本身是一种无法认同的做法，社会心理学家认为，产生从众心理最重要的因素在于有多少人来坚持某一条意见，而并不是坚持这个意见本身。即使有少数人有自己的意见，但他们不会在众口一词的情况下坚持自己的意见。在实际生活中，每个人都有不同程度的从众倾向，他们总是倾向于大多数人的想法或意见，以此来证明自己不是孤立的。由于羊群效应，使得很多人抛弃了自己的想法和意见，而转而同意他人的看法，尤其是在职场中，更使许多人丧失了脱颖而出的机会。

有这样一个笑话：

一位石油大亨到天堂去参加会议，当他踏进会议室时，却发现里面已经座无虚席，自己根本没有地方落座，于是他灵机一动，喊了一声：“地狱里发现石油了！”这一喊不要紧，天堂里的石油大亨们纷纷向地狱跑去，很快，天堂里就只剩下自己了。

这时，这位大亨心想，大家都跑了过去，莫非地狱里真的发现石油了？于是，他也急匆匆地向地狱跑去。

这虽然是一个笑话，却是深刻地反应了从众心理的现象。当看到大多数人都在做同一件事时，就会自然地觉得那样做是对的、正确的，而自己没有任何理由来拒绝做这样的事情。他们并没有把自己的看法作为判断标准之一，而是以人数的多少来判断这件事情是否自己也要做。

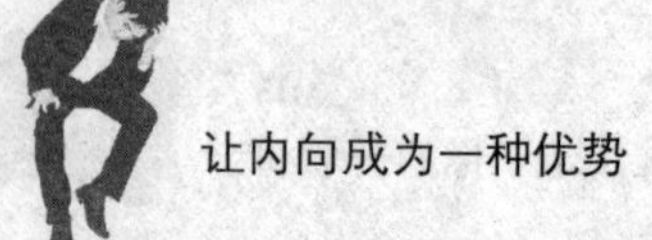

法国科学家让亨利·法布尔曾经做过一个松毛虫实验，他把若干松毛虫放在一只花盆的边缘，一只挨着一只，使其首尾相连成一圈。他又在花盆的不远处，撒了一些松叶，那是松毛虫最喜欢吃的。就这样，松毛虫开始一个跟着一个绕着花盆一圈又一圈地走，一走就是七天七夜，最终因为饥饿劳累而死去，而可悲的是，只要其中任何一只松毛虫稍稍改变路线就能吃到松叶。这就是动物世界里的“羊群效应”，但是人类何尝又不是如此。

羊群效应给所有的职场者这样的启示：做事不要跟风，而要有独到的见解。在职场中，每每遇到上司询问有什么解决的办法，下属总是会人云亦云，即使心中已经有可行的办法，也总是憋着不说出来，在他们看来，既然大部分人都同意的观点，怎么会有错呢？但事实，往往并不是这样，要知道“真理往往是掌握在少数人手里的”，如果想在众多职场者中脱颖而出，不妨克制“从众心理”，大胆表达出自己的想法。

那么，在职场中，如何才能避免羊群效应呢？

1. 切勿“人云亦云”，而是需要有自己的判断

面对同一件事情，不同的人有不同的判断标准，虽然，在某些时候，人们会因为从众心理形成了统一的观念或看法。在这时，我们依然不应该放弃自己的判断，不要人云亦云，而是需要根据自己的判断标准，来检验结论是否正确，以此，你才能在关键时刻提出真知灼见。

2. “群众的眼睛并不是雪亮的”

羊群中的一只头羊发现了一片肥沃的绿草地，并在那里吃到了新鲜的青草，后来的羊群就一哄而上，你抢我夺，全然不顾旁边虎视眈眈的狼，或许看不到远处还有更好的青草。大量事实证明，群众的眼睛并不是雪亮的，也并非多数人的意见就是正确的。之所以会出现这样的状况，是源于“羊群效应”。因此，我们更应该坚持自己的意见和观点，如此，或许你会更受上司的器重。

3. 收集信息并加以正确判断

羊群行为产生的主要原因就是信息不完全，由于未来状况的不确定，导致人们的判断力出了问题，因而才有了从众的盲动性。事实上，正确全面的信息

才是决策的基础，在这个时代，信息的重要性是不言而喻的，当然，要找到正确的方向，敏锐的判断力也是必不可少的。

心理启示：

很少有人天生就拥有明智和审慎的判断力，判断力是一种培养出来的思维习惯。因此，每个人都可以通过学习或多或少地掌握这种思维习惯，只要下功夫去认真观察、仔细推理就可以培养出来。收集信息并敏锐地加以判断，是让人们减少盲从行为，更多地运用自己理性的最好方法。

对虚伪同事不能过分忍让

职场中，在我们身边有很多虚伪的同事，他们常常表面对你表现的很友好，但是背后却在说我们的坏话，或者使计策陷害我们。当我们与这样的人相处的时候，一定要格外小心，以免被他们的表象蒙骗。当然，在我们的工作中，什么样的人都会遇到，但只要不伤害别人，那么与其相处还是可以的，因为毕竟每个人除了缺点还有优点。但如果有可能，还是尽量少与那些虚伪的同事打交道。

小丁是一家公司的普通职员，这些天她心情不是很好，因为现在的主管是一位喜欢对下属指手划脚的人，他希望所有的事情都能按照自己的方法进行。这让小丁感觉自己就是一个牵线木偶，直接被人操纵。

小丁与主管的秘书关系还算不错，有一次在一起吃饭，两人聊得还可以，小丁以为遇到了知音，把自己所有的苦闷一股脑儿说给对方。她还心存幻想，希望主管的秘书能将自己的苦恼反馈给主管。

结果第二天，也不知道主管的秘书转述了些什么，当主管见到小丁的时

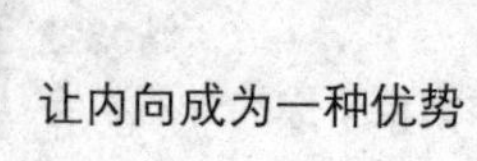

候，脸色很难看，讲话嗓门也更大了。小丁将秘书当作知心朋友，原来她是一个虚伪的人，小丁既愤怒又后悔。

虚伪的同事一般都带着面具与你交往，他不会在你面前暴露真实的自己。所以，在更多时候需要我们做好自己的工作，小心提防对方就可以了。假如对方是一个虚伪的人，你需要做好的就是自己，与其保持一种有距离的关系，并没有必要揭开对方虚伪的面具，因为你们毕竟只是同事关系，而且为了工作还要继续协作下去，也没有必要去追究对方虚伪的目的，只要没有伤害到自己，完全可以保持一种平和的心态。

1. 不要和他们说真心话

面对虚伪的同事，千万不要说出你们的真心话，或者是向对方吐露一些你的秘密、隐私。因为那些虚伪的人通常都戴着假面具，他们可能在赢得了你的好感之后，进而获取你的秘密、隐私，把那些作为他在其他同事面前的谈资。因此，对待那些虚伪的同事，只需要随便寒暄几句即可，而不需要把对方当作真心朋友那样对待。

2. 不要在他面前抱怨其他的同事

当你们在聊天时，千万不要因为自己内心的坏情绪就在他面前抱怨其他的同事。如果他知道你对某位同事有不满情绪，他就会有所行动。他们有可能会把你所抱怨的那些再添油加醋地告诉对方，使你们之间的关系更加恶劣；他们也有可能在公司同事面前，假意站在你这边，“帮着”你说那位同事的不是，并且还会顺势把你对同事的抱怨说出来，这样一来，不仅仅是那位同事，也使你自己陷入了尴尬的窘境。

3. 保持自己的风格，不要过于迁就他

有时候，虚伪的同事会对你进行甜言蜜语的攻势，以此来请求你的帮助，这时，你一定要保持自己的做事风格，不能害怕得罪而迁就他。当然，直接拒绝，这样得罪一个虚伪的同事也不是一件好事，但一味迁就更不是上策，这会使对方感觉找到了你的软肋。最佳的办法，就是巧妙地拒绝，既不伤彼此和气，也使对方明白你真的有难处，从而理解你。

4. 谨言慎行，做好自己的本职工作

那些虚伪的人都善于观察，洞察他人的心思，所以，在交往中千万不可小看了他们的能力。而自己更要谨言慎行，做好自己的本职工作，千万不要企图做一些小动作，这样只会让他们抓住你的把柄，揪住你的小辫子。俗话说："身正不怕影子斜。"只要你的言行举止没有丝毫的漏洞，他就拿你没办法。

5. 与他们沟通要有防备之心

俗话说："防人之心不可无。"特别是面对那些虚伪的人，自己一定要提防。无论是说话做事都要果断，自己的事情自己做主，对方给你建议或者意见只能作为参考，只能按照自己的想法作出决定。有时，如果你轻易地相信了别人所说的话，就有可能中了他的圈套，把自己推进一个维谷的境地。

心理启示：

总而言之，你在与那些虚伪的人打交道时一定要小心，以防自己上当受骗。其实，从某种角度上说，和虚伪的人一起共事并不是一件坏事。因为你可以从他们身上学到很多，比如善于观察，善于总结，善于洞察人心，与那些虚伪的人相处可以让我们变得更加老练。有的同事值得你真诚地对他，有的只是一般同事或是只能算个表面朋友，所以虚伪只是给那些需要对其虚伪的人而作，真心朋友面前不需要。

升职加薪，坦然追求"职场规则"

在职场中，员工渴望能通过职位、薪资等来展现自我价值，起码自己的价值要与之平衡。不过，大部分员工遭遇到的却是这样的情况：同事好像一天也没干什么，升职加薪确很快。而自己平时勤勤恳恳地工作，这种好事却从来

没落到自己身上，这又是为什么呢？原因就在于自己太内向，不好意思将升职加薪的话说出口。尽管如此，升职加薪却一直都是职场人员最关注的话题。其实，作为上司，他们很希望每一位员工向自己汇报“今天做了什么、完成了什么、发现了什么问题”，毕竟上司不可能时时刻刻关注每个人的表现。所以，当你及时向上司报告这些问题时，那他就会认为你是一个非常有责任感、很可靠的员工。如此一来，升职加薪又算得了什么呢？

小李是一名销售员，他善于寻找机会向上司提出加薪，比如在心情好的时候，他会说：“老板，我们干得这样好，给我们加点工资吧。”这时上司想了一会儿，说道：“小李，我知道你从业务员做起，时间已经不短了。你在业绩中所做的工作总结，我觉得提到的那几点都非常重要。但现在的情况是，我们部门离第一次薪金评估还有很长时间，而我个人无法批准薪金评估报告。”

“另外，说实话，我个人觉得就你现在这份业绩表的内容来说，按照我们部门的薪金评估来说，这些数据的说服力还显得很不够。现在离年底的评估报告还有一段时间，你可以再努力努力，争取让你手上的那两个大客户跟我们公司把合约签了。而且，我们公司最近推出的那个新产品，相信你肯定也能做出业绩来的，你不妨尝试一下，这样，在年底评估的时候，你就可以有一份相当有说服力的报告给我，到那时，我一定会尽力为你争取加薪。”

虽然此次升职加薪不成功，但起码有些苗头。当然，上司也表明，加薪要有客观的工作成绩，而他目前的工作成绩还不足以享受这个薪资待遇。假如上司不同意加薪，不妨可以和他谈一下是否可以通过其他方式来补偿，比如奖金、休假、补助等。甚至可以将升职加薪的请求转化为公司为你提供职业发展的机会，比如，调离到自己更喜欢的岗位、培训等，如此也表明自己为公司服务的热忱之心。

加薪一直是莉莉梦寐以求的事情，毕竟在厂里已经工作四年，她自己觉得工作态度还可以，也没犯过什么错误，但是上司对此却并不关注，也不主动给莉莉升职加薪。莉莉觉得自己的价值应该得到提升，心里比较苦恼，她曾经在工作总结会上暗示过老板，不过对方却无动于衷。

但是，如果让莉莉明确提出升职加薪，她却又觉得不好意思，怕被拒绝，不提出来又觉得不甘心，最后她还是鼓起勇气、委婉地向上司提出了加薪要求。没想到，上司在考察她工作几周后决定为她加薪。对此，莉莉更真切地感到，属于自己的利益就应该努力去争取。

当然，员工在向上司提出升职加薪之前，还需要正确估量一下自己的价值。假如你为公司付出很多，理应加薪，那被拒绝的可能性就很小；假如你平时喜欢偷懒，下班从来都是到点就走，那被拒绝的可能就很大，面对这样的情况，还不如好好提高自己。

不仅如此，注意说服领导为自己升职加薪的最佳方式是面对面地谈话，打电话或寄电子邮件以及发信息，等等，这样的沟通都是间接的，因为看不到对方的表情，有可能会造成不必要的误解。

心理启示：

上司是否愿意为你升职加薪，还在于你是否为公司竭尽全力，或者你本身有潜在的价值。所以，员工在向上司提出加薪时需要尽可能地摆出事实和依据，比如最近工作比较多，可以用相关的真实数据说明，这样上司极有可能松口，答应为你加薪。

职场休克，时刻保持新鲜感

不管是刚刚步入职场的年轻人，还是有多年工作经验的职场人，他们都可能突然对自己目前所从事的职业失去兴趣，对自己的职业生涯感到非常迷茫，这是一种正常现象，被心理学家称之为“职场休克”。内向者因其内向的性格，更容易陷入职场休克。通常有职场休克的内向者一直以来做事积极主动、认真负责，却忽然开始感到厌倦松懈，甚至偶尔不想工作；同时对自己的未来感到迷茫，焦躁烦闷；经常感到无力应付工作。

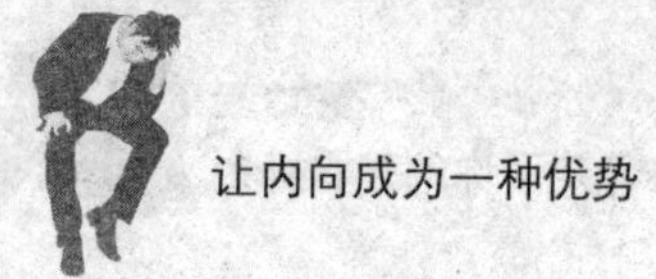

露露是一家公司的营销总监，对于目前的工作，她用了很强烈的两个字来形容自己的心情：疲倦。在过去从业的十多年里，她换过几家公司，不过一直从事销售工作，从一名普通销售员做到营销总监，她觉得还是很成功的。不过，她在现在的公司任职长达6年，而自己太熟悉销售，领域内的所有东西似乎都能掌控，她简直做腻了。

露露所疲倦的原因是自己对工作内容和工作环境太过熟悉，工作对她而言缺乏新意，没有任何挑战。有的内向者在大公司工作，入职时公司框架就已经搭好了，没有自己建立构架的成就感，没有磨合期的快感，有应付工作中各种挑战的能力，但每天工作没有任何意外惊喜，自然会感到疲惫。

若内向者遭遇职场休克，该怎么办呢?

1. 主动寻找新鲜感

假如内向者遭遇了职场休克，那不妨利用假期换个环境，调整一下自己的心态。或者，也可以利用这段时间考虑换个工作环境，给自己新的挑战，寻找新的激励点。

2. 保持新鲜感

随着公司的发展和竞争的激烈，公司也会不断出现新的岗位，以往的规定未见得就比较规范成熟，有些难免跟不上新的形势和公司的发展。所以，即便是长时间在同一个公司，也有很多东西是需要不断学习的。如果内向者觉得自己已经足够应付工作了，但实际上是你应该进修了。内向者应该保持自己“杯子”里水的新鲜度，将“杯子”里一些陈旧过时的水倒出来，不断加入新鲜的水，这样就不会有厌倦感，也可能避免职场休克了。

3. 时刻自省是否做到更好

有的人自以为做到更好了，而真实情况却是，上司对自己千篇一律的工作方式也已经厌倦，不要以为自己才会产生职场休克，上司对这方面是最敏感的。所以，内向者在职场生涯中需要时刻反省自己，是否做到了最好，是否跟过去相比已经进步很多，是否做到在实际工作中与时俱进，如此才能轻松跨越职场休克。

心理启示：

假如你对目前的工作感到疲倦，那表示你目前已经进入浅层次的休克，而有可能前面埋伏着更大的休克。这个过程，就如同行进中的列车，司机踩了刹车，车不会立即停下来，还会慢慢滑行一段距离。内向者现在厌倦了，已经开始职场赛跑的减速了，不过这并无大碍，关键在于，要懂得减小减速区间，给自己加氧，以防真正的休克。

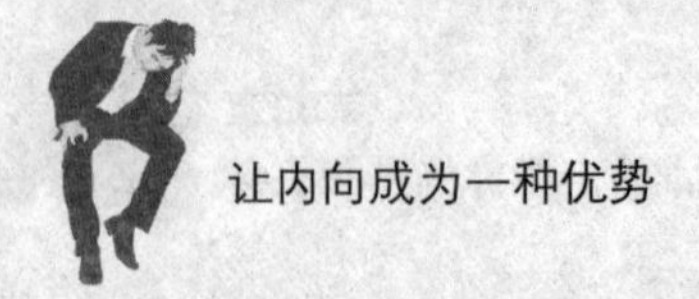

第04章　情感内向者——爱在心头口难开

在现实生活中，多少人又是"爱在心中口难开"呢？中国人历来保持着传统的思想，总认为父母爱子女，姐姐爱妹妹，老公爱老婆，这些都是人之常情，根本不需要说出来。其实，在很多时候，"爱"是需要说出口的，不要内向，情感也需要表达出来。

对父母，爱需要说出口

子曰："父母在，不远游，游必有方。"年少时不懂得这句话的含义，还私下嘲笑：为什么总是要留在父母身边？小小年纪，就开始幻想着云游四海。长大后，怀着这个梦想，我们迫不及待地离开了父母，殊不知，归期不可知。再读"父母在，不远游，游必有方"，方知其中真正的涵义。很多人背井离乡，远至海外，为了追求他们的梦想，追求事业有成，追求前途无量。他们总在想：等自己有了钱一定好好地孝敬父母，买了大房子就一定接父母来住，忙过了这阵子一定回家看望父母……要知道，父母不会在原地等我们。也许，等自己有一天人生辉煌的时候，父母却早已离你而去了，我们心中只会留下"子欲养而亲不待"的懊悔。正因为如此，我们才更要经常对父母说一些贴心的话，以表心慰。

在生活中，我们往往忽视了对老人的关爱。其实，与年轻人相比，老人的孤独感更为严重，在空巢老人身上尤为明显。有些老人虽有子女在身边，但是年轻人常常忙于自己的工作和生活，对老人无暇过问，这难免使得老人孤独寂寞。我们要明白，老人需要的不仅仅是物质上的给予，更需要精神上的安慰。所以，我们要关爱长辈，对老人多说几句贴心话，温暖老人的心，让老人享受到快乐和幸福。

艳丽和陈旭相爱成婚后，陈旭对艳丽非常好，经常带着她外出度周末，两个人玩得很开心。每次回到家，陈旭的父母都已经做好了饭菜等他们吃饭。艳丽吃饭时常常兴高采烈，把和陈旭在外面遇到的一些新鲜事情讲给他们听。陈旭的父母没有多少外出的机会，即使偶尔出去，也是在家附近散散步，听着艳丽讲的趣事，感觉很快乐。

然而，没过多长时间，艳丽就发现，公婆的脸上不再挂满笑容，有时对艳丽讲的事情表现得很麻木。艳丽以为公婆生病了，就仔细地询问原因。原以为艳丽和陈旭只顾自己玩耍，不会过问自己的事情，现在听到艳丽关切的话语，陈旭的父母非常高兴，心里也暖洋洋的，就把自己想参加老年健身运动的想法告诉了艳丽。

艳丽忙和陈旭商量，为公婆购买了健身服装和日常用品，看到艳丽这么尽心，陈旭的父母逢人就夸自己的儿媳好。艳丽没想到自己的举手之劳，几句体贴的话语，竟然能得到公婆发自内心的赞扬，心里也由衷地高兴。

在生活中，我们不要只顾着自己开心，也要让老人快乐，关爱老年人，对老人说几句贴心的话语，老人的心里就会感受到温暖，不再孤独。事例中的艳丽，关切地询问公婆不高兴的原由，在明白了公婆的心思后，几句贴心的话语，温暖了公婆的心。在为公婆购买了健身服装之后，公婆对她更是赞不绝口。

关爱长辈，孝敬老人，对老人说几句贴心话，不但能够温暖老人的心，而且可以使自己和长辈的关系更和谐。生活中不懂得关爱老人，只顾自己享受，和老人说话粗声大气、恶声恶语的人，不但不会得到父母的喜爱，还会受到别人的指责。

1. 对父母说“我爱你”

中国人一向羞于表达情感，即便这份感情是存在的。但是，在很多时候，假如你不说，父母又怎会知道你的情意呢？父母从来不会埋怨任何一个子女，如同上帝不会降罪于他的子民。这是一种无私的爱，但是，千万不能因为这无私而让那份爱变得受之无愧，理所当然。在工作空闲的时候，不妨抽出时间给

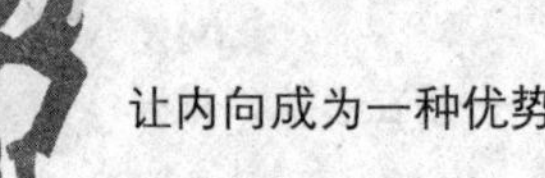

家里打个电话，回一趟老家或者父母所在的地方。趁着父母健在的时候，及时行孝，对父母说："我爱你"。

2. 用温情话语为老人驱除孤独感

关爱长辈，说几句贴心话温暖老人的心，是我们关心老人、表示孝心的体现。为了打造老人的幸福晚年，我们要考虑到老人的精神生活。除了让老人拥有足够的物质生活，还要想方设法调节老人的心情，使老人时常保持愉悦的心情。这就需要我们多费心思，在老人面前，多说温暖的话，了解老人的需求。而在现实生活中，我们经常会发现，一些人为了孝敬老人，为老人购买了很多健康文化用品，这对于爱好休闲娱乐的老人来说，不啻于是一种幸福。但这些毕竟都是娱乐用品，不能完全满足老人的需求。如果身边没有亲情的陪伴，老人会感觉到生活中缺少些什么。所以，我们要延长和老人的相处时间，那样老人就不会感觉到孤独无助。

3. 与父母说话，注意语气

然而，有些人由于自己性格倔强，脾气暴躁，和老人说话时，恶声恶气，这不仅不能让老人感觉到温暖，还可能会使老人伤心。此时，我们再为自己的话语后悔，也是无济于事。因此，我们和老人说话要注意方式，言语不能过重，让老人经受得起，不要纵容自己在老人面前大发脾气或者对老人有意见而言语粗俗，那样就会被人认为不通情理。我们要懂得礼仪，对待为儿女操劳了一辈子的老人，说话要和气可亲，让他们感受到家庭的温暖，感受到后代的关怀。

心理启示：

在生活中，我们对老人说话言语要柔和，在温暖老人心的同时，也能排除老人的寂寞。特别是忙于工作的我们，要注意对老人的关爱，让老人幸福地安度晚年而不是孤独终老。

对孩子，适时嘘寒问暖

作为孩子的父母，要仔细了解孩子的心性，说些贴合孩子心理的话，就会逐渐使孩子养成好性情，有利于孩子的健康成长。孩子的性情，会由于父母不同的教养方式而呈现出不同。良好的教养方式，能够促进孩子的健康成长和发育；拙劣的教养方式，会改变孩子的性格，使活泼可爱的孩子神情抑郁，苦闷不堪。或许，身为父母，我们都曾无数次想象孩子美好的未来及其成功的样子，但是，即便我们想得再好，却往往改变不了现实。不管怎样，首先要让孩子成为一个有爱心的人，而这需要父母的教育和引导。在生活中，对孩子要经常嘘寒问暖，尽显父母的魅力。

小佳喜欢唱歌，在音乐课上，他优美的歌声常常能得到老师的称赞和同学们的羡慕。在学校组织的音乐竞赛中，他从众多的参赛学生中脱颖而出，成为学校的小歌星。妈妈李萍看到了小佳的长处，及时对他进行鼓励，妈妈的夸奖增强了小佳的自信心。

李萍为了培养小佳的兴趣，给小佳聘请了专业的音乐老师，在学习唱歌的同时，小佳也学到了基本的乐理知识，学会了唱歌的技巧和多种唱法，并能够自己娴熟地弹唱，形成了自己独特的演唱风格。小佳的进步让李萍看到了希望，在李萍的鼓励下，小佳踊跃报名参加了市里的正规比赛，在遴选出的小童星名单中，他赫然在列。

获得了荣誉的小佳再接再厉，举办了自己的专场音乐演唱会，赢得了音乐爱好者和有关专家的好评。看到小佳的进步，李萍感到由衷的高兴。获得名誉的小佳谦虚有礼，戒骄戒躁，不仅在音乐方面充分发挥了自己的才能，更养成了良好的性情，深受家长和老师的喜爱。

用欣赏的口气，恰到好处地多鼓励孩子，孩子受到赞赏，得到重视，就会积极上进。如果母亲和孩子说话措辞严厉，使孩子听了不知所措，孩子的上进心就会遭受打击，以致于心理蒙上阴影，对自己失去信心。事例中的李萍，在看到孩子小佳有音乐方面的天赋之后，对他进行了及时的鼓励，言语中流露出

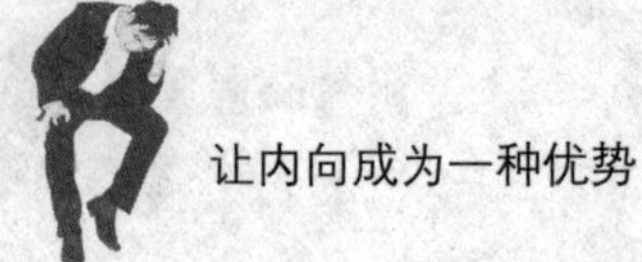

欣赏，让小佳充满信心地走向一次又一次成功。

陈然发现儿子李允这几天忙于玩足球，连学习也不放在心上，陈然觉得很奇怪，最令她吃惊的是，当她问李允足球的来历时，李允竟然轻松地说，是自己从学校里拿回来的。这引起了陈然的高度重视。她知道，学校的足球是不能随便带回家的。于是，她决定和陈然好好谈谈。当李允玩得满头大汗地带着足球回到家时，陈然已等候儿子多时。

看到陈然正襟危坐的样子，李允意识到了自己的错误。他抱着足球站在那里，不知道该如何是好。陈然让李允坐下，委婉地指出了李允所犯的错误。已经意识到自己犯错的李允，向陈然坦白了自己的心思。陈然帮助儿子分析了错误的原因，发现李允只是出于对足球的爱好而拿了学校的足球，便让他归还给学校。

李允听了陈然的话，非常懂事地把足球还给了学校。陈然给儿子买了一个新足球，李允很开心，感谢妈妈对自己的理解。李允在搞好学习的同时，也提升了球技，还参加了学校的足球队，身心都得到了健康和谐的发展。看到李允健康成长，陈然露出了欣慰的笑容。

对待犯错的孩子，父母不能一概而论，要分析孩子所犯错误的原因，让孩子从思想和心理上认识到自己的错误，进而去改正它。如果我们对孩子的错误不进行认真细致的分析，孩子认识不到自己的错误，就难以进行改正。事例中的陈然，在发现孩子李允偷拿了学校的足球后，及时让其认识、改正自己的错误。为了培养李允的兴趣，陈然又给李允购买了足球，满足李允的兴趣爱好。

如何正确对待孩子的教育？

1. 说贴合孩子心理的话

了解孩子的心性，说贴合孩子心理的话，是培养孩子，塑造孩子性格的良好途径。

父母才能成功地与孩子进行无障碍的交流，倾听孩子的心声，培养孩子的兴趣，让孩子健康地成长。

2. 对孩子多说鼓励欣赏的话语

孩子有着强烈的好胜心，总想做出一些不平凡的事情，但是因为自己的年龄或有限的能力，事情的结果往往事与愿违。有的孩子会因为自己的一时失利而对自己失望。作为孩子的父母，我们要及时鼓励孩子，不要因为孩子一时失败就对他严厉斥责。要让孩子树立信心，勇于尝试新事物。对于孩子的进步，要进行及时的鼓励，用欣赏的口气，恰到好处地多鼓励孩子，使他拥有强烈的自信心。

3. 孩子犯错了，也要温和教育

孩子犯错，究其原因，不外乎两种情况，一是因为自己没有经验，能力达不到，而使自己犯错误；二是明知故犯，已经能预料事情的结果，故意犯错，在做事时发怒气，泄私愤，对别人进行打击报复。对待犯错的孩子，父母不应该视若不见，要及时提醒孩子，不要再犯同样的错误或无意义的错误，应该让孩子在错误中获益，使孩子明白知错必改的道理。

心理启示：

我们在教育孩子时，说话要温柔可亲，不焦急，不暴躁，说话切合孩子的心理，孩子就会养成好的秉性，表现得活泼开朗、积极向上。如果不了解孩子的心理，自己心情抑郁，沉闷不乐，不顾及孩子的心理和感受，和孩子说话不理不睬，态度冷漠，孩子的心理就会受到打击，不断的打击只会给孩子造成伴随终生的低价值感，让孩子在自卑，自贱中痛苦的挣扎。

甜言蜜语，爱他就大声说出来

女人似水，她用自己的柔情温暖着男人、滋润着男人的心田。女人的话语，如蜜露，如甘甜，让男人感受着恋爱的甜蜜，婚姻生活的温馨。然而，婚恋中的女人受不得一点委屈，心里稍有不顺，眼泪就会如泉水般涌出。男人最

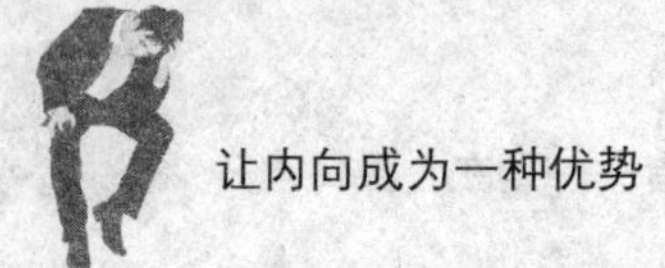

害怕女人的泪水，此时的男人，会显得束手无策，而聪明的男人，不会让自己心爱的女人流泪。那些让女人流泪的男人，不会感受到女人的甜言蜜语，他的婚姻生活也会变得悲苦。为了婚恋的幸福，女人要让男人感受到生活的温馨，用自己的甜言蜜语去抚慰男人的心灵，让他感受到柔情蜜意。

晓丽和张雨成婚后，两个人配合得很默契，生活过得幸福美满。但是没过多长时间，晓丽发现，张雨回家的时间越来越少，即使回家，停留的时间也是越来越短，晓丽和他说话，他也是充耳不闻。两个人的生活逐渐变得平淡，家中再也没有了往日的欢声笑语，一切都沉寂下来，空气似乎有些紧张。

晓丽心里也很烦恼，和张雨说话更是粗声大气，家里变得一团糟。张雨回到家里，也是少言寡语。晓丽搞不清楚张雨的心思，自己更是闷闷不乐。为了弄明白张雨的心思，这天，她把家里收拾得干干净净，重新布置一新，等候张雨回家。张雨下班回到家之后，感觉耳目一新，话语也多起来。透过张雨的话语，晓丽明白了张雨在工作上遇到了难题。于是，晓丽好言相劝，一番甜言蜜语，使张雨紧张的心情得到缓解。

重新感受到了晓丽的温柔体贴，张雨心里充满了无限的柔情蜜意，工作上的辛苦也变成了一种乐趣。在闲暇时，张雨带着晓丽一起出外旅游，感受大自然的美好，他们的生活又重新充满了希望和快乐。

女人的蜜语甜言，可以使男人感到生活的甜蜜，生活的美好。对男人说话难听，声音粗劣的女人，会伤害男人的自尊，让男人感到劳累。原本男人已经负有太多的责任，如果女人不懂得呵护男人，只会给男人增加负担，让男人对婚恋生活充满失望。事例中的晓丽，用自己甜蜜的话语化解了张雨的劳累，使张雨重新感受到了柔情蜜意，二人也重归于好。

1. 从内心去理解男人的心思

婚恋中的女人，要理解男人的心思，用自己的甜言蜜语去感化男人，尽心呵护男人，让他感受到自己对他的深情厚意，使他对女人多一分疼爱。感受到温情蜜意的男人，才会对女人有更多的爱意，在事业和生活中才会有积极向上的动力。做一个水一样的女人，用自己的柔情去化解男人的愁苦，让男人在为了家庭为了事业拼搏的时候，感受到贴心和温暖

2. 说话和气，温婉动听

在婚恋中不懂得男人的心思，对男人说话粗鲁无礼的女人，对于男人来说，无异于一种折磨，会使男人处处感到不顺心，不如意，他们的婚恋生活也不会维持得长久。懂得男人心思的女人，说话和气，温婉动听，她的甜言蜜意会使男人感到舒服。因此，女人要读懂男人的心思，用自己的甜言蜜语去感化男人，即使是心如磐石的男人，也会感受到女人的柔情蜜意，被女人的真情实意所感动，放下自己的尊严，表露出自己脆弱的一面，在女人的甜言蜜语中与女人融为一体。婚恋中，女人的甜言蜜语就如调和剂，在生活变得暗淡无光，百味俱失的时候，为生活添色添香，让男人领略到生活的多姿多彩，感受到自己的温情。

3. 多欣赏，少抱怨

感受到柔情蜜意的男人，会更加珍惜女人，爱惜女人。如在婚恋中听到的只是女人的埋怨、唠叨，男人会因此变得厌烦，对女人不理不睬，二人的生活也会因此失去光彩。男人对女人肩负着沉重的责任，如果女人说话尖刻嘲讽，抱怨不已，会为男人增加负担，让男人感觉更累。用自己的甜言蜜语化解男人的劳累，分担男人的忧愁，让男人感受到被理解的快慰和被包容的温暖，男人就会对女人百般珍爱。

心理启示：

男人不易读懂，在女人看来，男人深藏不露，需要女人花心思去猜测，去了解。好女人，会耐心地去品味男人，看到男人的坚强和脆弱，她会用自己的柔情去感化男人，用自己的蜜语去温暖男人，共同营造甜美的生活。

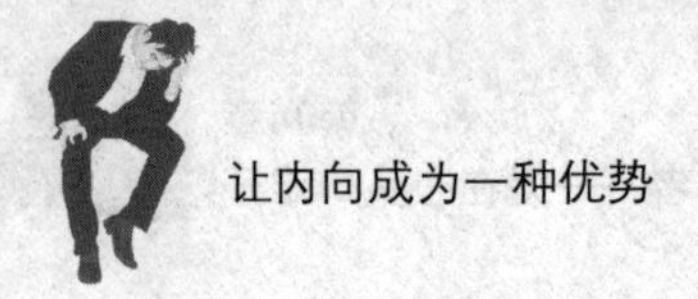

多沟通，少猜疑

婚恋中的男人和女人，彼此之间多一些坦诚沟通，多一些理解，少一些多心猜疑，彼此的感情会越来越深。如果女人凡事过于较真，与男人缺乏沟通，就会互相猜疑，不利于感情的发展。婚姻需要用心经营，女人和男人除了柴米油盐的平凡生活，还需要多沟通，让男人明白自己的感情，让男人知道自己对他的欣赏，这样可以巩固夫妻间的关系。然而，女人对男人的感情，不是完全靠言语来表达，有时，动作、表情也能表现出女人对男人的爱恋。但是，言语表达最能体现出女人对男人的情感。

俏丽可爱的晓晓和李玉结婚后，两人对生活都很满意。晓晓对李玉很体贴，每天对他嘘寒问暖，让李玉感受到了婚恋的甜蜜。晓晓对李玉说的话，李玉铭记在心。但是，由于最近工作的繁忙，李玉极少回家和晓晓相聚。即使回家，也没时间和晓晓闲聊，这让晓晓感觉到生活的很无趣。

为了调剂生活，晓晓想让忙于工作、专心事业的李玉陪自己出去旅游，似乎是一件困难的事情。当她向李玉提出要求时，李玉显得很淡然，这让晓晓非常失望，觉得李玉忽视了自己。两人之间的话语少了，内心出现隔阂。此后，晓晓有什么心思也不愿意告诉李玉，家里笼罩着沉闷的氛围，晓晓和李玉都感觉到心里很不舒服。

这种生活当然不是晓晓想要的，晓晓决定和李玉好好谈谈，改善家里的气氛，也让李玉忙于工作的紧张心情得以调节。她冷静下来，调整了自己的心态，在和李玉说话时言语柔和，劝慰李玉，工作不要太忙，要注意身体。得到晓晓的呵护，李玉忙于工作疲惫不堪的心情终于松懈下来，和晓晓谈起了工作中遇到的事情，请求晓晓谅解他的难处。晓晓这时也畅所欲言，把自己心里的想法告诉了李玉。二人进行了很好的沟通，关系自然和好如初。

如果女人说话做事遮遮掩掩，似乎难以启齿，就会让男人觉得说话啰嗦、行事不干脆，这样难免会引起矛盾，使两人之间的情感破裂。

1. 对他形象的赞美

男人对外貌的在意绝不亚于女人，对外表的赞美最好可以具体点，类似于“你真帅”之类的模糊称赞，不一定能引起对方的兴趣，你可以表现得更亲密一点，“我喜欢你的头发，很柔软，很干净，闻起来味道很好”或者“你的声音真好听”“你肩膀真宽”“你的鼻子真挺！”后面三项，除了赞美之外，还是男女性别差异比较强烈的地方，带着某种暧昧的暗示，是经久不衰的甜言蜜语，应该被女性牢牢记住。

2. 对男人表示崇拜

男人对于女人的崇拜，往往不能抗拒，即使不那么熟识的女人表示一下好感和崇拜，也能把双方的距离拉得很近，何况是女朋友的崇拜呢？

多说类似于“你真幽默”“你这人真逗”“你怎么什么都懂啊！”“你真能干！”之类关于对方性情、能力的肯定和欣赏的话语。男人或多或少都具备点骑士精神，喜欢在女人面前出其不意地一展“绝学”，喜欢在异性面前展现自己最有魅力的一面，这类赞美的话，正是对男人魅力的正面夸赞，往往成为男人的兴奋剂，直接转变成他上进的动力，和对你的爱意。会欣赏和崇拜自己男朋友的女人，会给男朋友带来很多无与伦比的美好感受。

3. 表示依赖的话

“我想你了”“没有你怎么办”具有轻柔漫入人心的力量，无论你内心有多么鄙视这类甜言蜜语，多么不以为然地认为“谁离开谁，还不能活”，都不妨甜腻腻地来上一句。男人并不喜欢把“爱”挂在嘴边，但不刻意做作而又淳朴简洁的一句“想你了”，他们不仅不会拒绝，还会非常得意，因为表达了女人对自己的依赖和依恋，这种依赖，满足了男人的虚荣心，没有男人会拒绝。

4. 对对方判断和能力的肯定

不管他是在抱怨办公室的不公还是在发表自己对于政治、技术的高见，只要你附和一声，往往意味着你的肯定和承认了他的努力，你是站在他那边的，而且深信他是最精明最有远见的，永远是你最响当当的男子汉。如果能在说出这句话之前，沉默几秒钟，思考一下，更能表现出自己的慎重，往往很容易被男人“引为知音”。

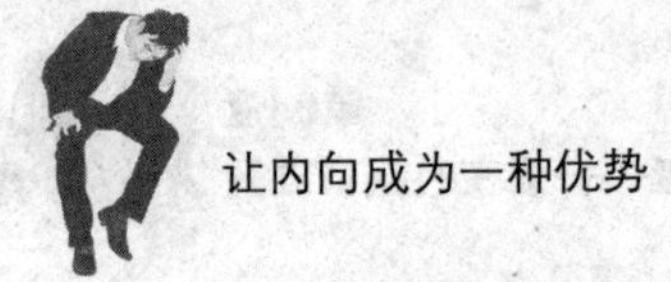

5. 肯定对方的吸引力

“和你在一起真开心！”“我们离开这吧，我想和你单独在一起！”两句话同样动人，前一句表示你喜欢和他在一起，他的行为或思想很有吸引力，和他在一起，你是快乐的。后一句表示他本身的吸引力不可抗拒，尤其当你们一起参加一些无聊的派对或者看一部非常枯燥的电影时，这句温柔的提醒，往往使他心情激动亢奋。

心理启示：

婚恋中的女人，和男人沟通时，心里要做到坦诚无私，不要对男人的行为心存疑虑，横加指责，否则，只会伤害夫妻之间的感情。女人做到心里坦诚，光明磊落，就不会隐藏什么事情，不会存在任何疑虑，男人就会感觉到女人对自己的忠诚。

内向者，别在爱情里保持沉默

内向者坦言：“我渴望可以经常依偎在他怀里，向他说些什么或者听他说些什么，但他好像没有这种情绪。”这样的情况，实际上是患上了“爱情沉默症”。除了爱情双方已不再相爱，或一方有了外遇，双方交流不能正常进行的原因大概是：内向者将另一半的述说一味地当成唠叨而对他一概避而远之；内向者没有注意到另一方的情感需要。所以，内向者需要警惕“爱情沉默症”。“爱情沉默症”，即和自己爱人面对面时，忽然有了无话可说的感觉。沉默似乎成了最好的氛围，妻子不再关心丈夫的行程，丈夫也无心评论妻子的一切，就这样，爱情在沉默中一点点失去了绚丽的色彩。

这是一位女人的自述：

我结婚才三年，婚姻就似走入了沉默的历程，整个家好像笼罩在迷雾里一般，明明是自己最亲近的人，但他却越来越陌生，离我越来越远。

我买了一件新衣服，兴奋地回来告诉他，他只是微笑，什么都不说，转头又去玩手机；我在厨房里忙着做饭，他却在卧室里玩手机，等我饭菜做好了，他端着碗又去看电视了，剩下我一个人在餐桌上吃饭。等到我们两个人都空闲时，想跟他说说话，我说这个他回答那个，我看他根本没听我说话，瞬间什么交流的欲望都没有了。

我和他恋爱时，他的话就比较少，不过也没有这样过分地沉默。我还以为他有了外遇，但偷偷查他的通话记录以及电脑，也没发现什么蛛丝马迹。他到底怎么了？我本来性格挺开朗的，结果现在在家里也不得不闭口不言，我想好好跟他谈，可他从来不搭话，结果我一肚子火发泄不出来。

爱情沉默症会让人感到寂寞，当婚姻将所有与爱情有关的记忆、感动和伤痛都隐藏了，婚后一成不变的日子一天天翻过，有些人会感到失落和惘然。而在这其中，内向者因不愿意改变的性格会使其在爱情中越来越沉默，越来越安静。于是，许多夫妻在婚后花在工作、娱乐、交友以及睡觉的时间，远远多于和自己亲密的爱人的交流时间，时间长了，就会觉得婚姻很枯燥和乏味，觉得自己被对方忽视所产生的情感孤独比另一半的背叛更伤心。

1. 你是否患上了“爱情沉默症”

“爱情沉默症”的主要表现是：很少对另一半说非常甜蜜的话；从来不向另一半认错；双方从来不共同谈论性生活问题；很少会去想另一半需要什么；经常觉得与另一半聊天是浪费时间；不喜欢与另一半商量，而是一个人做事；总认为故意让另一半高兴是没必要的；不清楚对方的心里是怎么想的；对方做了一件很得意的事情，自己却觉得没什么可炫耀的；遇到矛盾，双方经常生闷气；有些事藏在心里，说出来又怕伤害了对方；不知道对方对自己哪方面不满意；两人在一起会觉得非常无聊。只要具备3条以上，就有可能患了“爱情沉默症”。

2. 促进夫妻之间的和谐

和谐的夫妻生活是强化夫妻感情的粘合剂，一旦夫妻生活有了障碍，就会极大地影响双方之间的感情，则有可能引发爱情沉默症。

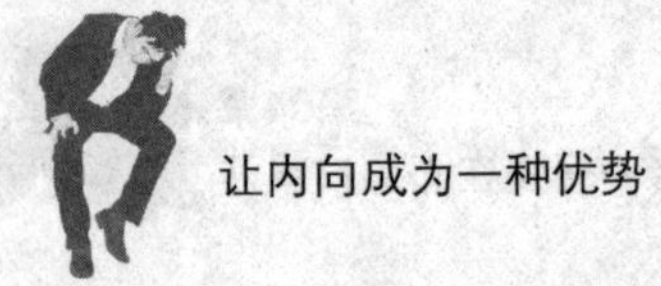

3. 保持恋爱的感觉

婚后有可能由于现实的生活，使得婚前的浪漫逐渐减少。内向者在婚姻中应该尽量避免这样的改变，打破过去的错误观念，保持恋爱的感觉，这样才可以在烦琐、平淡的生活中找到生活的乐趣，体会婚姻的幸福。

4. 让对方感受到自己的爱

纵然时间飞逝，爱意却不能衰减。内向者要让对方感受到自己的爱，那种无私的、细致的爱，让对方心中充满了幸福感和感恩感。其实，大部分人都是性情中人，假如内向者以心换心，将心比心，对方也一定会更加爱你。

5. 宣泄不良情绪

夫妻在一起免不了磕磕碰碰，内向者气恼、愤怒、难过等不良情绪需要及时宣泄和引导。内向者心里不痛快时，可以找人诉说一番，一吐为快，这种宣泄的对象可以是自己的爱人，双方均以对方为宣泄的最佳对象。因此任何一方都不应责备对方心胸狭窄，或嫌对方唠叨，而应主动接受对方的宣泄，并进一步劝解、疏导，排解其内心的痛苦，促使对方从内心矛盾中解脱出来。

心理启示：

你自身可爱的地方也正是吸引爱人的地方，相信自己的价值，尊重自己的愿望和要求，做一个完整的人，而不是谁的另一半。在婚姻中，内向者可以通过不断完善自己获得外在美和内在美的统一，才能保持持久的吸引力。

对于感情，要拿得起放得下

一个人总是要看陌生的风景，结识陌生的人，甚至跟陌生人共同生活。很多经历过一次爱情的内向女时常会感叹：“我害怕接触陌生的男人，恐惧去熟悉一个陌生人。”她们大多是在感情中受过伤，即便没有受伤，但三五年的感情经历也已经让她们疲惫。在爱情的路途中，她们发现，自己总要去认识陌生男人，熟悉、在一起，最后分手，两人又变成陌生人。

而更多的内向女则是抱着这样的心态：我已经习惯了之前的男朋友，连我最邋遢的样子，他都见过，那是一种怎样的过程。但现在若是需要我重新结识一个陌生的男人，突然之间觉得害怕，就好像进入到冰窖的感觉。这就是内向者的心态，也是她们苦苦追寻多年依然无法找到另一半的重要原因，她们的心境一直沉浸在过去的痛苦之中，不愿意接受新的感情，害怕接触陌生的男人。对此，告诫那些内向者，需要有意识地培养自己开朗的心境，结识陌生人，展开自己的另一段新感情。

肖璐经历过一段长达三年的感情，那是她的初恋，刻苦铭心的初恋。谁都能想象初恋时的疯狂与幸福，肖璐在最美的年纪遇到了那个男人，初涉爱河的时候，她就好像是进入了另外一个世界。那时候，每天都是笑盈盈的，心里比吃了蜜还甜，虽然，那个男人的年纪比自己偏大，但她不顾大街上人们诧异的目光，硬是紧紧地扣住他的手，就这样，两人幸福地走在大街上。

当然，恋爱美好的一段过去之后，两人开始真正互相理解。这个过程是异常艰难的，争吵、分手、和好、吵架、分手，不断重复着，不断上演着。两人拉锯式地持续了三年，最终还是分道扬镳。但在肖璐的心里，却再也住不进其他的男人，即便自己的爱情早已经成为过去，也由此，以前性格开朗的肖璐变得抑郁起来。

她说：“我不再相信爱情，这段感情让我身心疲惫，我累了。我终究明白，即便两个人的感情再美好，但经历时间的流逝，没有什么东西是一成不变的，到最后，当初最美的爱情竟然变得支离破碎，这样的结果是我不能接受的。我害怕接触陌生男人，只要一接触，就能想象到我们未来吵架、分手的情景，真的太累了，我不想过这样的生活。”

肖璐是典型的沉浸在过去痛苦中的内向者，当她在爱情中受伤以后，心境便有了很大的变化。内向者在尚未接触爱情的时候，总是幻想着爱情的美好与浪漫，一旦她们在爱情中受过伤以后，就会不再相信爱情，也不再愿意开始

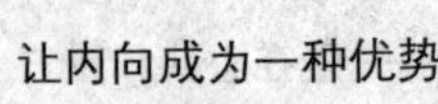

新的恋情。对于陌生的男人，新的感情，她们都会心生恐惧，害怕自己重蹈覆辙。其实，这样的心理是可以理解的，但作为内向者，更需要打开自己的心结，努力让自己变得开朗起来，不害怕陌生，重新开启自己新的幸福旅程。

1. 不要惧怕陌生

“陌生”这个词常常会唤起内向者内心的胆怯，他们害怕去接触，更害怕自己从一个熟悉的环境走到一个全新的环境。生活总是在改变，不断从陌生到熟悉，需要一个漫长的过程。但是，如果换一个角度，你会发现，所谓的“陌生”其实就相当于一个新奇的探索之旅。比如陌生的男人，新的恋情，都是新奇的，有可能你所接触的是之前从没遇到过的类型，有可能就遇到了一个好男人，这何尝不是一种幸福呢?

2. 该来的总是会来

一个人身边的位置是有限的，一些人离开了，就有一些人会到来，这是内向者应该接受的。如果你总是固执的保持僵硬的姿态，不接受身边新来的陌生人，那你身边的位置注定要空很久。对此，内向者应该明白，有时候陌生即是意味着幸福，所以，不要害怕，不要恐惧，大胆迎接自己的幸福。

心理启示：

当一段感情结束的时候，内向者就应该收拾好身心，迎接下一段感情的到来。如果你总是拒绝新恋情的开始，那你最终只能被剩下。内向者，需要走出过去的阴影，不惧陌生，大胆开始一段新的感情。

第05章　情绪内向者——谁制造了抑郁

内向者的个性是异常敏感的，喜欢生气、多疑、易怒，所以他们的情绪往往表现得阴晴不定。开心时觉得世界很美好，身边的人都很好，看谁都顺眼；难过时感觉自己被全世界抛弃，身边的人都背弃了自己，看谁都不顺眼。那么，究竟是谁制造了抑郁呢？

内向者往往太过情绪化

人们经常受到不良情绪的干扰，而且，稍有不慎，情绪就会成为我们的主人。有人这样形象的比喻：“经常性的生气就好像不断地感冒一样。”在日常生活中，如果我们想要避免感冒的侵袭，通常的做法是防护自己的身体，这样，感冒的病毒就不会传染到自己的身上。负面情绪与感冒一样，如果没能做好预防工作，无可避免地会常常生气或感冒。因此，为了不让坏情绪的毒素传染到自己，内向者应该做好一级防护。

在十几年前，美国最著名的石油公司的一位高级主管作出了一个错误的决策，而这个决策使整个公司亏损了200多万美元。当时，洛克菲勒是这家石油公司的老总，而我则是这家石油公司的合伙人。事情发生之后，公司主管人员都设法避开洛克菲勒先生，唯恐他将怒气发泄到自己头上。那天，按照事先约定，我要与洛克菲勒见面。

当我走进洛克菲勒的办公室，正看见他在一张纸上写着什么，或许是听到了我的脚步声，洛克菲勒抬起头，向我打招呼：“哦，是你？我想你已经知道我们公司的损失了，我思考了很久，但是，在叫那个高级主管来讨论这件事情之前，我做了一些笔记。”我走了过去，看了看那张纸，顿时，惊呆了，那张

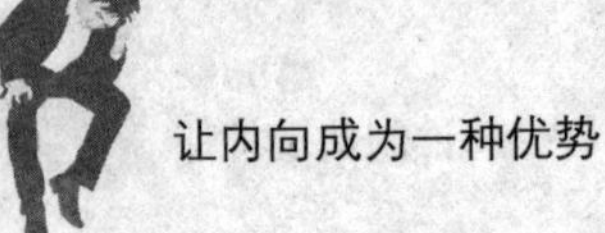

纸上居然列了一长串那位高级主管的一系列优点，其中，提到那位主管曾三次为公司做出正确的决策，为公司赢得的利润远远超过了这次损失。

看完了洛克菲勒所记载的那些，我感到十分不解，向他质问道："难道你打算原谅那位让公司损失200万美元的家伙？你对此难道不感到生气吗？"洛克菲勒并没有理会夹杂在话里的怒气，他笑着回答："难道你觉得这样不合适吗？听到公司损失的消息之后，我比你生气，当时就决定解雇这位主管，但是，当我平静下来以后，发现事情并没有如此糟糕，经济的损失可以通过下次再赚回来，而优秀员工的失去则是不可挽回的。"当然，最后那位主管并没有受到任何责骂，而是得到洛克菲勒的原谅。

这件事情对爱德华·贝德福的影响非常大，以至于后来，他在回忆这件事情的时候，还忍不住发出了这样的感慨："我永远忘不了洛克菲勒处理这件事的态度，他影响了我以后的生活。"这一点并不假，所有贝德福的员工都可以作证，从这件事以后的时间里，贝德福的脾气出奇的好，几乎没有情绪波动的时候。

1. 学会冷静思考

阻止不良情绪的蔓延，就如同抵制感冒的侵袭，我们应该增强自身抵抗能力，善于思考，努力使自己变得平和，这样，即使情绪在一瞬迸发出来，我们也能将它阻挡在外，冷静处理事情。当然，为了避免怒气的蔓延，我们所需要做的防护工作主要在于学会思考，冷静，使自己在怒气来临时忍耐和克制，这样，我们才能有效地避免盲目冲动。

2. 不断地设想这件事的好处

如何才能做到冷静思考呢？对此，爱德华·贝德福这样说道："每当我克制不住自己冲动的情绪，想要对某人发火的时候，就强迫自己坐下来，拿出纸和笔，写出某人的好处。每当我完成这个清单时，内心冲动的情绪也就消失了，我能够正确看待这些问题了。这样的做法成为了我工作的习惯，在很多次，它都有效地制止了心中的怒火，逐渐，我意识到，如果当初我不顾后果地去发火，那会使我付出惨重的代价。"贝德福有这样的习惯，其实是得益于洛克菲勒的影响。

心理启示：

生气，是一个人由于自己的尊严或利益受到伤害而产生冲动的情绪，并且这样的状态很难一下子冷静下来。对此，心理学家认为，生气是人的弱点，所谓的大胆和勇敢，并不是动辄生气，而是学会思考，学会克制自己内心的冲动情绪。

负面情绪是压力交织的后果

内向者最初踏入社会，都怀着美好的愿望，他们希望自己的能力得到施展，抱负得以实现，但是，社会的残酷与现实打击了他们最初的信心，在情绪的不断消耗下，给他们身心带来了巨大的压力。无论是生存压力，还是工作压力，对内向者的情绪都有着重要影响，一旦压力来袭，情绪就会恶劣，容易生气、烦躁，似乎看什么事情都不顺眼，内心的情绪积压过久，总想痛快地发泄一番。

因此，那些给自己压力过多的内向者，他们心中的负面情绪就越来越多，致使积极情绪不断消失。

几年以前，毕特格开始做保险推销员时，对这份工作充满了热情。但是，最开始的工作很不容易上手，这使得他十分悲观，信心大受打击，甚至一度想辞去这份工作。不过，庆幸的是，在一个星期六的早晨，毕特格努力让自己平静下来，开始反思自己遭受负面情绪困扰的原因。

毕特格首先问自己：“究竟出了什么问题？”当他去多方拜访客户的时候，经常搞得自己身心疲惫，但收到的效果却甚是微小。每次都与顾客谈得十分融洽，一旦到最后的签约环节，客户都不能爽快答应，经常所说的是：“你看这样好不好，我再考虑考虑，下次再答复你吧。”每次毕特格都是白费口

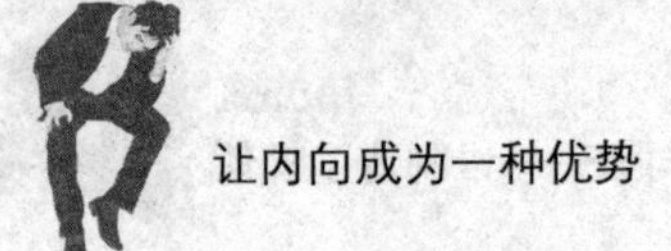

舌，无功而返，这使得他想起自己的推销经历就十分沮丧。

毕特格继续思考："有什么可行的解决办法呢？"为了寻找答案，毕特格开始反思自己的行为，并将过去12个月的工作记录作为研究对象，仔细研究上面的数据。结果却令毕特格十分惊讶：在自己所卖出的保险中有70%是在第一次见面时成交的，另外23%是在第二次见面时成交的，只有7%是在他多次回访，费尽口舌签下的合约。不过，让毕特格震惊的是，恰恰是最后那7%耗费了他大部分的时间和精力，差不多把一半的工作时间都花在那7%上面了。

这样一来，毕特格总结出了有价值的经验：超过两次的拜访是没有必要的，我应该将节省下来的时间用于寻找新的客户。于是，减轻了不少内心压力的毕特格开始采用新的工作方式，业绩突飞猛进，他平均每次拜访的回报几乎翻了一番。

每天，人们都面临诸多压力，有可能是事业不顺而造成的工作压力，有可能是感情不顺而造成的情感压力，还有可能是家庭不和谐而造成的家庭压力，对此，心理学家把这些压力统称为"社会压力"。社会压力对本身性格就内向的人来说，将直接转换成心理压力、思想负担，久而久之，就会成为心结。

1. 压力需要释放

如果压力长久以来得不到有效释放，就会越积越多，并产生巨大的负面能量，最终，它会像一座火山一样爆发出来，导致的结果是，人们的情绪大变，总感觉自己活得太累，天天不开心，脾气越来越坏，甚至，严重者精神崩溃，做出傻事。面对巨大的社会压力和心理压力，最重要的是自我调节、自我释放。

2. 养成良好的作息习惯，营造良好的睡眠环境

在平日生活中，人们需要养成按时入睡和起床的良好习惯，稳定的睡眠，可以避免引起大脑皮层细胞的过度疲劳；注意调节卧室里的温度，睡眠环境的温度要适中；在卧室内可以使用一些温和的色彩搭配，在一个良好的环境中自然能够放松心情，顺利进入睡眠，并保证良好的睡眠质量。

3. 放松精神，舒缓压力

人们需要缓解自身的压力，比如，在睡前可以进行适量的运动，听听音

乐，或者是进行头部按摩来缓解压力；也可以进行短距离的散步。

心理启示：

心理学家建议：适当的压力有助于激发自己更强的斗志，但是，正如任何事情都有一定的度，压力过大就会影响到正常的情绪。因此，在日常生活中，我们要给自己适当的压力，只要不是太糟糕的事情，我们应该学会忘记，这样一来，那些琐碎的小事就不会影响到我们。

你总是常常感到很无助吗？

人们救了一头生病的小象，他们把小象养在木桩圈定的范围内。小象小时候曾想过逃跑，但是，那时候它的力气还小，无论如何用力都对付不了木桩。这样日复一日，在小象内心深处就树立了一个牢固的信念：眼前的木桩是不可能被扳倒的。几年后，即使小象长大了，它已经有足够的力量去扳倒一棵大树，但却对圈禁它的木桩无能为力，这是一个奇怪的现象。其实，这种现象就是“塞利格曼效应”，通常是指动物或人在经历某种学习后，在情感、认知和行为上表现出消极的特殊心理状态。一旦沾染上“习惯性无助”的内向者会在内心给自己筑起一道永远的墙，他们坚信自己无能，放弃任何努力，最终导致失败。

美国心理学会主席塞利格曼曾做过这样一个实验：刚开始把狗关在笼子里，只要蜂音器一响，就给狗难受的电击，狗关在笼子里逃避不了电击，多次实验之后，再给狗电击前，先把笼门打开，蜂音器一响，这时狗不但不逃而是不等电击就先倒在地上开始呻吟和颤抖，本来可以主动地逃跑却绝望地等待痛苦的来临。塞利格曼把这种现象称为“习惯性无助”，那么，在人身上是否也存在着这一特性呢？

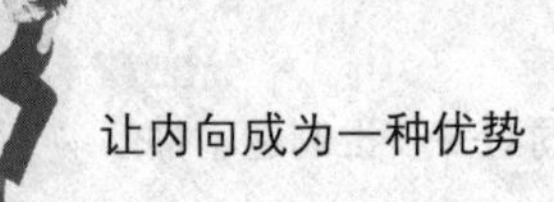

不久之后，塞利格曼进行了另外一个实验：他将学生分为三组，让第一组学生听一种噪音，这组学生无论如何也不能使噪音停止；第二组学生也听这种噪音，不过他们可以通过努力使噪音停止；第三组是对照，不给受试者听噪音。当受试者在各自的条件下进行一阶段的实验之后，即令受试者进行另一种实验。实验装置是一只“手指穿梭箱”，当受试者把手指放在穿梭箱的一侧时，就会听到强烈的噪声，但放在另一侧就听不到这种噪声。通过实验表明，能通过努力使噪声停止的受试者以及对照组会在“穿梭箱”实验中把手指移到箱子另外一边；但那些在原来的实验中无论怎样努力都不能使噪声停止的受试者仍然停留在原处，任由刺耳的噪声响下去。这一系列实验表明“习惯性无助”也会发生在人的身上。

习惯是一种自然，人们不自觉地沾染上习惯性无助，就会有一种“破罐子破碎”、“得过且过”的心态，而且，这种消极心态还有可能传染给他人。有的员工在向客户打电话的时候，电话还没有接通就开始说：“你们没有这个计划啊？那好，再见。”脸上没有失望的表情，似乎已经习以为常，即使上司告诉他“这个单子你去跟一下”，他也会无奈地表示：“跟了也没用，他们没兴趣的。”这些都是生活中典型的“习惯性无助”，也许他们就是内向者的一个缩影。

有一天，心理学教授罗伯特先生接到了一个高中女孩的电话，在电话里，女孩带着沮丧的口吻重复着：“我真的什么都不行！”罗伯特教授感觉到她的痛苦与压抑，亲切地询问：“是这样吗？”女孩好像对自己特别失望：“是的，我和同学的关系不好，大家都不喜欢我，我的学习成绩一般，老师也不正眼看我，妈妈把所有的希望寄托在我身上，但我却无法满足她的愿望，我喜欢的男孩也不再喜欢我了，我已经感觉不到生活里的阳光了……”罗伯特教授追问：“那你为什么要打这个电话？”女孩继续说：“不知道，也许是想找个人说说话吧！”经过一番交谈，罗伯特教授明白了女孩的问题——习惯性无助，却又缺乏鼓励。假如一个人长时间经受挫折，却又得不到鼓励与肯定，那真的会逐渐养成自我否定的习惯。

接着，罗伯特教授说：“我觉得你有很多优点，有上进心、是个懂事的孩子、说话声音很好听、很有礼貌、语言表达能力强、做事情认真、能够与人沟通……你看看，我们才聊了一会儿，我就发现你有这么多的优点，你怎么能说自己什么都不行呢？”女孩惊讶地问：“这能算优点吗？没有人这样说过呀？”罗伯特教授回答说：“从今天开始，请把你的优点写下来，至少要写满10条，然后，每天大声念几遍，你的自信心会慢慢回来，如果发现有新的优点，别忘了一定要加上去啊！”

教授罗伯特先生这样告诉他的学生：“在我们的身边，可能也有很多像这个女孩一样，在经历过挫折之后就觉得自己什么都不行，但是，我希望你们今后彻底打消这种念头，无论什么时候，在做任何事情之前，都不要急于否定自己。”

1. 经常说自己不行，最后真的不行

经常把“我不行”“我不能”挂在嘴边，这是愚蠢的做法。因为心理暗示的作用是巨大的，当自己经受某种挫折就断然给自己下结论“不行”，实际上是给自己一个消极的心理暗示，时间长了，你会习惯性地说“我不行”。

2. 可怕的不是环境，而是面对失败的态度

多次失败之后，人们想成功的欲望就会减弱，甚至会习惯失败而不采取任何措施。其实可怕的不是环境，不是失败本身，而是这种无能的感觉，我们面对失败的态度！当习惯成了自然，习惯性无助就会粉墨登场——破罐子破摔，得过且过，从而成为侵蚀组织躯体的蛀虫。

心理启示：

内向者常常在经历了一两次挫折之后，就好像失去了挫折免疫能力，他们对于失败的恐惧远远大于成功的希望，由于怀疑自己的能力，使得他们经常体验到强烈的焦虑，身心健康也受到影响。而且，他们认定自己永远是一个失败者，无论怎样努力都无济于事，即使面对他人的意见和建议，也还是以消极的心态去面对。对于这样的心态，我们应该尽量避免，正确评价自我，增强自信心，让心坚强起来摆脱无助的境地。

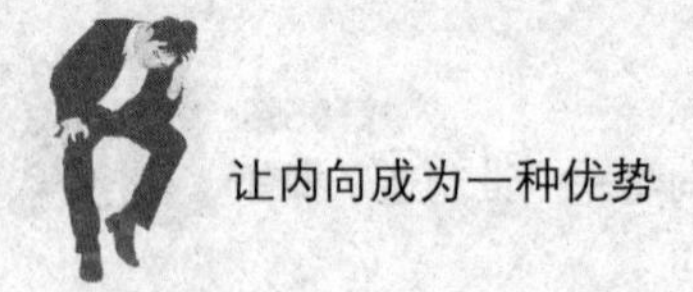

别让紧张打扰内心的宁静

一位曾被紧张情绪困扰的人这样说道："过去的我，性格非常内向，每天都感觉特别紧张，活得十分痛苦，虽然，我尽力伪装让自己显得很正常，但是，我非常清楚自己的心境是处于病态中，当逃避和伪装让自己不胜疲惫的时候，我终于选择了面对，心里越是害怕与人沟通，我就越要与人主动沟通；越是不喜欢人多的地方，我就越给自己机会来面对人群。在这种与自己抗争的艰辛历程中，我得到了前所未有的历练和成长。"其实，紧张的情绪对于内向者来说，并不可怕，只要鼓起勇气，就能够克服内心的恐惧，从而使自己变得优雅起来。

马克思曾说："一种美好的心情比十付良药更能解除生理上的疲惫和痛楚。"然而，在现实生活中，有一种情绪时常困扰着内向者，诸如独自登台表演或演讲的时候、与陌生人沟通的时候、在公众场合说话的时候，等等，这时紧张的情绪会冒出来困扰他们，影响内向者的一举一动。

世界著名的男高音帕瓦罗蒂曾参加过无数次演出，仅仅在美国纽约大都会歌剧院，他的演出就达到了379场。但是，像这样一位世界著名的艺术家在每次登台的时候，也依然无法完全克服自己的紧张情绪。帕瓦罗蒂认为自己的紧张情绪可能是遗传于父亲，其父亲是一位具有男高音天赋的人，但由于太过紧张而无缘于舞台。但是，为了使演出显得更加完美，帕瓦罗蒂必须克服内心的紧张情绪。

刚开始的时候，帕瓦罗蒂通过暴饮暴食来摆脱紧张的情绪，每一次上台演出之前，他都要大吃一顿，这样才能缓解内心的紧张情绪。但是，暴饮暴食也使自己的体型巨胖，真到后来，医生给他发出了最后警告："再这样吃下去，你将会有生命危险。"帕瓦罗蒂无奈放弃了这种方式，转而寻找另外一种摆脱紧张情绪的方式。后来，他开始依赖一枚钉子。因为，在帕瓦罗蒂的家乡，流传着这样一个传说：生了锈的弯钉子会给人带来好运。帕瓦罗蒂相信这一传说，所以，在每一次的演出之前，帕瓦罗蒂都会在后台昏暗的灯光下寻找着一枚弯钉子。如果在演出前，他还没能够找到一枚弯钉子，那么，即使这场演出的报酬再高，帕瓦罗蒂也会毫不犹豫地取消。因为他的这一习惯，不仅得罪了不少朋友，而且，造成了美国芝加哥歌剧院永久地拒绝了他的演出。后来，帕瓦罗蒂的这一习惯被慢慢传开来，那些承接帕瓦罗蒂演出的单位都会特意为他留一枚钉子。

摆脱了紧张的情绪，帕瓦罗蒂优雅地完成了每一次完美的演出。赛车的时候，在瞬息万变的赛道上，每一次判断和决定都是在毫秒之间做出的，因此，几乎所有的赛车手都有一个最大的通病，那就是—“紧张的情绪”。对于许多赛车手来说，彼此之间都有一个心照不宣的秘密，那就是许多人都会因为比赛过度紧张而尿裤子。

舒马赫在赛车界中是数一数二的人物，然而，即便是拥有无法超越成就的赛车王，也会在每次比赛前感觉紧张。于是，为了缓解自己的紧张情绪，每次比赛之前，舒马赫都会玩一玩电子游戏，这样，他才能更加优雅地玩转赛车。

有时候，紧张的情绪使内向者怯场，内心蒙生退缩的念头；有时候，紧张的情绪会让我们心中大乱，最终以失败而收场。总而言之，紧张的情绪似乎总是跟随着内向者左右，势必要影响他们的言行举止才罢休，紧张，总是有意或无意地干扰着属于自己的心境，在紧张的心境下，他们似乎没有办法做好任何事情。所以，要想拥有一份美好的心情，内向者应该努力克服内心的紧张情绪。

1. 别对自己要求那么高

在生活中，要想克服紧张的心理，内向者就应该努力把自己从紧张的情绪中解脱出来。心理学家认为：有效消除紧张心理，从根本上说是要降低对自己的要求，一个人如果十分争强好胜，每件事情都追求完美，那么，常常就会感觉到时间紧迫，内心自然充满紧张。而如果我们能够清楚地认识到自己的能力，放低对自己的要求，凡事从长远打算，这样，心情自然就会放松。

2. 紧张吗？不如玩玩游戏

赵治勋被日本人称为“棋圣”，他在围棋界占据着极其重要的位置。然而，即使是这样一位大师也会紧张，在每一次激烈的对弈中，赵治勋都感到异

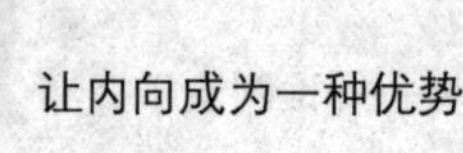

常紧张，而一紧张就很容易出错。因此，为了缓解内心的紧张情绪，赵治勋总是要求工作人员准备一大堆火柴棍和废纸，在对弈的时候，他通过撕废纸和折火柴棍来舒缓自己紧张的情绪，这样，他才能将棋局运筹帷幄，最终赢得比赛。

心理启示：

其实，紧张的情绪并不是内向者所特有的，而是每一个人都有的一种心境，无论多么伟大的人，他们都未必能完全摆脱紧张的束缚。但是，只要他们能找到恰当的放松方式，内向者就可以轻松地战胜内心的紧张情绪，完美的赢得最后的胜利。

当理想触礁现实，便产生消极情绪

大多数内向者都是理想主义者，他们总是幻想着美好的未来，浪漫的爱情，幸福的生活。可是，当现实犹如一盆冷水浇在头上的时候，才意识到自己的错误。如果内向者长期沉溺于沮丧，不能自拔，便会影响其身心健康。其实，内向者容易受消极情绪影响的一部分原因是来自于自己的不自信。当他们自身的能力、魅力遭到否定的时候，就会灰心，甚至一蹶不振。这时候，他们自己也不再相信自己，不断的否定自己。一个沮丧的内向者，陷于沮丧的痛苦中，也很挣扎，希望得到他人的帮助，于是他们很想求助于别人。可是孤独和害怕被拒绝的心理使他们往往不敢去求人。自卑的心理，让他们自己也无法正视自己的脆弱，只好以假装快乐的方式来掩饰自己。

曾有一位年轻人，他总觉得自己好像生病了。于是，他就去图书馆借了一本医学手册，想看看自己到底得了什么病。他先看了癌症的介绍，他感觉到自己患癌症已经好几个月了，顿时，他被吓住了。后来，他想知道自己还患了什么病，就依次读完了整本医学手册，一下子明白了，除了膝盖积水症以外，在自己身上什么病都有。当他走出图书馆的时候，完全变成了一个全身都有病的老头。

他决定去找医生，见到了医生，说："亲爱的朋友，我不给你讲我有哪些病，只说我没有什么病，看来，我的命不会长了，我只是没有患膝盖积水症，其余什么病都有。"医生给他做了诊断，然后开了一张处方给年轻人。年轻人顾不得看，就马上塞进口袋，立即跑往药店。到了那里，年轻人匆匆把处方递给药剂师，谁知，药剂师看了一眼，就退给他说："这是药店，不是食品店，也不是饭店。"年轻人惊讶地接过处方一看，上面写着：煎牛排一份，啤酒一瓶，6个小时一次；10英里的路程，每天早上走一次。年轻人照做了，最后，他一直健康地活到了现在。

内向者通常在遭遇一点点不顺心的事情就会垂头丧气，失望到底。比如在上班的时候情绪不太好，回到家看见乱七八糟的东西，定会觉得事事都不如意；本来自己花了很大功夫做的企划案，却一下子被上司否定，是不是觉得自己连死的心都有；心情很靓的去逛街，却从服装店的镜子里，偶然看见自己的大象腿，于是便灰心地空手而归了。其实，这些都是生活中很小的事情，但是却很容易让内向者产生消极心理。

当内向者面对一些现实问题的时候，总是会产生消极的心理状态。由于自己对生活的期望太高，但世界是冷冰冰的，社会是残酷现实的，所以便会充满失望、灰心，甚至绝望。消极心理会逐渐影响到内向者的生活和工作，它使内向者的人生停下了前进的脚步，使其对生活失去信心。所以，内向者要克制自己的情绪，远离沮丧情绪。

1. 克服自卑心理

远离消极情绪，内向者就要克服自己的自卑，肯定自己，对自己充满信心。很多内向者通常是不自信的，由于社会对于内向者能力的怀疑，还由于内向者自己对自己的怀疑。他们常常觉得自己的能力需要别人来肯定，一旦别人在一件小事上对他否定，由于自卑心理作祟，就会觉得自己被完全否定，于是开始灰心丧气。

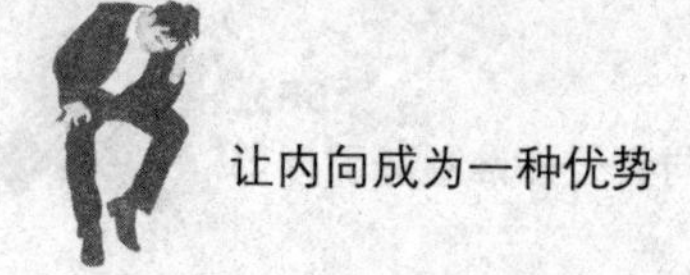

2. 重视自己

为了打败沮丧，内向者要重视自己，肯定自己，做一件事情，要时刻树立一种强烈的自信感。每个内向者都有自己引以为豪的地方，当你被否定的时候，要看到自己的优点，那么你就有机会重新站起来。适当的时候，给自己信心。当你开始沮丧的时候，对着镜子，告诉自己："你是最棒的"。只要自己肯定了自己，对自己充满信心，就会从消极情绪的漩涡中挣扎出来。

3. 保持积极向上的心态

远离消极情绪，要保持积极向上的心态。如果生活的烦恼困扰着你，不要失望，不要灰心，时刻用一颗乐观的心去看待问题。你就会发现，事情并没有你想象的那么糟糕。"面包会有的，牛奶会有的。"如果你这么安慰自己，就会发觉自己所遭受的没什么大不了。

4. 自己是幸运的

想一想那些在病床上与病魔抗争的人，想一想那些在地震中失去双腿的孩子，想一想那些流浪在街边无家可归的人。你会觉得，你是一个特别幸运的人。至少，你有温暖的家，爱你的人，健康的身体，又何必整天为这些小事想不开呢？沮丧让你失去对生活的信心，但是，积极乐观的心态会让你重拾信心，并且会让你拥有美好的人生。

心理启示：

一些内向者之所以能够成功，就在于他能够克服自己的消极情绪。他们通常能够以开放的心理去接受各种情绪的影响，所以情绪的承受能力很强。他们能时刻对自己充满自信，保持积极向上的生活态度。所以，当他们遭遇沮丧的时候，能通过适当的途径克服沮丧情绪所带来的困扰，并且能及时地回到正常的工作和生活中。

爱生闷气如何调节?

华盛顿·欧文说:“气度狭小就被逆境驯服,宽宏大量则足以把逆境克服。”因此,我们在生气时不要否认压抑生闷气,要懂得接纳并调整自己的坏情绪。在日常生活中,我们常常会说到“发脾气”和“生闷气”,这两者之间有什么区别呢?发脾气,是指用语言、动作等显性行为将那些对某人或某事不满的情绪发泄出来,这是生气时的外在表现;生闷气,是指将那些不愉快的情绪压抑在心里,不外露,也就是赌气,其实,这就是生气时的内在表现。

事实上,生闷气对我们的身体有极为严重的伤害:一方面,经常生闷气不利于心脏的健康,另一方面,也会影响我们身体免疫系统的正常工作,从而引起大脑内激素的变化。对此,专家建议,与其闷在那里自己和自己生气,不如宣泄心中不满的情绪,懂得接纳生气的自己,努力调整自己的情绪,这样会更有效地减少外界环境对人所产生的不利影响。

小萌刚刚大学毕业,尚不懂得如何讨上司欢心、如何恰当处理同事关系,但是,当她找到第一份工作的时候,父亲这样告诉她:“丫头,公司不比家里,在家里,我和你妈妈都会让着你,你生气了可以砸东西,大哭,甚至大骂,但是,在公司是绝对不行的,凡事需要忍耐,这样你才能赢得上司和同事的喜欢。”小萌点点头,踏着欢快的脚步走进了公司大门。

可是,两个月不到,小萌的脚步就变得无比沉重。似乎自己在公司真的做得很好,大到公司老总,小到清洁阿姨,都对小萌十分喜欢,因为小萌的脸上时刻挂满了笑容,从来不生气,从来不指责谁。同事都忍不住夸赞小萌:“你的脾气真好,刚才这件事明明是主管自己疏忽了,他那样责骂你,你还是微笑面对,换了是我,早就和主管对骂起来了。”小萌笑着点点头,心里在想:我的脾气也不好啊,当时,我就想拿着文件朝他脸上砸去了。可是,这毕竟是公司,不是在家里,这里不是自己撒野的地方。于是,在这种每天都需要强装笑脸、强忍怒火的日子里,让小萌感觉到很累,每次回到家,小萌都忍不住发泄一番,心中的苦闷不知道向谁诉说。终于,在难忍之下,小萌拖着疲惫的身子

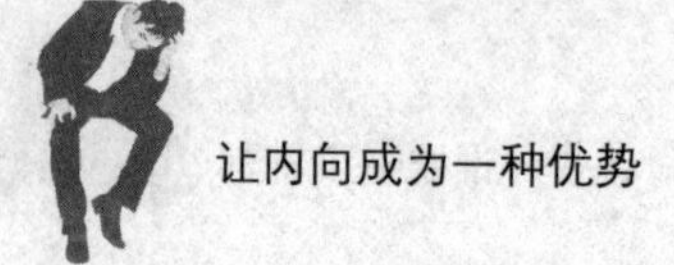

走进了心理咨询室的大门。

其实，人生在世，难免会遇到一些不顺心的事情，哪怕是一家人，也免不了“锅碗碰瓢盆”，于是，有人就会生点气、发发牢骚，这是很正常的。在生活中，看不惯某些人和事，偶尔闹点情绪，埋怨，指责，这都不足为奇。

而极不好的一种习惯是，不声不响将不满情绪憋在心里生闷气，而且，生闷气是一种不良的生活习惯，不仅耗费自己的精力，而且，还会引发疾病，影响身心健康。三国时期，周瑜一个人生闷气，结果白白断送了风华正茂的生命，这说明情绪对一个人的身体健康有直接或间接的影响。不善于调节自己的情绪，在一定程度上缺少一定的谋略。

虽然，我们从表面上看，无论是“发脾气”还是“生闷气”都是生气，但是，它们的表现方式却大有不同。由于表现方式的差异，将直接导致其后果的差异性，或许，有人认为发脾气会伤了彼此的和气，但是，如果我们发泄的前提是为了对方好，伤了和气又怎样呢？大量事实证明，人与人之间的关系并不如想象中的和睦，如果有什么不开心的事情只一味地生闷气，对方就永远不知道你的真正情绪是什么，而且，生活中多一些吵闹也并不是一件坏事。

1. 你不是老好人

有一位被大家公认“好脾气”的人这样说道：“其实，每次看到令我感觉不好的人和事，我内心都相当地生气，但是，我极力克制自己，不断告诉自己‘要保持自己的形象，千万不要发脾气’，结果，每一次我都忍耐了下来，可是，时间长了，我发现，由于心中闷气的郁积，我的脾气越来越大，一点小事就可以让我的情绪变得无比激动，可又不好当面发作，常常是事情过去以后，我就气得砸东西。虽然，我是公认的‘好脾气’，但是，我好像已经陷入了恶劣情绪的漩涡。”也许，总有一天，这位“好脾气”先生会忍不住爆发，而到那时，他自己也成为了闷气宣泄的陪葬品了。

2. 气宜疏不宜堵

现在，一些国外专家研究表明，发脾气比生闷气好。虽然，在大多数人看来，发脾气有损自己的修养和形象，似乎是一件伤大雅的事情。但是，科学家却对此公布了一项研究结果：当人感到气愤而想发脾气时，如果能够即时宣泄出来，会有利于自己的身体健康。当然，生气、发怒并不是一件坏事，毕竟人有七情六欲，总不能强制压抑，这样怒气就会变成闷气，反而容易爆发崩裂。如果能够释放心中的怒气，发泄不满情绪，解除烦闷，反而使身心感到轻松愉快。

心理启示：

在某些时候，该发脾气就发脾气，不需要刻意压抑自己的情感，因为不适当的压抑，就有可能形成生闷气的习惯，结果会适得其反。不过，生活中的我们应该少生气，甚至不生气，如果真的到了“怒不可遏”的地步，那就干脆痛痛快快地发泄出来，这样有利于情感的释放，有益于身心健康。

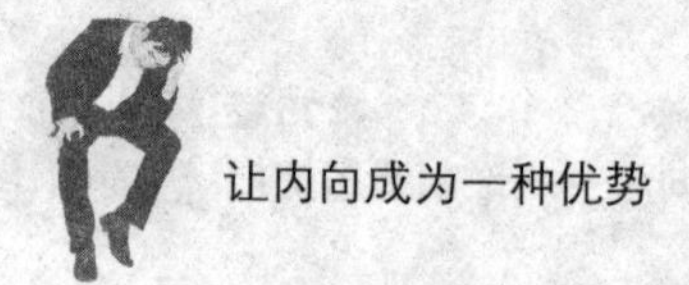

第06章　内向者性格心理的测试

内向性格具有什么样的特征？你是否知道自己属于哪种类型性格？如果你尚在迷茫阶段，那不妨测试一下自己的性格。只有确切地了解自己属于哪种性格，以及心理特征，我们才能扬长避短，使性格发挥最好的效用。

菲尔测试

皮克·菲尔生于20世纪50年代，美国第一心灵励志大师，被人们亲切地称为菲尔博士。他倡议并主持推广的气场训练课程，即“每个人都有吸引力运动”，使全世界1600万人从中受益，通过他独特的训练课程最终找回了自信。

皮克·菲尔曾在哈佛大学、加州大学、华盛顿州立大学、普林斯顿大学等多所知名学府发表演讲，在电台、电视台开办讲座，并在华盛顿、纽约、旧金山等城市设立了多个气场训练中心，与常青藤盟校建立了紧密的合作关系。菲尔博士有一系列有趣课程和科学实用的训练方法，对帮助人们实现心理上的强大和精神的成功，提升无数人的人生境界起到了巨大的作用。

这个测试是菲尔博士在著名主持人欧普拉的节目里做的，国际上称为“菲尔人格测试”，这已经成为很多大公司人事部门实际用人的“试金石”。

你可以用笔记录下答案，从而看到一个真实性格的你：

1. 你什么时候感觉最好？

A. 早晨

B. 下午或傍晚

C. 夜里

2. 你走路时的姿态是什么样的？

A. 大步地快走

B. 小步地快走

C. 不快，仰着头面对着世界

D. 不快，低着头

E. 很慢

3. 与人说话时保持什么样的姿态？

A. 手臂交叠站着

B. 双手紧握着

C. 一只手或两手放在臀部

D. 碰着或推着与自己说话的人

E. 手抚摸着自己的耳朵摸着自己的下巴或是用手玩弄整理头发

4. 坐着休息时，保持什么样的姿态？

A. 双膝并拢

B. 两腿交叉

C. 两腿伸直

D. 一腿蜷在身下

5. 碰到你感到发笑的事时，你的反应是什么？

A. 一个欣赏的大笑

B. 笑着，但不大声

C. 轻轻地，咯咯地笑

D. 害羞的微笑

6. 当你去参加一个活动或在社交场合时，你保持什么样的姿态？

A. 动作比较夸张地入场，希望能引起注意

B. 默默地入场，只是在人群中找到自己熟悉的人

C. 非常安静地入场，尽可能保持自己不被人注意

7. 当你十分认真地工作时，有人打断你，你会有什么样的反应？

A. 比较有兴趣，欢迎他

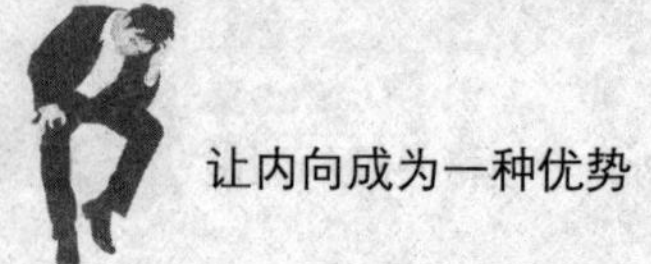

B. 感到十分生气

C. 在上述两种情绪之间

8. 你最喜欢下面哪一种颜色？

A. 红色或橘色

B. 黑色

C. 黄色或浅蓝色

D. 绿色

E. 深蓝色或紫色

F. 白色

G. 棕色或灰色

9. 临入睡的前几分钟，你在床上保持什么样的姿势？

A. 仰着躺在床上，伸直身子

B. 俯卧床上，伸直身子

C. 侧卧，微微蜷曲着身子

D. 头睡在一只手臂上

E. 头用被子盖着

10. 下面哪些场景会经常出现在你的梦境？

A. 落下

B. 打架或挣扎

C. 寻找东西或人

D. 飞或漂浮

E. 你平常不做梦

F. 你的梦都是令人高兴的

菲尔测试得分标准：

1. A2 B4 C6　　2. A6 B4 C7 D2 E1

3. A4 B2 C5 D7 E6　　4. A4 B6 C2 D1

5. A6 B4 C3 D5　　6. A6 B4 C2

7. A6 B2 C4　　8. A6 B7 C5 D4 E3 F2 G1

9. A7 B6 C4 D2 E1　　　10. A4 B2 C3 D5 E6 F1

经过上述十项测试后，再将所有分数相加：

60分以上：傲慢的孤独者

你留给人们最深刻的印象就是“骄傲”，总是以自己为中心，对任何的人和事物都有较强的控制欲、操众欲。尽管在你身上也存在很多优点，甚至可以是人们学习的对象，但是他们却不太愿意跟你接触。

51–60分：极富吸引力的冒险家

你平日里很兴奋、活跃，个性比较冲动，好像天生就是一个领袖，做决定比较果断，不拖泥带水，虽然你的决定不总是对的。当然，你是勇敢的、富于冒险的，喜欢去尝试任何事情，周围人喜欢和你在一起。

41–50分：平衡的中庸者

你给他人的印象是活力四射、有魅力、好玩、讲究实际、非常有趣、极富新鲜感。尽管你是一个群众注意力的焦点，但你是一个足够平衡的中庸者，不至于因此而昏了头。因为你看起来很和蔼亲切、体贴、宽容，是一个永远会令人高兴且乐于助人的人。

31–40分：自我保护者

在他人看来，你是一个智慧、谨慎、注重实效的人，同时认为你是一个聪明伶俐、极具天赋且十分谦虚的人。在生活中，你不容易很快与他人成为朋友，不过一旦成为朋友，就会对朋友非常忠诚，而且要求朋友对你也忠诚。若有人想要动摇你对朋友的信任是比较困难的。同样一旦你失去对某人的信任，也就很难恢复。

21–30分：缺乏信心的挑剔者

你给别人的印象是勤劳刻苦、过分追求完美、严谨是一个谨慎小心的人。你从来不会做没有准备的事情，或者说冲动的事情，假如你真这样做了，会令他们大吃一惊。有时你会各个方面检验之后依然决定不去做，而你之所以这样是由于谨慎的性格引起的。

21分以下：内向的悲观者

在他人看来，你是一个羞怯的、神经质的、优柔寡断的人，永远需要别人

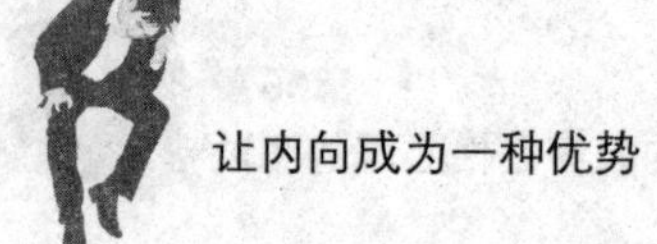

来为你做决定。你似乎总是生活在自己的世界里，不想与任何事情或任何人有关，你总是在杞人忧天，你好像永远看不到存在的问题。有些人认为你令人乏味，只有那些理解你的人知道你内心并非如此。

性格可以看成人的一种惯性行为，心理学研究成果告诉我们，性格的形成是由多方面因素决定的，最关键的因素有遗传因素、社会文化、家庭环境、学习等。所谓“江山易改，本性难移”，可见性格有相当的稳定性。不过，性格并非一成不变的，童年时期因环境压抑而性格内向者，长大后会因得志可能转为外向；犯罪的人洗心革面后可能变成善良守法的好人，这些都是生活中屡见不鲜的现象。

你属于内向还是外向性格?

你知道自己的性格吗？外向型通常表现为活泼、开朗、灵活；内向型表现为文静、喜欢思考、细致。两种性格类型都有其优点和缺点，互相补充。下面有50道题，可以根据自己的实际情况，做出“是”“否”或者“不确定”的回答。通过本测试题可以初步判断你的内、外向性格。

题号为偶数的题目，答案“否”计2分，答案“不确定”计1分，答案“是”计0分。

2. 你读书比较缓慢，致力于完全读懂。

4. 你常常分析自己，研究自己的内心。

6. 你在人多的场合总是尽量不引起别人的注意。

8. 你对人总是很谨慎。

10. 你害怕在人多的场合发表讲话。

12. 你经常会怀疑别人。

14. 你渴望过平静、轻松简单的生活。

16. 你常常会一个人胡思乱想。

18. 你经常回忆自己过去的生活。

20. 你总是思考之后再行动。

22. 你不喜欢自己在工作时有人来打扰。

24. 你总是一个人思考问题。

26. 你从不容易相信陌生人。

28. 你不善于结识新朋友。

30. 平时过马路很注意交通安全。

32. 你经常会感到很自卑。

34. 你很在意别人对你有什么看法。

36. 你喜欢一个人宅在家里休息。

38. 看到家里很乱，你就静不下心来。

40. 如果旁边有人说话，你总没办法安静下来学习。

42. 你是一个沉默少言的人。

44. 如果要求你与陌生人交流，你感到十分为难。

46. 你总是为遭遇的失败耿耿于怀。

48. 你很关注同事们的工作状况。

50. 你在选择东西时总是犹豫不决。

题号为奇数的题目，答案“是”计2分，答案“不确定”计1分，答案“否”计0分。

1. 即便对方与你意见不同，也可以与之和谐相处。

3. 虽然你做事速度比较快，不过却马虎了事。

5. 生气时，你总是毫不掩饰地将怒气发泄出来。

7. 你没有写日记的习惯。

9. 你是一个不拘小节的人。

11. 你可以做好领导者的工作。

13. 若你受到表扬将会更加努力工作。

15. 你从来不会想到未来的事情。

17. 你喜欢经常换工作。

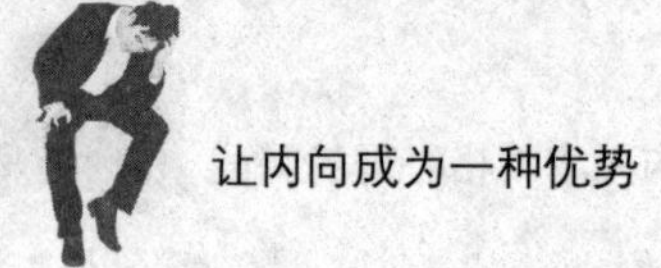

19. 你很喜欢参加集体活动。

21. 你在花钱时从来不精打细算。

23. 你总是以乐观的态度对待生活。

25. 你不惧怕麻烦的事情。

27. 你从来不按计划办事。

29. 你的想法经常会发生变化。

31. 有什么话，你总是忍不住想要一吐为快。

33. 你不是太过注意自己的衣服是否干净。

35. 与人交流，你经常是话多的那位。

37. 你的情绪很容易波动。

39. 遇到不明白的问题你就去请教别人。

41. 你的口头表达能力还可以。

43. 你适应新环境的能力较强。

45. 你经常会过高估计自己的能力。

47. 你觉得认真做事比较重要。

49. 相对于安静地看书和看电影，你更喜欢热闹的活动。

最后将各道题的分数相加，其和即为你的性向指数。性向指数在0-100，而通过性向指数的数值可以了解一个人内倾或外倾的程度。

0-19分：内向

20-39分：偏内向

40-59分：中间型（混合型）

60-79分：偏外向

80-100分：外向

结果分析：

内向：内向者具有较高的感受性和较低的敏感性，他们的心理反应速率比较缓慢，动作迟钝，说话慢慢吞吞。性格方面，多愁善感，容易情绪化，不过表现微弱而持久。平时不善于与人交往，遭遇挫折常常优柔寡断，在危险面前表现出恐惧和畏缩，在受挫之后经常会感到不安，不能迅速将注意力转移到别处。主动性较差，内向者无法将事情坚持到底。往往富于想象，比较聪明，对自己能做的事情表现出较大的坚忍精神，且可以克服一切困难。

偏内向：偏内向者不轻易动情感，情绪不外露，态度比较稳重，交际适度，可以控制自己的行为。这样的人心理反应比较缓慢，遇事冷静不慌张。可塑性差，表现不够灵活，这一方面使他们能有条理、冷静持久地工作。另一方面又使他们容易因循守旧、缺乏创新精神，性格通常表现为内向，对外界的影响较少做出明确的反应。

偏外向：偏外向者会对所有一切吸引自己注意的东西，做出主动的、积极的反应。他们行动敏捷，有较强的适应环境能力，善于结识新朋友，容易动感情、性格活泼、表情生动，言语极具表达了和感染力。在平时生活中，总表现出精力充沛的样子，有较强的坚定性和毅力。不过在持久的工作中，激情容易消退，时而表现出萎靡不振的状态。

外向：外向者具有较高的反应性和主动性，脾气暴躁、不稳重、喜欢挑衅，但态度直率、精力旺盛。可以对工作投入极大的热情，并克服前进道路上的重重困难，只是有时会表现出缺乏耐心的样子。不过，当遭遇的挫折和困难太大而需要持续努力时，他们会容易心灰意冷，且意志消沉，可塑性较差，不过兴趣比较稳定。

在这个世界上，每个人都是独一无二的。这种独特性不但表现在个人的基因是绝不相同，也表现在每个人都具有不同的个性。但是，这些形形色色的个性也有相似的地方。著名心理学家荣格根据人的心态是主观内部世界还是客观外在世界，将人分为两种类型：内向与外向。这即是最常见的性格分类法，称为“性向”，就是“性格的指向”。

你属于哪种性格类型？

从心理学角度来说，性格是人稳定个性的心理特征，它表现在人对待现实

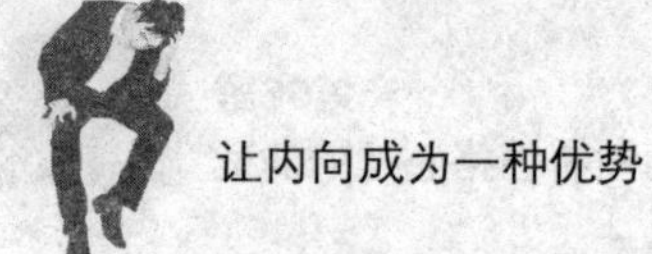

的态度和相应的行为方式上，不同的态度和行为方式的结合构成了区别于他人的独特性格。对此，我们可以发现，性格的形成有着多方面的因素，比如遗传因素、家庭因素、生理因素。事实上，性格是多种类型，下面我们就根据测试判断你属于哪种性格类型。

阅读以下40个题目，将符合自己情况的命题标出。需要注意的是，不要在一个问题上拖延太多的时间，根据自己的第一反应或第一印象做出判断，不符合个人情况的命题则不需要标出。

S-1. 人们说我十分友好。

M-2. 虽然我只有几个朋友，但我们的关系非常密切。

C-3. 我是天生的领导者。

P-4. 我节省，从来不乱花钱。

S-5. 我懂得享受生活。

M-6. 我喜欢每一个细节都是完美的。

M-7. 我情绪易波动，经常在早上醒来不知道会是何种情绪。

M-8. 我喜欢批评生活中的人和事。

C-9. 我容易生气。

P-10. 我做决定时总是犹豫不决。

P-11. 我很少会因为事情而感到愤怒和不安。

S-12. 一群人聚会，我喜欢讲一些生动的故事。

S-13. 有人说我这个人不靠谱。

M-14. 我很会控制自己的行为。

C-15. 有人说我冷漠无情。

C-16. 我很果断。

P-17. 我非常幽默。

P-18. 我喜欢无所事事。

S-19. 我不是很有组织纪律性。

P-20. 我更喜欢旁观而不是参与。

C-21. 我不容易原谅别人。

C–22. 我在短时间内可以做很多事情。

S–23. 场合中只要有我就会很热闹。

M–24. 我容易陷入悲观和抑郁情绪中。

P–25. 我做任何事情都不太主动。

P–26. 我非常有耐心。

S–27. 我喜欢说话。

M–28. 我不喜欢大聚会，只喜欢与几个好朋友在一起。

S–29. 我非常热情。

C–30. 有人说我是一个十分勇敢的冒险者。

C–31. 我对事情有清楚的看法。

P–32. 我喜欢睡觉。

C–33. 我喜欢掌控局势与事态。

M–34. 我不擅长交朋友。

M–35. 我十分喜欢艺术。

S–36. 我爱所有人。

C–37. 我十分自信。

M–38. 我经常觉得别人不喜欢我。

S–39. 我花钱很大方。

P–40. 我经常感到很累。

将符合您个人情况的命题进行同类合并。具体方法：分别将您标出的所有M、S、C、P后的数字相加，并将相加后的分数分别填在测试表下面对应字母的空白处。

M（忧郁型或完美型）________

P（冷静型或平和型）________

S（乐天型或活泼型）________

C（急躁型或力量型）________

结果分析：

M（忧郁型或完美型）

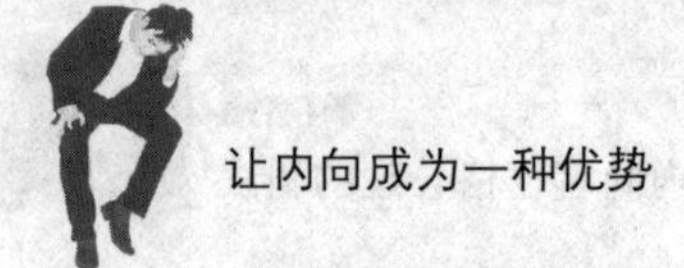

M型的人喜欢深思，他们喜欢自己支配时间，需要宁静；他们十分重感情，其情绪可能达到快乐的顶峰，也可能跌落到失望的低谷。在生活中，我们喜欢用大量的时间来思考问题；他们喜欢交际，却总是默默无闻，不希望引起别人的注意，他们更希望别人主动找他们攀谈。

优势：这种类型的人有着较强的洞察力，敏感而尽责，具备较好的交流技巧，善于结交新朋友。他们的工作方式可以被描述为精准、细心、善于分析、组织良好而自律。他们富有自我牺牲精神，安静而谨慎，通常在艺术、诗歌和音乐方面有较高的天赋。

劣势：他们的情绪容易波动，经常处于沮丧状态，由于其绝望态度，不愿意参与以及追求完美，容易将自己独立起来。他们有自我牺牲的特点，平时不愿意拒绝他人，容易屈从，从而容易被人驱使。这样的人对新鲜的人和环境会充满质疑，由于他们曾经有多次失败的经历，可能被人们当做不愿意交往的群体对待。

P（冷静型或平和型）

这种类型的人有镇定、沉着的特点，因此常常被看做是没有感情的人。他们理解和处理事情的方法如解题一般，他们愉快而放松，面对任何事情总是坦然一笑，所奉行的口头禅：“不要担心，快乐行事。”

优势：这样的人大多沉着老练，实际而靠谱，内心坚韧，非常幽默风趣。他们擅长发现生活中的快乐，即便别人感到不是有趣的事情，在他们看来也比较有趣。他们容易与各种类型的人建立关系，是十分好的外交家，一旦发生了矛盾，他们就是最好的协调者。

劣势：这样的人缺乏动机，比较懒惰。他们在做决定时容易犹豫不决，有时表现为若无其事，好像他们对人和事情都不关心、冷淡，这时他们宁愿看大量的电视节目。遇到事情他们宁愿旁观而不是参与。

S（乐天型或活泼型）

这种类型的人愉快、自信、乐观积极，他们高兴时喜欢唱歌，就连写字时也喜欢用“感叹号”以表示自己兴奋的情绪，称呼身边的人喜欢用绰号，被人们当做“活宝”。他们善于结交朋友，似乎每个人都可以成为他的朋友。

优势：这种类型的人可以带给身边的人希望和快乐，给予对方很大的尊重，因而受到人们的欣赏。他们个性活泼、积极、满怀希望，且充满点子，富于创造性，使得他们容易战胜困难。在生活中，他们拥有一大帮朋友，擅长自我推销，可以说服任何人任何事。

劣势：这种类型的人缺乏纪律，不愿接受管教，有时会承诺一些做不到的事，常表现夸张；喜欢夸夸其谈，喜欢打乱别人，高声发表自己的看法。脑子里充满新奇想法，有的脱离现实，由于热衷于表现，强烈希望自己成为人群的中心，却被别人当做浅薄而过分自我的人。

C（急躁型或力量型）

这种性格的人容易生气，却又非常干练、非常有纪律。他们具有较高的动机，做事主动，工作刻苦，不管是在平时还是在艰苦条件中都可以坚持不懈，他们经常将那些计划付诸于实践。

优势：这种类型的人决断、自信、不畏困难、充满勇气，有较强的能力，他们是天生的领导者。他们很会设计多元性的项目，他们可信而有责任感，从来不拖延时间，表现出力量和持久的恒心，愿意吃苦。

劣势：这种类型的人容易激动，喜欢生气，他们会快速地由冷淡变得火爆，在生活中他们是挑剔和霸道的。面对压力，他们常常顾不了别人且盛气凌人。他们喜欢讽刺他人，生活中因目标过于明确而不利于他们的交往关系。他们喜欢利用别人来达到自己的目的，他们的生活态度积极却又急于求成，常常不顾自己的情感。

你的情绪属于哪种类型?

曾经，有一篇科学报告中说了这样一段话："一个人在生气时的分泌物可以毒死一只老鼠；一个人如果生气 5 分钟，所消耗的体能不亚于跑 2 公里所消耗的体能。"对此，许多科学家得出了这样的结论："一个人在很大程度上并不是老死的，而是被气死的。"由此可见，对于我们来说，拥有健康的心理是

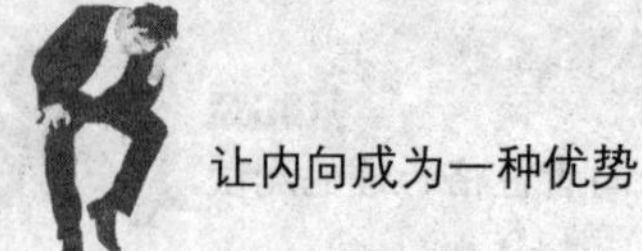

非常重要的，良好的情绪，温和的脾气都是良好心理素质的必备条件，这样，在任何时候，我们都处于泰然自若，平静如水的境地，而这正是高情商的标志。或许，你很想知道自己属于哪种情绪类型？那么，不妨来做做哈佛大学的情商测试。

如果你很想知道自己到底是属于哪种情绪类型，就先做一做下面的测试题吧。（注：每道题都有3个选项，所选择的答案分数在小括号里）

1. 假如让你选择，你更喜欢：

A. 与许多人一起工作，并进行亲密接触（3）　B. 和一些人一起工作（2）　C. 独自工作（1）

2. 当你为了解闷而读书时，你会喜欢：

A. 史书、秘闻、传记类（1）　B. 历史小说、“社会问题”小说（2）　C. 科幻小说、荒诞小说（3）

3. 对恐怖电影反映如何？

A. 不能忍受（1）　B. 害怕（3）　C. 很喜欢（2）

4. 以下哪种情况与你相符：

A. 很少关心他人的事（1）　B. 关心熟人的生活（2）　C. 爱听新闻，关心别人的生活细节（3）

5. 到外地时，你会：

A. 为亲戚们的平安感到高兴（1）　B. 陶醉于自然风光（3）　C. 希望去更多的地方（2）

6. 你看电视剧时会哭或感动得哭吗？

A. 经常（3）　B. 有时（2）　C. 从不（1）

7. 路上遇见朋友时，通常是：

A. 点头问好（1）　B. 微笑、握手和问候（2）　C. 拥抱他们（3）

8. 假如在飞机上有个烦人的陌生人要你听他讲自己的经历，你会怎样：

A. 显示你颇有同感（2）　B. 真的很感兴趣（3）　C. 打断他，做自己的事（1）

9. 你想过给报纸的问题专栏投稿吗？

A. 绝对没想过（1）　　B. 有可能想过（2）　　C. 想过（3）

10. 当别人问你的个人隐私时，你会怎样？

A. 感到不快和气愤，拒绝回答（3）　　B. 平静地说出你认为合适的话（1）　C. 虽然不快，但还是回答（2）

11. 在咖啡店要了杯咖啡，这时你发现邻座有一位姑娘在哭泣，你会怎样？

A. 想说些安慰话，但却羞于启口（2）　B. 问她是否需要帮助（3）　C. 换个座位远离她（1）

12. 在朋友家聚餐之后，朋友和其爱人吵了起来，你会怎么做？

A. 觉得不快，但无能为力（2）　B. 马上离开（1）　C. 尽力为他们排解（3）

13. 送礼物给朋友：

A. 仅仅在新年和生日（1）　B. 全凭感情（3）　C. 在觉得有愧或忽视他们的时候（2）

14. 刚认识的一个人对你说了些恭维话，你会怎么样？

A. 感到窘迫（2）　B. 谨慎地观察对方（1）　C. 非常喜欢听，并开始喜欢对方（3）

15. 假如你因家事不快，上班时你会：

A. 继续不快，并显露出来（3）　B. 工作起来，把烦恼丢在一边（1）　C. 尽量理智，但仍因压不住而发脾气（2）

16. 生活中的一个重要关系破裂了，你会：

A. 感到伤心，但尽可能正常生活（2）　B. 至少在短时间内感到痛心（3）　C. 无可奈何地摆脱忧伤之情（1）

17. 一只迷路的小狗闯进你家，你会：

A. 收养并照顾它（3）　B. 扔出去（1）　C. 想给它找个主人，找不到就让它安乐死（2）

18. 对于信件或纪念品，你会：

A. 刚收到时便无情地扔掉（1）　B. 保存多年（3）　C. 两年清理一次（2）

19. 你会因内疚或痛苦而后悔吗？

A. 是的，一直很久（3）　B. 偶尔后悔（2）　C. 从不后悔（1）

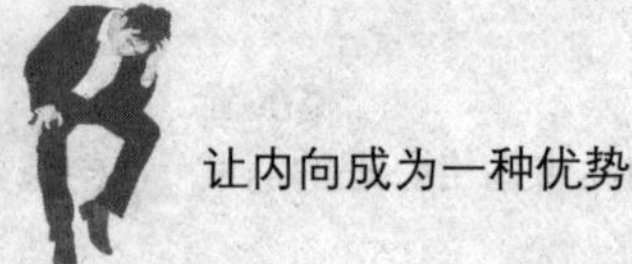

20. 与一个很羞怯或紧张的人说话时，你会：

A. 因此感到不安（2） B. 觉得逗他讲话很有趣（3） C. 有点生气（1）

21. 你喜欢什么样的孩子？

A. 很小的时候，而且有点可怜巴巴（3） B. 长大了的时候（1） C. 能同你谈话的时候，并且形成了自己的个性（2）

22. 爱人抱怨你花在工作上的时间太多了，你会怎样？

A. 解释说这是为了两人的共同利益，然后仍像以前那样（1） B. 试图把时间更多地花在家庭上（3） C. 对两方面的要求感到矛盾，并试图使两方面都令人满意（2）

23. 在一场非常精彩的演出结束后，你会：

A. 用力鼓掌（3） B. 勉强鼓掌（1） C. 加入鼓掌，但觉得很不自在（2）

24. 当拿到母校出的一份刊物时，你会：

A. 通读一遍后扔掉（2） B. 仔细阅读，并保存起来（3） C. 不看就扔进垃圾桶（1）

25. 看到路对面有一个以前的朋友时，你会：

A. 走开（1） B. 走过去问好（3） C. 招手，如对方没反应便走开（2）

26. 听说一位朋友误解了你的行为，并且正在生你的气，你会怎样？

A. 尽快联系，作出解释（3） B. 等朋友自己清醒过来（1） C. 等待一个好时机再联系，但对误解的事不作解释（2）

27. 你怎样对待不喜欢的礼物？

A. 立即扔掉（1） B. 热情地保存起来（3） C. 藏起来，仅在赠送者来访时才摆出来（2）

28. 对示威游行、爱国主义行动、宗教仪式的态度如何？

A. 冷淡（1） B. 感动得流泪（3） C. 使你窘迫（2）

29. 你有没有毫无理由地感到过害怕？

A. 经常（3） B. 偶尔（2） C. 从不（1）

30. 你属于下面哪种情形？

A. 十分留心自己的感情（2） B. 总是凭感情办事（3） C. 感情没

什么要紧，结局才最重要（1）

结果分析：

30~50分：你的情绪类型是理智型，你有较强的自制力，缺点是对别人的情绪缺少反应，建议放松一下自己；

51~69分：你的情绪类型是情绪型，有时候会感情用事，有时又十分理性，一般很少与人争吵，爱惜生活，生活得愉快、舒心；

70~90分：你的情绪类型是冲动型，很重感情，会意气用事，建议你以后遇事镇定一些。

你是否常常感到忧郁？

美国新一代心理治疗专家、宾夕法尼亚大学的David D・Burns博士曾设计出一套忧郁症的自我诊断表“伯恩斯忧郁症清单（BDC）”，这个自我诊断表可帮助你快速诊断出你是否存在着抑郁症，且省去你不少用于诊断的费用。

请在符合你情绪的项上打分：没有0　　轻度1　　中度2　　严重3

1. 悲伤：你是否一直感到伤心或悲哀？

2. 泄气：你是否感到前途渺茫？

3. 缺乏自尊：你是否觉得自己没有价值或自以为是一个失败者？

4. 自卑：你是否觉得力不从心或自叹比不上别人？

5. 内疚：你是否对任何事都自责？

6. 犹豫：你是否在做决定时犹豫不决？

7. 焦躁不安：这段时间你是否一直处于愤怒和不满状态？

8. 对生活丧失兴趣：你对事业、家庭、爱好或朋友是否丧失了兴趣？

9. 丧失动机：你是否感到一蹶不振做事情毫无动力？

10. 自我印象可怜：你是否以为自己已衰老或失去魅力？

11. 食欲变化：你是否感到食欲不振？或情不自禁的暴饮暴食？

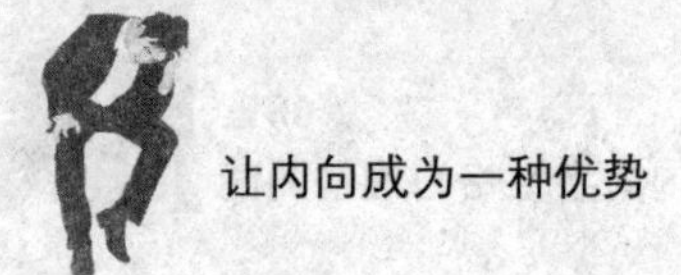

12. 睡眠变化：你是否患有失眠症？或整天感到体力不支，昏昏欲睡？

13. 丧失性欲：你是否丧失了对性的兴趣？

14. 臆想症：你是否经常担心自己的健康？

15. 自杀冲动：你是否认为生存没有价值，或生不如死？

总分： 测试完之后，请算出您的总分并评出你的忧郁程度。

抑郁自测答案：

0—4分 没有忧郁症

5—10分 偶尔有忧郁情绪

11—20分 有轻度忧郁症

21—30分 有中度忧郁症

31—45分 有严重忧郁症并需要立即治疗

如果你通过BDC忧郁症清单测试表测出你患有中度或严重的忧郁症，我们建议你赶紧去接受专业帮助，因为当你需要援助而没有及时地寻求援助时，你可能被你的问题击毁。

心理健康测试：你有心理疾病吗？

关心人们心理健康成了一个越来越普遍的话题。近几年人们的心理问题越来越严重，因为心理问题而出现的各种震惊事件引起了大家的注意，在这里为大家准备了40道心理测试题，有兴趣的可以来测测，看看你的心理是否健康。

对以下40道题，如果感到“经常是”，划√号；“偶尔是”，划△号；“完全没有”，划×号。

测试题：

1. 平时不知为什么总觉得心慌意乱，坐立不安。（　　）

2. 上床后，怎么也睡不着，即使睡着也容易惊醒。（　　）

3. 经常做恶梦，惊恐不安，早晨醒来就感到倦怠无力、焦虑烦躁。（　　）

4. 经常醒1–2小时，醒后很难再入睡。（　　）

5. 学习常使自己感到非常烦躁，讨厌学习。（　　）

6. 读书看报甚至在课堂上也不能专心一致，往往自己也搞不清在想什么。（　　）

7. 遇到不称心的事情便较长时间地沉默少言。（　　）

8. 感到很多事情不称心，无端发火。（　　）

9. 哪怕是一件小事情，也总是很放不开，整日思索。（　　）

10. 感到现实生活中没有什么事情能引起自己的乐趣，郁郁寡欢。（　　）

11. 老师讲课，常常听不懂，有时懂得快忘得也快。（　　）

12. 遇到问题常常举棋不定，迟疑再三。（　　）

13. 经常与人争吵发火，过后又后悔不已。（　　）

14. 经常追悔自己做过的事，有负疚感。（　　）

15. 一遇到考试，即使有准备也紧张焦虑。（　　）

16. 一遇挫折，便心灰意冷，丧失信心。（　　）

17. 非常害怕失败，行动前总是提心吊胆，畏首畏尾。（　　）

18. 感情脆弱，稍不顺心，就暗自流泪。（　　）

19. 自己瞧不起自己，觉得别人总在嘲笑自己。（　　）

20. 喜欢跟自己年幼或能力不如自己的人一起玩或比赛。（　　）

21. 感到没有人理解自己，烦闷时别人很难使自己高兴。（　　）

22. 发现别人在窃窃私语，便怀疑是在背后议论自己。（　　）

23. 对别人取得的成绩和荣誉常常表示怀疑，甚至嫉妒。（　　）

24. 缺乏安全感，总觉得别人要加害自己。（　　）

25. 参加春游等集体活动时，总有孤独感。（　　）

26. 害怕见陌生人，人多时说话就脸红。（　　）

27. 在黑夜行走或独自在家有恐惧感。（　　）

28. 一旦离开父母，心里就不踏实。（　　）

29. 经常怀疑自己接触的东西不干净，反复洗手或换衣服，对清洁极端注意。（　　）

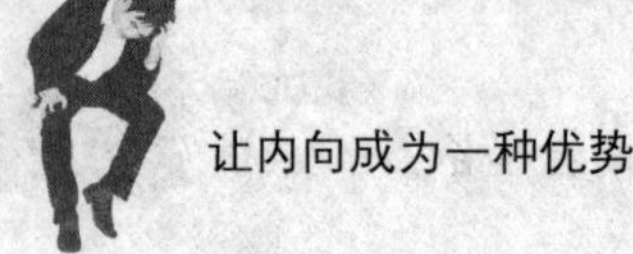

30. 担心是否锁门和东西忘记拿，反复检查，经常躺在床上又起来确认，或刚一出门又返回检查。（　　）

31. 站在沟边、楼顶、阳台上，有摇摇晃晃要掉下去的感觉。（　　）

32. 对他人的疾病非常敏感，经常打听，深怕自己也身患相同的病。（　　）

33. 对特定的事物、交通工具(如公共汽车)、尖状物及白色墙壁等稍微奇怪的东西有恐怖倾向。（　　）

34. 经常怀疑自己发育不良。（　　）

35. 一旦与异性见面就脸红心慌或想入非非。（　　）

36. 对某个异性伙伴的每一个细微行为都很注意。（　　）

37. 怀疑自己患了严重不治之症，反复看医书或去医院检查。（　　）

38. 经常无端头痛，并依赖止痛或镇静药。（　　）

39. 经常有离家出走或脱离集体的想法。（　　）

40. 感到内心痛苦无法解脱，只能自伤或自杀。（　　）

测评方法：

√得2分，△得1分，×得0分。

评价参考：

【1】0–8分：心理非常健康，请你放心。

【2】9–16分：大致还属于健康的范围，但应有所注意，可以找老师或同学聊聊，心情应保持愉快、乐观。

【3】17–30分：你在心理方面有了一些障碍，应采取适当的方法进行调适，或找心理辅导老师帮助你。

【4】31–40分：是黄牌警告，有可能患了某些心理疾病，应找专门的心理医生进行检查治疗。

【5】41分以上：有较严重的心理障碍，应及时找专门的心理医生治疗。

参照以上答案，看看自己究竟是否存在程度不一的心理问题，如果有需要的，应该前往相关心理咨询中心进行治疗。心理问题可大可小，我们不应该忽视它，相反应该重视它。

中篇

内向性格如何形成

通常情况下，内向者的兴趣与注意指向自身及其主观世界，除了身边亲密的朋友之外，不喜欢与人接触，对人比较冷漠。同时，缺乏自信与行动的勇气，喜欢幻想，情绪比较稳定，喜欢有秩序的生活。那么，诸如内向者身上的恐惧、害羞、愤怒、孤独又是从何而来呢？

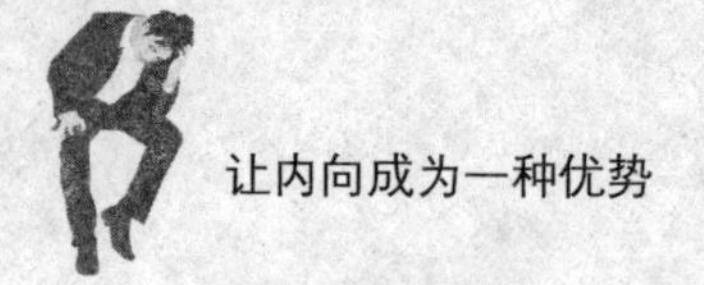

第07章　内向者的胆怯——惧由心生，逃避现实

内向者对陌生的人和事物总存在未知的恐惧，其实，他们并非社交障碍者，只是在广阔的社交环境中经常感到精力不足，这并非是局限，而是可以巧妙规避的。学会调适内心的恐惧感，便会显得落落大方。

你的恐惧感从何而来?

恐惧，也就是惊慌害怕，惶惶不安。从心理学的角度而言，恐惧是一种有机体企图摆脱、逃避某种情景而无能为力的情绪体验。它主要表现为生物体生理组织剧烈收缩，身体能量急剧释放。通俗地说，恐惧是因受到威胁而产生，并伴随着逃避愿望的情绪反应。

早在一百多年前，著名的生物进化论学家达尔文发现，哺乳动物的恐惧表情与人类的恐惧表情几乎是一样的。在恐惧的瞬间表现为："眉梢上扬、瞳孔扩大、眼光发直、嘴巴张大，无意识地惊声尖叫或呼吸暂停、憋气、脸色苍白、表情呆若木鸡。"更大的恐惧之后，人们会伴有肌肉的紧张发硬、不由自主地震颤、毛发竖立、全身起鸡皮疙瘩、毛孔张开、冷汗直流。同时，内脏器官功能亢进、肾上腺素分泌、血压升高、思维变慢或停滞，这就是我们常说的"吓傻"了。一些身体较弱的人还会出现短暂的晕厥，其心理机制是对恐惧情景的一种快速逃避反应，晕过去了，什么都不知道了，恐惧感也就不存在了。

在班上，他是一个内向的孩子，平时跟同学很少说话，总是一个人静静地坐在角落里。虽然，在听到同学们说到一些有趣的事情，他也会跟着笑笑，可一旦同学们将目光转移到他身上，他便会觉得紧张不安。

那是一节公开课，当老师提出问题之后，环视了教室一周，目光竟然落到了他身上。老师决定给这个性格内向的孩子一个展露自己的舞台，老师挑选了一个还算简单的问题，点名要他回答。听到自己的名字时，他先是惊讶地张开了嘴巴，没想到老师会让自己起来回答问题，随后，他开始有点紧张了。他感觉到自己双脚发软，似乎连站起来都很困难，终于，慢慢地站起来，他抬头看着老师，想露出一个笑容，但无奈，面部肌肉竟然变得僵硬，不再受自己控制。老师微笑着，示意他不要紧张，他开始慢慢平复自己紧张的情绪。深呼吸，然后开始一个字一个字地思考老师提出的问题，在思考的过程中，他感觉自己紧张的情绪不再那么强烈了，而面部肌肉也松弛了下来。最后，在老师和同学鼓励的目光中，他大声地说出了正确答案，赢得了一片热烈的掌声。

在正常情绪下，一个人的面部肌肉是松弛的。他可以凭借自己的情绪自由调动脸部的各部位肌肉，比如微笑，嘴角上扬，眉头上扬；惊讶，嘴巴微张，瞳孔放大。但一旦这样的情绪过于激烈难以控制，比如过分紧张，这时那种内心的惶惶不安就会显露在面部表情上，肌肉僵硬的情况也就出现了。

有时候，人们在恐惧之后还会出现选择性遗忘，这是对恐惧体验的一种无意识压抑，只有在催眠状态下才能唤起这之前对于恐惧的回忆。

那么，诱使人们内心产生恐惧的事物到底有哪些呢？

1. 怕生

对陌生的恐惧并不是只有孩子才会产生的心理，即便是一个成年人，在与陌生人接触的时候，他的心里也存在一定的恐惧心理，他会担心陌生人的欺骗，甚至害怕对方给自己带来不利。

2. 恐物

有的人会对特定的物品表现出恐惧，有的人对巨大的东西表现出恐惧，有的人却对老鼠这样小的动物产生恐惧。甚至，有的人在坐电梯时也会心生恐惧，他们会担心电梯在运行的过程中突然下降，或自己被困在电梯里，当然，这是一种对未来发生事情的担忧。

3. 突发事件

当我们经历或目睹某些突发事件时，会给我们的心理带来强烈的震动。这

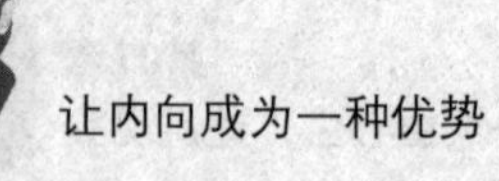

种恐惧往往是深刻而持久的，十分强烈的刺激感受甚至可以伴随我们一生。经历突发事件后，人们在一段时间内表现得非常胆小，睡眠中可能会突然惊醒，醒后依然紧张恐惧。

4. 对鬼神的恐惧

当我们在听别人讲一些神鬼妖怪的故事时，都会使我们产生恐惧。假如对方在讲鬼怪故事时加上表情动作的渲染，那我们会更加害怕。还有在恐怖电影中出现的恐怖镜头，比如女巫、鬼怪、凶残画面和打打杀杀血淋淋的镜头，这些都会使人们产生恐惧心理。

心理启示：

当然，人们的大多数恐惧情绪是后天获得的，恐惧反应的特点是对发生的威胁表现出高度的警觉。假如威胁一直存在，那人们目光凝视含有危险的事物，随着危险的不断增加，可能发展为不容易控制的惊慌状态，当恐惧感极具强烈时，还会出现激动不安、哭、笑、思维和行为失去控制，甚至出现休克的情况。在恐惧时，通常的生理反应是心跳猛烈、口渴、出汗和神经质发抖等。

内心胆怯，才会唯唯诺诺

唯唯诺诺是形容自己很没有主见，心中没有主意，总是一味地顺从，恭顺听话的样子。然而，在我们身边的朋友、同事中，有的人就习惯用这样的态度说话。在他们嘴里好像从来不会说 “不”，总是“好”“是的”，面对别人的提问，他们都是只点头不摇头，似乎他凡事都听别人的。其实，就日常交际来说，那些习惯于这种态度说话的人是不会受到大家欢迎的。或许，有人会觉得这样的人是很好的聊天对象，他从不反对自己的意见或想法，但是，如果你习惯于对着一个木偶说话，那么你应该知道跟这样的人交流是一件多么痛苦的事情。难道他们真的没有自己的主见吗？当然不是，每一个人都有自己的想法，他之所以说话唯唯诺诺是源于心中的胆怯。你可以经常观察那些说话唯唯诺诺的人，其实他们就是内心胆怯的人。

在他们身上总是残留着这样的影子：说话异常小心，害怕自己的言语会遭到对方的反对；不管你的装扮是多么离谱，但如果你要他来评论，他总是会说“我觉得这身挺好的”，结果弄得你很无语；从来不说自己的意见，100%认为对方的话就是正确的。虽然，我们讨厌那种凡事都要争个高下的人，但是，说话总是唯唯诺诺的人会更加令我们讨厌。因为和这样的人交流，总是让我们感觉很累，我们根本不知道他的真实想法是什么，所以也就不知道该怎么样和他交流。大量事实证明，这样的人无论是在工作还是生活中，都将遇到很大的障碍，他们无法展现出自己的能力，换句话说，他们不敢展现自我。

老李是公司的老员工，辛辛苦苦工作几年了，职位却一直没有变。在平时的工作中，他认真负责，与身边的同事相处得也比较和睦，对上司更是敬重有加，不过，进入公司快十年了，许多比他晚进公司的同事都得到了晋升，只有他还在原地踏步。同事戏谑地问他：“对你的工作挺满意吧？”他总是乐呵呵地回答：“是的。”在与同事相处中，面对不同的意见，老李总会说：“是，你说得对。”回过头，他对其他同事也说：“对，你说得没错。”这样没有立场的说话态度，让同事感到很扫兴。

实际上，老李并没有发现自己没有得到重用的原因就在于自己说话唯唯诺诺的习惯，不管是和上司说话，还是和办公室的同事说话，他从来都是“是是是”“好好好”，从来不会说反对的意见。刚开始同事接触到他，以为他这样说话是由于陌生的关系，不想得罪人。时间长了，与同事都熟络了起来，他还是这样的说话习惯，同事就觉得很厌烦了，而且，总觉得他这个人比较“虚伪”，不愿意与之交往。上司觉得老李没有自己的想法，只会一味地顺从，这样的人对公司将不会有很大的帮助，于是也就一直没有重用他。

在公司，没有谁与老李能够谈得来，因为大家觉得他这种模糊的表态方式，唯唯诺诺的说话习惯让自己非常不舒服。所以，老李既没有得到领导的赏

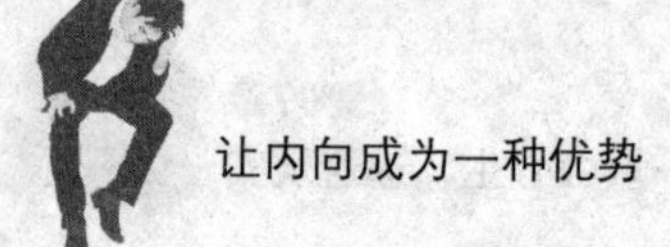

识，也没有获得同事的好感，而且还非常令人讨厌。

虽然，上司喜欢下属服从自己的命令，但是下属一味地顺从自己的命令也会让上司感到厌烦。毕竟在很多时候，上司更希望自己的下属能够积极地发挥主观能动性，为自己出谋划策。假如只是唯唯诺诺地附和上司，即使发现上司的错也不说，这样就很容易造成不必要的损失，于是，像老李这样的下属将不会被得到重用。

那么，说话总是唯唯诺诺的人，他们内心的"恐惧点"在哪里呢？下面我们来一一分解。

1. 童年时期的阴影

有的孩子从小就接受父母"军事化"的教育，比如，从小就被父母打骂，无论做对做错都要挨打，必须无条件服从父母的管束。在长大之后，他就自觉地认为别人的话都是对的，自己想的都是错的，别人让他去做什么就去做什么。然而，他们潜意识里却不太相信别人，说话时时刻关注对方的眼神。因此，最终养成了说话唯唯诺诺的习惯，其内心的胆怯是源于童年时期的阴影。

2. 对自己的不自信

大多数人说话总是唯唯诺诺，内心胆怯是源于对自己的不自信。他们内心其实并不愿附和，只是害怕自己作出这样的行为之后对方就会讨厌自己，所以，他想要讨好所有人，逼迫自己放弃想法，说出言不由衷的话，久而久之就养成了习惯。

3. 城府很深

有的人习惯于在上司面前说话唯唯诺诺的姿态，而且，他在同事面前也伪装成"老好人"，谁也不得罪，这样的人其实内心也胆怯，但其原因却在于害怕人们发现他心中不可告人的秘密，所以，他们需要带着伪装面具而生活，这样的人有很深的城府，大有在忍耐之后作出一番大行为来，需要谨慎对待。

心理启示：

那些说话唯唯诺诺的人就像是“装在套子里的人”，他们把自己包裹起来，让人们看不到其真实的面目，总是以一副永远顺从的样子出现在人们面前。即使谦虚是一种美德，但唯唯诺诺却并不是谦虚，只是呈现出的内心的胆怯，只会让对方觉得说话者太胆小，同时，也会给对方留下没个性、没主见的印象。

因为内向，怯于公开讲话

造成内向者当众不能有效说话的最大障碍是什么？胆怯，这也是大多数讲话者面对听众时首先遇到的最大障碍。在现实生活中，我们无法避免的事情就是每天与各式各样的人打交道。确实，社交就是展现一个人风采的重要方面，你可能会与重要人物交谈，当众表达你的观点，甚至还会出现在酒会、晚宴、谈判的场合。这时因为胆怯，人们总是选择退却，即便是鼓起勇气去了，却因表现失态，把整个场合搞得更尴尬。当再次需要当众讲话时，你又开始胆怯、心慌、全身发抖，时间长了，胆怯在一次次窘态中越来越嚣张，以至于你几乎丧失你所有的自信和勇气。

某一年在纽约举办了一场世界演讲学大会，在这个大会上有很多演讲学教授需要当众宣读自己的论文。当时，有一位教授担心自己的演讲得不到大家的认可，越想越恐惧，刚走上讲台，还没开始说话就晕倒在地了。本来在他后面一个发言的教授还在不断地练习演讲，一看到这种情况，心里感到一阵恐惧，额头上面出现大量的汗珠，他也在台上晕过去了。

在世界演讲学大会上出现两位教授因胆怯而晕倒，这确实是一件有趣的事情。原来，胆怯是每个人都有的一种心理现象，只是程度不同而已。不仅仅是

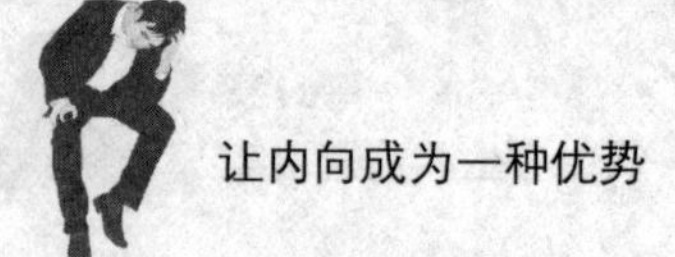

内向者畏惧当众说话，就连很多所谓的大人物也是如此。因此，明白了这个道理，相信对内向者克服内心的胆怯是很有帮助的。

一位实习老师第一次走上讲台，当学生起立的时候，师生之间互相问候，这位刚刚踏出学校大门的小伙子竟不知道该说些什么，之前准备的开场白不知道跑哪里去了。心慌之余，他红着脸，用颤抖的声音说了句："老师，您好！"同学们面面相觑，继而哄堂大笑，而那位实习老师则不知所措，低着头站在讲台上。

他努力想让自己镇静下来，但越是这样，却越是忍不住心虚害怕。当他下意识地掏出手帕想擦掉额头上的汗珠时，课堂再一次沸腾了。小伙子心里纳闷了，经一位同学暗示，他才发现自己手里拿的不是手帕，竟然是一只袜子。他更恐惧了，心想可能是昨晚洗脚时无意中将袜子塞进了衣兜里。

整个教室闹腾得翻了天，他窘得无法自控，只好跑下了讲台，慌乱之中踢到了台阶，差点摔个四脚朝天，幸亏他眼疾手快按住讲台，才没有摔倒。

这位才出学校的小伙子无法克服内心的胆怯，因此第一次登台就窘态百出。无疑，克服胆怯是当众说话的第一关卡。其实，有很多所谓的大人物最初当众讲话都会怯场的，但最终他们都无一例外地成了当众说话的高手。比如，古罗马著名演讲家希斯洛第一次演讲就脸色发白、四肢颤抖；美国的雄辩家查理士初次登台时两个膝盖不停地抖；印度前总理英·甘地首次演讲不敢看听众，脸孔朝天。为什么最后会发生如此巨大的变化？唯一的理由就是他们克服了内心的胆怯。

克服胆怯是当众说话的第一关卡，对此我们应该想方设法克服内心的恐惧，勇敢地跨出当众说话的第一步。

1. 心中有听众，眼里无听众

有一位老师初次登台讲课就很不错，有人问他秘诀，他说："我在备课时心中一直想着学生，可上了讲台，我眼中所见，就只有桌椅而已，这样我就不怯场了。"当众讲话有一个秘诀叫做"视而不见"，也就是在讲话前心中有听众，在讲话时眼里不能有听众，而是按照自己的意图进行语言表达，对下面的听众视而不见，这样会消除你内心的恐惧感和紧张感。

2. 抱着“无所谓”的状态

任何一个初次当众讲话的人都会有些胆怯，既然避免不了当众讲话的环节，为什么还要为此害怕呢？美国前总统罗斯福说过：“每一个新手，常常都有一种心慌病。”其实，心慌并不是胆小，而是一种过度的精神刺激。任何人都不是天生就敢在公众场合自如讲话的，都有一个艰难的“第一次”。只要你抱着“无所谓”或者“豁出去”的心态，管他三七二十一，这样整个人也就放开了。

心理启示：

美国的心理学家曾做过一个有趣的问卷调查，问题是：“你最恐惧的是什么？”调查的结果令人大跌眼镜，“死亡”原本如此让人恐惧的事情却排在了第二，而“当众说话”却高居榜首。由此可见，在公众场合说话，感到恐惧和胆怯是一种很普遍的现象。

用微笑抚平内心的紧张感

有人说戴安娜是微笑的专家，她用微笑征服了全世界。现在我们应该清楚为什么她会受到全世界男女老少的喜爱了，为什么有那么多不认识的人给她献花。这么多年过去，这个既不是政治家，又不是企业家，当然也不是艺术家的女人却被那么多人缅怀着。如果你仔细地观察戴安娜的照片，你会发现她的每一张照片都是在微笑：牙齿露出，嘴角成一道弧线。她的眼睛里充满了笑意，充满了善意，如果说微笑是全世界共同的语言，在这里得到了进一步的印证。不需要任何人的翻译，不需要开口，所有的人都懂得她在说什么。

美国钢铁大王卡耐基说：“微笑是一种神奇的电波，它会使别人在不知不觉中认可你。”

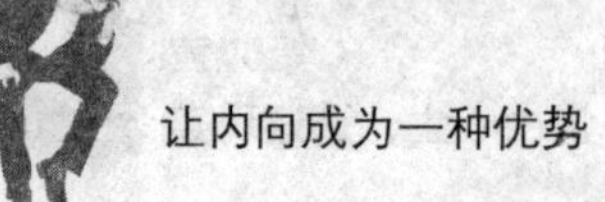

曾在一次盛大的宴会中，一位平日对卡耐基很有意见的商人在角落里大肆抨击卡耐基。当卡耐基站在人群中听到他高谈阔论的时候，他还不知道，这使得宴会主人非常尴尬，而卡耐基却安详地站在那里，脸上带着微笑。等到抨击他的人发现他的时候，那人感到非常难堪。卡耐基的脸上依然挂着笑容，他走上前去亲热地跟那位商人握手。好像完全没有听见他讲自己的坏话一样。

后来，那位商人成了卡耐基的好朋友。

紧张感能导致思维混乱，甚至大脑短路，一个人之所以会紧张是因为尚未掌握正确的调节心理的方法，这时你越是想镇静下来却越会更加紧张。其实你越想控制紧张，它就越会变成一种妖魔，反而会更加厉害。而应付紧张感最好的方法就是微笑，放松你的下巴，抬起你的脸颊，张开你的嘴唇，向上翘起你的嘴角，用轻松的节奏对自己说“我很好”，这样给人的感觉很好，而且给人有能力的感觉，好像你真的放松下来。就这样，你内心的紧张感逐渐消失，随之涌上来的是满足、轻松的心理状态。在如此健康的状态下，你的当众讲话自然而然会发挥出应有的水平。

安安是一位爱笑的女孩子，难堪时微笑，紧张时也微笑，高兴时微笑，难过时也微笑。但就是这样一位喜欢微笑的女孩子，却天生胆子小，说话时声音像蚊子一样小，不了解她的人还以为是害羞，其实她就是这样。

大学毕业的论文答辩会上，安安不幸被抽中了，这将意味着她需要在几百人的大厅里当众讲话。安安还是第一次遇到这样的场合，这该如何是好呢？安安害怕得快要哭了，论文指导老师知道了这事，安慰安安说：“你知道你给人最深的印象是什么吗？”安安不解地摇摇头，老师说：“你最大的特点就是微笑，而这正是缓解你紧张感的秘诀，当你觉得很紧张、很害怕的时候，不妨微笑，不仅对着听众微笑，还需要对着自己微笑，告诉自己‘放松点’，这样你就真的会放松下来。”安安若有所悟地点点头。

在论文答辩会上，安安始终保持脸上的微笑，每当不知道该怎么说的时候，每当紧张的时候。而当她微笑的时候，台下的老师和同学就会善意地看着她，不哄笑，也不唏嘘，只是等待她继续说下去。最后，安安成功地完成了答辩。

因为微笑，安安不再紧张；因为微笑，征服了所有的听众。雨果说：“微笑是阳光，它能消除人们脸上的冬色。”对当众讲话来说，微笑不仅能够缓解内心的紧张感，而且还会化解观众内心对你的不解和抵触。微笑对观众的征服是自然而然的，既然它能兵不血刃地征服对手，更不用说征服你的听众了。

1. 对着镜子练习微笑

对着镜子练习微笑，你的眼睛可以看到标准的微笑形象，并在脑海中形成一个视觉的记忆，后面再微笑时，你的脑海中就会浮现出微笑的形象，从而帮助你加强记忆。

2. 每天多次练习微笑

有人说每天需要练习一百遍的微笑，因为微笑是一种肌肉记忆训练，那些不喜欢笑的人，并非他内心不会笑，而是他的脸部肌肉长期不动，已经僵硬了。如果你每天练习比较少，那就难以形成肌肉记忆。所以，天天对着镜子练习，时间长了，脸上的笑肌发达了，就形成微笑肌肉的记忆了。

心理启示：

其实，微笑不仅仅是一个人最好的名片，而且也在某种程度上减少了我们内心的紧张感。尤其是在当众讲话的时候，如果你实在不知道说什么好，那即便是一个微笑，也能够很好地让人们感受到你内心的阳光与温暖。

放松身体，肌肉紧绷让神经更紧张

通常人们在紧张时会出现这样一些身体反应：面部僵硬、两腿哆嗦、全身发冷、手心出汗，等等。当然，具体到每一个人身上，反应也是有所不同的。对于这样的现象，我们能够想到的就是紧张感带来的身体反应，但事实上谁也

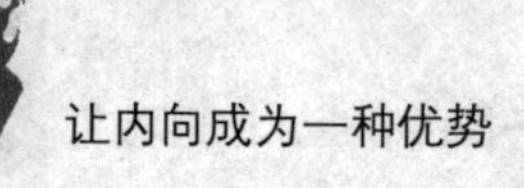

没去追究深层次的原因，尽管神经紧张会反映到身体上，促使身体作出一些反应，不过容易被人们忽视的是，身体的紧绷往往会加速你内心的紧张感。这是为什么有的人在登台讲话时，可能开始只是不知道把手放在哪里，但后来脑子却是一片空白，完全忘记了自己需要讲些什么。由此，在当众讲话的时候，需要放松你的身体，因为肌肉紧张导致神经更紧张，从而给你带来某些心理障碍。

如果你还为此质疑肌肉的放松是否会真的缓解精神的紧张度，那你可以看看那些所谓的“心理放松操”，最典型的例子就是瑜伽。当你开始做瑜伽时，相信你听过最多的一句就是“放松全身，肌肉放松”。慢慢地，当你真的放松下来之后，你会发现心中真的是如水般宁静。所以，如果你当众讲话很紧张，不妨先放松全身，肌肉的放松会大幅度地减轻你内心的紧张感。

一位曾长期受紧张感困扰的女士讲述了自己的经历：

我从小就是一个胆子很小的人，每次到了公开场合需要讲话或者亮相时，我就全身发抖，上下牙齿都直打颤，连话也说不明白。有时我会忍不住掐自己的大腿，希望自己能镇定点，但却没有效果，而且会越来越紧张。我一直觉得这是一种病，为此很自卑，当然我也尽量地避免公开说话。但在私底下，我与身边的人关系都很要好，什么话都说。

有一次，班里举行诗朗诵会，由于我文笔不错，经常在杂志上发表一些诗歌，于是同学们都推荐我参加，我极力推辞，可班主任也执意要我参加。我只好暂时答应下来，可怎么应付过去呢？那段时间我整个人都紧张了起来，经常做梦梦到自己在台上出尽了洋相，以及同学们诧异的目光。

我忐忑不安地来到心理咨询室，向老师描述了我的情况。那位心理医生却只是微笑着说：“你首先要做到自己身体上放松，这样会减轻你内心的紧张感，比如深呼吸，想像你身处漫无边际的大草原，这样你的身心都将得到放松。”在老师耐心的指导下，我学会了“心理放松操”，每当紧张时就会自然而然地想起来，试着做两遍，身体放松下来，心里也不再紧张了。当然，那次的朗诵很成功，由于是我自己写的诗歌，因此也获得了一等奖。

内心的紧张感通过身体上的放松而得到了缓解，这其实就是身体与心理有密切关系的原因。当我们内心情绪波动的时候，会逐一反映在身体行为上，反之，如果我们身体行为得到了收敛、放松，那心理障碍自然就被清除了。显而易见，这两者的作用是相互的。

若是心理紧张，我们应该如何通过身体放松来化解内心的紧张度呢?

1. 呼吸调节

呼吸的过程其实是胸腹部发生的各种变化，通过深呼吸来抚平内心的紧张。当一个人吸气时，胸腹部会微微鼓起；当一个人呼气时，胸腹部会微微收缩。你所需要做的就是调节呼吸，让呼吸变得平静，就好像睡觉一样。

2. 释放重量

稍微深一些吐气，让自己身体的重量全部释放在椅子上、墙壁上或者地板上。通过这样的方式会减轻你身体的重量，让你产生一种由于释放重量而导致的轻松感，这自然会减轻你内心的紧张感。

心理启示：

当一个人的身体放松时，他的注意力就会集中在压力以外的事情上，从而排除现场压力带来的紧张感。放松身体可以给我们带来很多的益处：呼吸变缓，血压降低，头痛消失，情绪稳定，思维清晰，记忆力提高，紧张、忧虑感消失。

为什么对社交充满恐惧?

内向者讨厌面对人群或害怕面对人群，他们觉得恐惧、不好意思，对自己以外的世界有着强烈的不安感和排斥感。他们常常逃离人群，除了几个亲近的人之外，他们不愿意与外面的世界沟通。他们大多都有人际交往障碍，心里有很多苦恼："我性格内向，不愿和别人交往，我挺烦的，怎样才能做一个善于

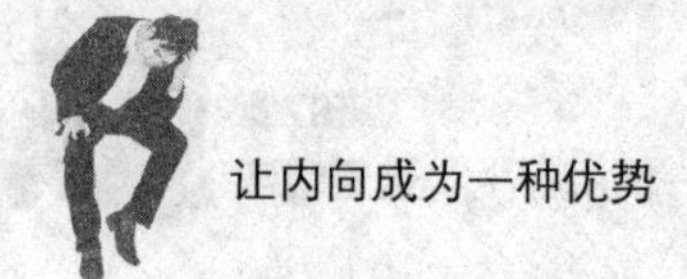

交际的人呢？”“我是一个女孩，我想说的是，我无论和男的或女的说话时，不敢看对方的眼睛，手一会儿挠头一会儿揣兜，不知道该怎么办？”“我太在乎别人对我的看法，和别人沟通时，总会担心别人怎么看我，尤其是面对比较重要的人，我还有点自卑”“我觉得我自己心理上有问题，很多时候很想跟别人聊天，但又不知道有什么好聊的，很多时候我很害羞，说话也不敢大声，我感觉自己胆小又内向”。

从这些心声中，我们可以看到他们中的大多数只是性格内向不善于交际，或是不懂得社交的艺术，而导致社交过程中出现各种不适，并非他们不愿意与人交往。

艳艳今年十七岁，是一所普通高中二年级的学生，爸爸和妈妈都是大专毕业，在机关工作，家族没有精神疾病史。因为家里就她一个孩子，全家人对她都很疼爱，但是，爷爷对她要求非常严格，希望她将来可以作出一番大事业。艳艳从小就很腼腆，不喜欢说话，家里来了陌生客人，她也是经常避而不见。在整个读书期间，她都没什么朋友，平时不上课就待在家里。

现在艳艳读高中，开始寄宿，感觉到很多事情不顺利，她很苦恼，常常向妈妈抱怨，一副不知所措的样子。前不久，艳艳在学校里一个男生无意中用余光瞄了一下自己，她就觉得对方在警告自己。从此，她更害怕与人打交道了，尤其是遇到异性，就会更紧张，注意力无法集中，学习没有效果。后来，严重的时候，发展到与同性、与老师不敢目光接触。她常常对妈妈说：“妈妈，我好痛苦，好苦恼，可又不知道该怎么办？”

在青春期，性格内向的女孩子们很容易患上社交恐惧症。青春期内，一个人生理和心理都要发生急剧的变化，如果在这一阶段遇到心理问题，没有得到很好的解决，就很可能影响她们将来的升学、求职、就业、婚姻等一系列社会化进程。

1. 尽可能与他人交往

内向者总是一个人宅在家里，时间长了都会发霉。所以，如果要突破自己的交际恐惧，就需要走出家门，尽量与他人交往。在与他人的交往中，要遵守共同的规则，学会交往，学会尊重别人的权利。并且，从其中还可以学到如何与人合作，如何交朋友。

2. 参加活动可以帮助你拓展圈子

在家里，有可能你所接触到的就只有自己的家人。即便是一起工作的同事，也只是打过照面，没有真正接触过，更别说成为朋友了。而公司举办的一些有意义的集体活动恰好为你提供了这个机会，在活动中，你可以认识更多的朋友，相应地，也拓展了你的交际圈子。

3. 参加活动可以有效锻炼你的交际能力

有的人比较羞涩，性格内向，他们的交际能力较差，像这样的人更应该参加一些有意义的集体活动。在活动中，气氛比较热烈，能够激起大家聊天的欲望，如此的话，能够有效地锻炼你的交际能力，提升你的口才水平。

4. 明白没什么可怕的

内向者应该明白在交际场合没什么可怕的，应该将一切可能发生的最糟糕的情况列举出来，即便出现了最糟糕的场景，最后发现其实也没什么大不了的。所以，让自己冷静下来，做好自己，没什么可怕。

5. 做一个主动者

奥巴马总是面带微笑自信地走向大家，然后花一段时间向在座的人介绍自己，他一切的行为都令他看起来非常自信，尽显总统范儿。假如一个人总是低着头走路，等着别人来招呼自己，结果就是最容易被身边的人忽视。

心理启示：

内向者无法主动走出自我的世界，也不愿意加入人群。他们只要在人多的地方就会觉得很不舒服，总害怕别人注意自己、担心自己被批评。实际上，他们的这种心理都源于内心的恐惧，一旦内心的恐惧消失，就会慢慢变得自信起来。

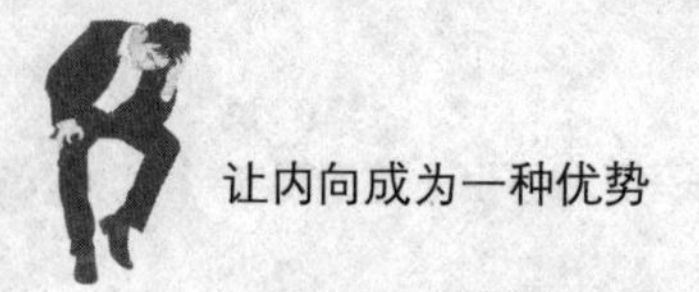

第08章　内向者的害羞——自设框架，束缚自己

日常生活中，内向者总给人一种羞涩的印象。事实上，内向者并非是害羞，而是不喜欢表达自己罢了。当他们习惯于自设框架，束缚自己，自然而然也变得有点害羞。内向者，要大胆走出不好意思的怪圈，学会展现自我风采。

请别害羞，大胆秀出自己

很多人都喜欢模仿别人，想让自己和其他人不一样，他们希望自己能够跟上潮流，或是让自己散发出明星般的魅力。不过，这种模仿好像并没有给自己带来成功或是快乐，相反会让自己感到焦虑、痛苦，而且这种焦虑、痛苦是和失败联系在一起的。卡耐基认为，对成功和快乐的渴望是人们模仿别人的出发点，不过事实已经证明这是一种十分不明智的做法。当任何一位因为模仿别人的人而感到苦恼的时候，应该相信这样一句话：做你自己，那是最快乐的，也是最好的。

对此，有人做过研究，实际上我们每个人都具备成为伟人的潜质，之所以没有成为伟人，是因为我们不过只用了10%的心智能力，而剩下的90%却一直不为我们所知。这其中最主要的原因就是人们不能保持自我，正确地认识自我，从而发挥自己的潜能。

艾尔太太来自北卡罗来纳州，小时候的她是一个非常害羞敏感的女孩。由于她有些偏胖，脸看起来圆圆的，这样使得她整个人看起来更胖。更糟糕的是，她的母亲是一个非常古板的人，她觉得穿漂亮衣服是很愚蠢的，并且衣服穿紧了反而会把衣服撑坏，所以还不如穿宽松一些。所以，拜母亲大人所赐，艾尔太太小时候所穿的都是肥大的衣服，这使她更自卑。她在学校几乎不会参加什么聚会或活动，因为也没有人邀请她。在她的记忆中，她觉得学校就是一个读书的地方，她不曾在这里认识朋友，也不曾感受到快乐。那时候的她真的非常害羞，她总觉得自己跟其他人不一样，没有人会喜欢自己。

长大后，艾尔太太嫁给了现在的先生，他比艾尔太太大好几岁。最要命的是，先生和他的家人平时表现得非常冷静和自信，这使艾尔太太如同回到学校里一样。她曾经希望自己可以变得跟他们一样，结果总是徒劳的。她也曾经向他们学习，先生和家人也会尽力帮助她，不过，越是接受他们的帮助，艾尔太太越是想往后缩。艾尔太太越来越容易生气，她总是一个人待在家里，不想接触任何人。假如门铃响了，她也会非常害怕去开门。艾尔太太非常清楚，自己过得到底有多么失败。

不过，另一方面，她不希望自己的先生发现自己的状态。所以，当她与先生一起出席公共场合时，艾尔太太会假装自己很高兴，有时甚至会夸张地表现出自己高兴的样子。不过，等回到家里，她就会因之前过度表现而感觉体力不支，接下来的连续几天，艾尔太太都会感到非常疲惫，她又开始惧怕出去应酬。日子总是这样日复一日地过着，艾尔太太再也承受不住内心的恐惧、忧虑、孤独，她甚至觉得自己活在这个世界上是毫无价值的，她想自杀。

当然，艾尔太太还没来得及自杀的时候，发生了一件事。有一次，艾尔太太与婆婆闲聊，婆婆说到了自己如何教育子女，她说："不管遇到什么事情，我都坚持鼓励孩子做最好的自己……"做最好的自己？一语道破梦中人，艾尔太太开始重新审视自己的人生，她突然发现自己生活中的所有不幸都是因为没有做最好的自己，而总是强迫自己活在另外一个套子里。

艾尔太太下定决心：一定要做最好的自己。她开始尝试着做自己，她仔细分析了自己的个性，努力认清自己，找出自己的优点，然后尽量地了解衣服的颜色和款式，希望可以在服装搭配上穿出自己的品味。

当然，做好充分准备的艾尔太太开始走出家门，认识新的朋友，甚至参加社团。当社团里要求艾尔太太上台主持某个活动时，尽管她内心很害怕，但是通过每次上台锻炼，她也积累了不少的经验。或许，努力挣脱过去的自己，做最好的自己，是一个漫长的过程，但艾尔太太却感受到一种从未有过的快乐。

所以，艾尔太太在教育孩子时，她也经常将自己历经苦难才获得的经验传授给他们。她告诉孩子们：不管遇到任何事情，永远坚持做最好的自己。

内向者应该记住，保持自我是一件相当重要的事情。假如你做不到，那么你永远都不可能成为一个快乐的人，因为你总是活在别人的影子里。有心理学家说："保持自我这个问题几乎和人类的历史一样久远了，这是所有人的问题。"其实，大多数精神、神经以及心理方面有问题的人，其潜在的致病原因往往都是不能保持自我。

女播音员玛丽·马克布莱德第一次走进电台的时候，也曾经试着模仿一位爱尔兰的播音明星，因为她当时很喜欢那位明星，并且很多人也非常喜欢那位明星，不过很遗憾，她的模仿失败了，因为她毕竟不是那位明星。面对失败，她深深地反思了自己，最后终于决定找回自己本来的样子。她在话筒旁边告诉所有的听众，自己是一位来自密苏里州的乡村姑娘，愿意以自己的淳朴、善良和真诚为大家送去欢乐。结果有目共睹，她现在根本不需要去模仿任何人，甚至还有很多人想要模仿她。每个人都是这个世界上唯一的、崭新的自我，你确实应该为此感到高兴，因为没有人能够代替你。

心理启示：

内向者应该充分利用自己的天赋，因为所有的艺术都是一种自我的体现。你所唱的歌、跳的舞、画的画等，所有的都只能属于自己，而遗传基因、经验、环境等一切都造就了一个具备个性的自己。不论怎么样，内向者都应该好好管理自己这座小花园，应该为自己的生命演奏一曲最好的音乐。

别因害羞而沉默不语

害羞的人都具有一种隐忍的性格：他们面对巨大的压力，自己一个人默默地承受下来；往往有自己的想法，却埋在心里，不说出来；受了委屈，也只好偷偷把眼泪往肚里咽。这是一种心理特点，影响着人们的生活和工作。在日常交际中，有时沉默不再是金，真实地说出自己的想法，是害羞的人走出自我的一个途径。当他不再沉默的时候，自然也是可以坦然说“不”的时候。

在某些时候，我们千万不要保持沉默，要抓住机会表露自己的想法，才有可能成功地把自己推销出去。如果你一直保持沉默，沉默就会把你埋没，你也没有更好的机会来推销自己了。

1. 有想法就要说出来

有的人习惯矜持地生活，遇到别人问他吃什么，他习惯回答：“随便”。别人问他到哪里去玩，他的回答还是两个字：“随便”，好像他的思想只有“随便”这两个字。其实这时候，你应该说出自己心里的真实想法，或许在你的推荐下，大家都会尝到一顿美味的佳肴；或者在你的带领下，大家都会玩的很尽兴。大家会发现，原来你也有多姿多彩的一面。如果你总是习惯说“随便”，你自以为很随意，其实并非如此，你的“随便”让对方感觉有种负担，因为你没有把自己真实的想法表现出来，让他觉得可能没有照顾到你的心思。所以，应该学会大胆地说出真实的想法，这既会让对方感觉你很有主见，又不会亏待自己。

2. 沉默有时毫无价值

沉默在某些时候，是非常具有价值的，但不是每一次的沉默都有它的价值。所以，我们不要总是习惯性地把头深深地埋下，要昂首挺胸，敢于说出自己的心声。而你的某些独特魅力，也是通过说话表现出来的。如渊博的学识、有魅力的谈吐、优美的声线，通过说话可以彰显你思想的深度，还可以表露出你除了外表以外的内在吸引力。

3. 抓住每个机会展示自己

我们应该抓住生活中的每一个机会来表现自己，而说话无疑是最合适不过的一个机会。学会用语言来表达自己的意见和想法，让他人更加了解你，进而对你产生信赖，这是每一个害羞的人推销自己的最佳途径。

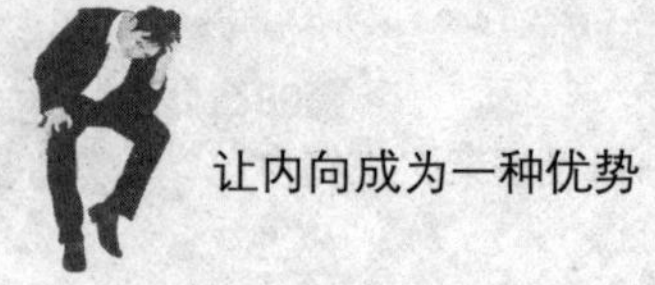

心理启示：

人们常常在与人交往的过程中，遇到与自己意见不同的情况，会由于各种原因而沉默。或是矜持，或是不好意思，或是不自信，或是不敢说。往往你的那一瞬间沉默会给别人一种错觉，认为你是默认的态度，他会以为你是认可他的。因此，如果你在这些问题上有什么好的建议，就要大胆地说出来，别人才能了解你的真实想法及能力。

摆脱害羞，从打招呼开始

在每天的人际交往中，我们都在频繁地与人打招呼，打招呼表示一种问候，一种礼貌，一种热情。有时候，内向者遇到一个久未见面的熟人，或从来不曾见面的陌生人，就会不好意思打招呼，其实，这就是性格上的内向。相反，我们千万不要忽视了一个招呼的作用，一个小小的招呼就是我们人际交往中的润滑剂。

对同事的一个招呼，可以有效地化解彼此之间的敌意；对朋友的一个招呼，可以唤起双方之间深厚的友谊；对陌生人的一个招呼，可以减少彼此之间的陌生感。总而言之，一个招呼可以使人与人之间的关系更加和谐和融洽。特别是我们在与陌生人的交往中，恰到好处的一个招呼是必不可少的。

请保持你的礼貌和热情，不管对上帝，对你的朋友，还是对你的敌人。如果你能够奉行这一原则，就会在复杂的人际交往中获益匪浅。有时候，仅仅是一个看似不经意的招呼，会加深你在陌生人心中的印象，会增加陌生人对你的好感。你们之间的关系常常在这种不经意间变得更加密切，而对你赢得陌生人的友谊也有很大的帮助。

1930年，西蒙·史佩拉传教士每日习惯于在乡村的田野之中漫步很长的时间。无论是谁，只要经过他的身边，他都会热情地向他们打招呼问好。在他每天打招呼的对象中有一个叫米勒的农夫。米勒的田庄在小镇的边缘，史佩拉每天经过时都看到米勒在田间辛勤地劳作。然后，这位传教士就会向他打个招呼："早安，米勒先生。"

当史佩拉第一次向米勒道早安时，米勒根本没有理睬，只是转过身去，看起来就像一块又臭又硬的石头。在这个小镇里，犹太人与当地居民相处得并不好，成为朋友的更绝无仅有。不过，这并没有妨碍或打消史佩拉传教士的勇气和决心。一天又一天地过去，他总是以温暖的笑容和热情的声音向米勒打招呼。终于有一天，农夫米勒向传教士举举帽子示意，脸上也第一次露出了一丝笑容。这样的习惯持续了好多年，每天早上，史佩拉会高声地说："早安，米勒先生。"那位农夫也会举举帽子，高声地回道："早安，西蒙先生。"这样的习惯一直延续到纳粹党上台为止。

当纳粹党上台后，史佩拉全家与村中所有的犹太人都被集合起来送往集中营，史佩拉被送往一个又一个的集中营，直到他来到最后一个位于奥斯维辛的集中营。从火车上被赶下来之后，他就站在长长的行列之中，静待发落。在行列的尾端，史佩拉远远地就看出来营区的指挥官拿着指挥棒一会儿向左指，一会儿向右指。他知道发派到左边的就是死路一条，发派到右边的则还有生还机会。他的心脏怦怦跳动着，越靠近那个指挥官，他的心就跳得越快，自己到底是左边还是右边?

终于，他的名字被叫到了，突然之间血液冲上他的脸庞，恐惧消失得无影无踪了。然后那个指挥官转过身来，两人的目光相遇了。他发现那位指挥官竟然是米勒先生，史佩拉静静地朝指挥官说："早安，米勒先生。"米勒的一双眼睛看起来依然冷酷无情，但听到他的招呼时突然抽动了几秒钟，然后也静静地回道："早安，西蒙先生。"接着，他举起指挥棒指了指说："右！"他边喊还边不自觉地点了点头。"右！"——意思就是生还者。

一句简单的问候，小小的招呼—"早安"，竟挽救了自己的生命。其实，礼貌和热情都是人际交往的润滑剂。正是那句真诚的问候感动了刽子手，史佩

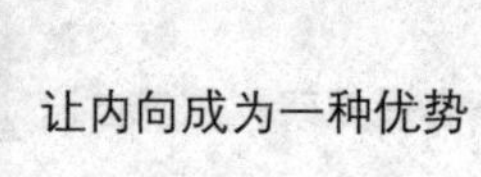

拉才得以生存下来。因此，我们面对周围的陌生人，尽可能地展现我们的礼貌和热情，主动打个招呼吧。

对于我们每个人来说，向一个陌生人打声招呼并不是一件困难的事情。这只需要我们在见面时互相问候一声“早上好”“中午好”“晚上好”，即便只是一个微笑、点头，那也是一个招呼。

1. 消除彼此的陌生感

也许，我们在初次见面第一次打招呼的时候，双方都会觉得有点不自然，彼此是陌生的，也不会有太多的感触。但是，当第二次在大街上碰到，你不经意喊出对方的名字，跟对方打招呼，对方就会有说不出来的亲切感。并且这种亲切感随着你们一天一天地打招呼、彼此寒暄会变得更加强烈，到最后你们再见面时，已经完全没有了疏离感，彼此已经不再陌生，甚至有可能会成为好朋友。其实，人与人之间的关系就是这样建立起来的，仅仅是一个招呼，它就足以让双方不再陌生。

2. 拉近双方之间的距离

在我们的日常生活中，领导和下属打招呼，看似很少见的举动，可它正在悄悄地拉近上下级之间的距离。这时候，领导不再是高高在上，而是像朋友一样互相问候。领导与下属之间的关系是企业管理的核心，如果下属只是一味地惧怕你，那么，这样的企业就不能进行有效地管理与沟通。当领导与下属因为一声招呼、一句问候而成为了朋友，他们之间就是一种平等的关系，当工作出现了问题，双方就可以互相讨论如何来解决。因此，领导者要想管理好一个企业，处理好上下级之间的关系，可以从打招呼做起。

心理启示：

有时候，我们并没有因为过多的礼节而挖空心思去与对方寒暄，只是打声招呼，就可以足以唤起对方心中的温暖。没有一个人会去拒绝温暖的微笑和热情的声音，这些不仅仅能够博得对方的好感，也会化解对方冰冷的心。

越害怕拒绝，就越不敢拒绝

在日常工作和生活中，内向者经常会遇到一些烦恼的事：一个品行有问题的熟人缠住你，硬要你借钱给他，但你知道，如果借给他就是有去无回；一个熟悉的商人向你兜售物品，明知买下就要吃亏；有的至亲好友，从不轻易开口求人，万不得已，偶尔求你一次，若拒绝他们，轻则失望、伤心，重则大发雷霆；有的患难之友，曾经在你困难时给予帮助，如今有求于你，你心有余而力不足，但他不相信，指责你忘恩负义。这时，你应该怎么办呢？你最应该清楚的是，自己并不是万能人才，也没有“呼风唤雨”的本事，那么应该拒绝的还是要拒绝，假如不好意思当场说“不”，轻易承诺了自己不愿、不应、不必履行的职责，事办不成，以后会更不好意思见人。

罗斯恰尔斯是一位犹太人，他在耶路撒冷开了一家名为“芬克斯”的酒吧。酒吧的面积不大，只有30平方米，不过在当地却非常有名气。

有一天，罗斯恰尔斯接到一个电话，对方用非常委婉的口气和他商量：“我有十个随从，他们将和我一起前往你的酒吧，为了方便，你能谢绝其他顾客吗？”罗斯恰尔斯毫不犹豫地说：“我非常欢迎你们的到来，但要谢绝其他顾客，这是不可能的事情。”然而，这位说话非常客气的人，并不是其他人，而是美国国务卿基辛格博士。原来，基辛格博士是在出访中东的行程即将结束的时候，在别人的推荐下，决定到“芬克斯”酒吧的。

所以，当罗斯恰尔斯拒绝他的时候，基辛格博士坦言告诉他：“我是出访中东的美国国务卿，我希望你可以考虑一下我的要求。”即便对方是美国国务卿，罗斯恰尔斯还是不买账，很礼貌地对他说：“先生，您愿意光临本店，我感到非常荣幸，但是，因您的缘故将其他顾客拒之门外，这件事我没办法做到。”基辛格博士听了这样的话，气得摔掉手中的电话。

第二天晚上，罗斯恰尔斯又接到了基辛格博士的电话，他首先对自己昨天的失礼感到抱歉，说明天只带三个人来，订一桌，而且不必谢绝其他顾客。没想到，罗斯恰尔斯说：“非常感谢您，不过我还是无法满足您的要求。”基辛

格感到很意外，问道："为什么？"罗斯恰尔斯说："对不起，先生，明天是星期六，本店休息。"基辛格央求："可是，后天我就要回美国了，您能够破例一次呢？"罗斯恰尔斯还是非常诚恳地说："不行，我是犹太人，您应该明白，礼拜六是一个神圣的日子，如果经营，那是对神的沾污。"

罗斯恰尔斯的酒吧连续多年被美国《新闻周刊》列入世界最佳酒吧前十五名，而在罗斯恰尔斯身上恰恰体现出一种非常珍贵的品质，那就是拒绝的勇气。在需要拒绝的时候，罗斯恰尔斯敢于拒绝任何人，哪怕是基辛格这样的高官和权贵。

威廉问父亲："世界上最难发的音是什么字？"

父亲说："我知道一个这样的词，它只有两个字母，但是它却是世界上最难说的字！"

威廉问："只有两个字母？那能是什么呢？"

父亲回答说："在所有的语言里，我所见过的最难说的词是只有两个字母的NO（不）。"

威廉喊道："您在开玩笑吗？"他不以为然地说，"NO，NO，NO！这真是太容易了！"

父亲说："今天你可能觉得很容易，但以后你会明白为什么这个字是最难说的。"

威廉显得很有信心："我总能说出这个词，我肯定能，NO，这简直太容易了。"

父亲说："好吧，威廉，我希望你能在该说这个字的时候，把它说出来。"

第二天，威廉像往常一样去上学了，在学校不远处有一个很深的池塘，冬天孩子们常在那里滑冰。没想到，一夜之间，冰已经覆盖了整个湖面，但冰还不是很厚。放了学，男孩子都跑到了池塘上面，有几个甚至已经走上了湖面。

伙伴们大声喊道："来呀，威廉，我们可以好好滑一圈了。"威廉有些犹豫，他看到冰冻得并不结实。伙伴说："放心吧，以前冰面也在一天之内就冻上过，肯定没什么问题的。"另一个伙伴也说："你害怕吗？只有胆小鬼才不会来呢！”

威廉无法忍受来自伙伴们的嘲笑，他一直都认为自己是一个勇敢的男子汉。威廉大声说：“我才不是胆小鬼呢！”然后就冲上了湖面，他跟小伙伴们在上面玩得很高兴。慢慢地，湖面上的孩子越来越多。忽然，有人大声喊：“冰裂了，冰裂了！”结果威廉和另外两个孩子一起掉进了冰冷的湖水里。

当人们把他们救出来的时候，三个孩子都冻僵了。晚上，威廉醒了过来，坐在温暖的炉火前面。父亲问：“为什么不听我的话，要到冰面上去，难道我没有警告过你那是非常危险的行为吗？”威廉低声说：“是他们要我上去的，我本来并不想这么做。”

父亲继续问：“难道是他们拉着你的胳膊，把你托上去的？”威廉回答说：“不，没有，但是他们嘲笑我是胆小鬼。”父亲说：“那你为什么不说‘不’呢？你宁愿不听我的话，然后冒着生命的危险也不愿意对人说‘不’吗？昨天晚上你说‘不’很容易说的，但是你并没有做到，难道不是吗？”

威廉回答不上来了，现在他终于明白了为什么最难说的字是‘不’字了！

拒绝的话难说，不过要把拒绝的话说得好，更不容易。每个人都有一颗自尊心，当向他人求助时，或多或少都会有不安的心理。如果对于他人的求助，直接就说“不行”，势必会伤害他人的自尊心，引起他人的反感甚至愤恨，从而影响双方今后的交往。所以，当对方向你提出请求时，最好先向对方说一些关心或者同情的话，然后再试图说明自己无能为力的原因，这样既可以赢得对方的理解，使其知难而退，又不伤害对方的自尊心。

1. 提供其他的解决方法

当自己对别人的请求力不从心或确实很为难的时候，你可以为他建议几种解决问题的方法，给他提供一些参考和选择。如果你推荐的方式方法依然对他毫无作用，相信你的朋友也不会责怪你，毕竟你已经尽力帮他出谋划策了。当然，如果因此而成功了，你自然会成为他感激的对象。

2. 找个借口拒绝

有些事不好推辞时，借故说自己要去做事，也是一种推托的办法。如果你也遇到类似这样的情况，不妨试试借故推辞，只要对方足够聪明，肯定会明白

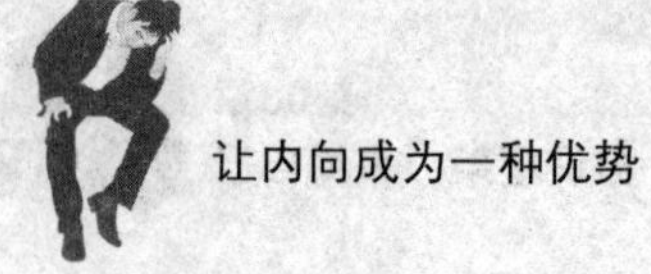

你的意思。

3. 快速转移话题

对待他人的请求不一定非得用“是”和“不是”来回答，把问题本身放置一边就是拒绝的最好代名词。如果对方说：“我们明天再到这个地方来游玩吧!”“哦！我想时间很紧，我们该回去了吧!”你的答非所问至少会让对方觉得你对这个提议很不感兴趣，一听就知道你不愿意答应他的请求。

4. 故意回避

对于一些实在很难开口的拒绝，我们除了可以采取借故推辞、转移话题的方式之外，还可以运用故意回避或曲解的方式向对方予以拒绝，此外，这种拒绝方式还适用于爱玩“花招”的人，可以使其有苦难言。

心理启示：

内向者需记住，在人际交往中，没有勇气说“不”，你就会活得很被动。所以，当你不愿意时，就要勇敢地说“不”。但是，说“不”也是需要技巧的。假如技巧不好，很容易就破坏了彼此之间的和谐关系。

别怕改变，乐于接受新生活

在这个世界上，并没有一成不变的事情，这个世界无时无刻都在发生着巨大的变化。但是，改变将会引起人们内心的恐惧，事实上，几乎所有的改变都会导致恐惧，不管是好的改变，还是坏的改变，都会唤起内向者内心的恐惧。

有人想结婚，但他马上会陷入恐慌，如果爱情无法天长地久怎么办？如果自己选错了伴侣怎么办？有人想换一份新的工作，但他马上会惶恐不安，如果自己不能胜任新工作怎么办？如果公司没办法兑现求职时的承诺怎么办？甚至，有的人想改变自己的发型，也会担忧不已，万一新发型看起来很糟糕怎么办？如果自己因此而变得不漂亮怎么办？似乎这是听起来很可笑的事情，但事实就是如此：改变常常令内向者感到局促不安。

王太太结婚那年，嫁给了一个地产大户，因为家里相中了对方家里的财势。第一次去他家，她看着旋转的大厅以及宽阔的大花园，心里觉得没什么好拒绝的。于是，婚事就这样答应了下来。

结婚后，王太太过着衣食无忧的阔太太生活，老公整天忙于工作，她无聊时就约上几个朋友打打麻将，或者飞到香港去购物。她常常会想：如果失去了这样的生活，自己该怎么办？当然，王太太的担心并不是毫无理由的，最近，楼市跌得厉害，许多地产大户吃饭都成问题了。就好比经常与自己一起打麻将的张太太，去年房市低迷，他们硬是没熬过来，现在一家人挤在几十平米的出租房里。每次打电话，张太太就哭："这日子是没法过了。"

没想到，过了不久，这样的猜想成为了事实。王先生投资失败，不仅血本无归，而且，还欠了几十万的债。王太太还没来得及看一眼后花园，就坐着一辆破旧的面包车走了。搬家后，他们租了一间房子，王先生的家人凑了钱还了债，王先生和王太太都开始了打工生活。

上班、煮饭、洗衣服、带孩子，这些事情，王太太连想都没想就都做了。原来，她发现自己的老公除了会赚钱以外，还会炒菜、煮饭，还会逗着孩子开心。以前他太忙，两个人几乎没好好地在一起生活，现在这样的日子挺好。王太太想起以前总害怕改变自己的生活，但是，真的变了，她却发现没什么不好，失去了物质上的富足，却找回了久违的家的温暖。

上帝在关上一扇门的同时，会为你打开另一扇窗。当我们过着熟悉生活的时候，总是害怕会被改变，但是，许多灾难、横祸是无法阻挡的，唯有可以改变的是我们的心态，以及我们内心的胆怯。不要在乎自己失去了什么，哪怕是工作、房子。无论我们的生活发生了怎样的巨变，我们都可以从头开始自己的人生，甚至，你会重新登上新的高度。

惠普中国区首席财政官韩颖说："好的设想常常被扼杀在摇篮里，但这绝对不是你变得平庸的真正原因，永远不要害怕改变，改变里就有契机。"

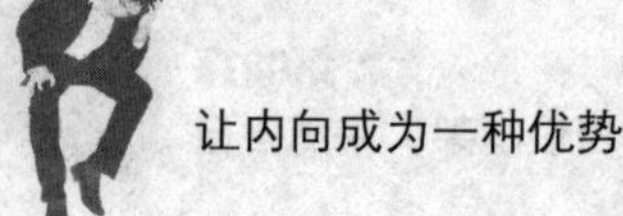

当年，韩颖离开了自己工作了九年的海洋石油总公司，正式加入惠普公司，在财务部工作。那年，她34岁，面对周围朋友的异议，她说："人生什么时候改变都不会晚。"

在20世纪80年代末期，惠普公司的员工还没有工资卡，每次发工资都是手工完成。300多人的工资，又没有百元大钞，韩颖必须得一一核实，经常数钱数得头晕眼花。一天下班后，疲惫不堪的韩颖路过公司附近的一家银行，突然灵光一闪，为什么不给员工开户，让员工凭着折子领取工资呢。

说做就做，她兴奋地告诉大家以后领工资不用去排队等候了，直接拿着折子就可以去银行领取了。然而，事情的发展并不顺利，先是员工的抵触情绪，然后，上级领导又把韩颖批评了一顿。回到财务部，韩颖努力忍住自己的眼泪，难道自己真的错了吗？

正在这时，公司的上层领导听说了这事，肯定地赞许了她："你改写了公司手工发工资的历史，这种勇气和创新精神非常值得嘉奖！"

改变，本身带有一种破坏性，将意味着你将打破以前固有的东西，而重新去接纳一种新的东西。几乎所有的改变都具有破坏性，即使是好的改变。但是，在生活中，很多事情都是需要改变的，那是不容拒绝的。或许，内向者的心里就是这样矛盾，不变让人厌烦至极，而改变却让人局促不安。通常情况下，那些熟悉的、不变的事情总会让内向者感到心安。

心理启示：

有人说："生命开始于舒适地带的尽头。"无论改变本身带给我们怎样的不安心理，但是，我们必须记住：生活中的改变只是一个开始，而并不是一个结束。不要害怕改变，因为人生的乐趣就是接纳新的生活。

第09章　内向者的自卑——妄自菲薄，封闭自己

内向者的自卑大约有两种，一是童年时期跟他人的比较过程中，都不如人的深刻体验，再加上某些不太利于成长的环境，会促使他自卑；二是如果仅对自己的事情比较了解，而对别人的事情不了解，那也会妄自菲薄。

你为什么会感到自卑？

现代社会是一个开放和竞争的年代，人际交往越发频繁，在内向者的性格因素中，缺少自信，缺少对情绪的驾驭能力，而又时不时地还会感到自卑。对于这样的内向者，即使有再好的才华，恐怕也难获得广阔的施展空间。心理学教授说，自卑是一种消极的自我评价或自我意识，即个体认为自己在某些方面不如他人而产生的消极情感。自卑感就是个体把自己的能力、品质评价偏低的一种消极的自我意识。具有自卑感的内向者总认为自己事事不如人，自惭形秽，丧失信心，进而悲观失望，不思进取。

三毛是我国著名的作家，她小时候是一个非常勇敢而又聪明活泼的小女孩，她在12岁那年，以优异的成绩考取了台北最好的女子中学——台北省立第一女子中学。在初一时，三毛的学习成绩不错，到了初二，数学成绩一直滑坡，几次小考中最高分才得50分，三毛心里很自卑。

但聪明而又好强的三毛发现了一个考高分的窍门。她发现每次老师出小考题，都是从课本后面的习题中选出来的。于是三毛每次临考，都把后面的习题背过。因为三毛记忆力好，所以她能将那些习题背得滚瓜烂熟。这样，一连六次小考，三毛都得了100分。老师对此很怀疑，决定要单独测试一下三毛。

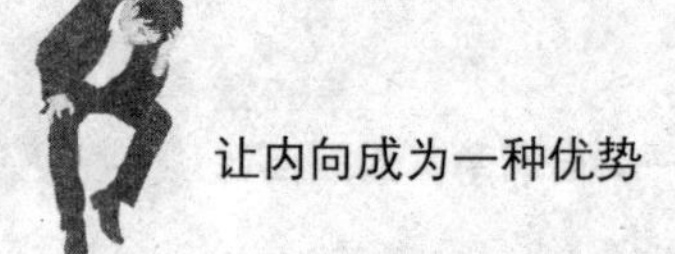

一天，老师将三毛叫进办公室，将一张准备好的数学卷子交给三毛，限她10分钟内完成。由于题目难度很大，三毛得了零分。老师对她很是不满。

接着，老师在全班同学面前羞辱了三毛。他拿起蘸着饱饱墨汁的毛笔，叫三毛立正，非常恶毒地说："你爱吃鸭蛋，老师给你两个大鸭蛋。"

他用毛笔在三毛眼眶四周涂了两个大圆圈。因为墨汁太多，它们流下来，顺着三毛紧紧抿住的嘴唇，渗到她的嘴巴里。老师又让三毛转过身去面对全班同学，全班同学哄笑不止。然而老师并没有就此罢手，他又命令三毛到教室外面，在大楼的走廊里走一圈再回来，三毛不敢违背，只有一步一步艰难地将漫长的走廊走完。

这件事情使三毛丢了丑，她也没有及时调整过来。于是开始逃学，当父母鼓励她要正视现实，鼓起勇气再去学校时，她坚决地说"不"，并且自此开始休学在家。

休学在家的日子里，三毛仍然不能从这件事的阴影中走出来，当家里人一起吃饭时，姐姐弟弟不免要说些学校的事，这令她极其痛苦，以后连吃饭都躲在自己的小屋，不肯出来见人，就这样，三毛患上了少年自闭症，渐渐产生了自卑的心理。

少年时期的这段经历，影响了三毛一生，在她成长的过程中，甚至是在她长大成人之后，她的性格始终以脆弱、偏颇、执拗、情绪化为主导。这样的性格对于她的作家职业生涯可能没有太多的负面影响，但这严重影响了她人生的幸福。

英国人弗兰克林在1951 年从自己拍摄的X射线衍射线照片上发现了脱氧核糖核酸（DNA）的螺旋结构之后，随后他以此为题作了一次很出色的演讲。然而，由于弗兰克林生性自卑，缺乏自信，总是怀疑自己的假说是错误的，从而放弃了这个假说。1953 年，在弗兰克林之后，科学家克里克和沃森，也从照片上发现了DNA 的分子结构，提出了DNA的双螺旋结构的假说，从而标志着生物时代的到来，二人因此而获得了1962 年诺贝尔医学奖。

可以想见，如果弗兰克林不是自卑，而坚信自己的假说，进一步深入研究，这个伟大的发现肯定会以他的名字载入史册。唐拉德·希尔顿曾说，许多人一事无成,就是因为他们低估了自己的能力,妄自菲薄,以至于缩小了自己的成就。

自卑是一种不能自助和软弱的复杂情感，有自卑心理的人，就如同披着海绵在雨中行走一样，包袱会越来越重，直至压得人喘不过气。

1. 自卑带来的坏处

自卑会让人心情低沉，郁郁寡欢，常因害怕别人瞧不起自己而不愿与别人交往，只想与人疏远，缺少朋友，甚至自疚、自责、自罪；他们做事缺乏信心，没有自信，优柔寡断，毫无竞争意识，享受不到成功的喜悦和欢乐，因而感到疲劳，心灰意懒。

2. 彻底摆脱自卑

被自卑感所控制，其精神生活将会受到严重的束缚，聪明才智和创造力也会因此受到影响而无法正常发挥作用。自卑是束缚创造力的一条绳索，是阻碍成功的绊脚石。种种这些消极的反应都表明，自卑的心理促使一个人在人生道路上常走向下坡路。

心理启示：

对内向者而言，其实，战胜自卑并非难事，不要过于看重一次的失败与丢丑，不要因先天的缺陷而抬不起头，在生活中报以平和的心态对待周围的人和事情，慢慢地，当你鼓起自信的风帆，划动奋斗的双桨，你一定会发现一个生气勃勃的你，一个潇洒自如的你，一个成功的你！

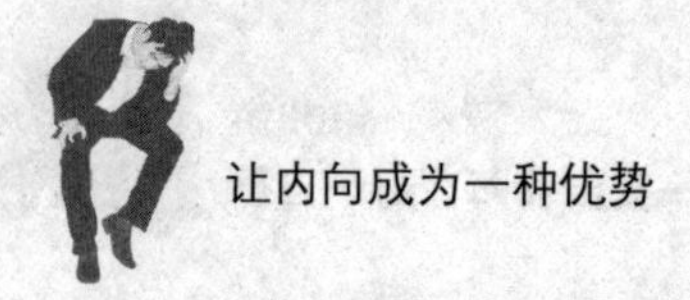

别不好意思，欣赏自己吧

如果一个人太自卑，看自己哪里都是缺点，那么，他的内心是异常难受的，或许，每天的生活除了自卑就是自卑。子曰："不患人之不知己，而患人之不己知。"对于内向者来说，最担心的事情就是自己不够了解自己，更为关键的是，不懂得欣赏和肯定自己，因为有时候那些莫名其妙的怒火其实是源于内心的自卑。他们习惯对自己挑剔，总是觉得这里不满意，那点也不如意，诸如，身高不够高，身材不够性感，脸蛋不漂亮，家庭条件不够好，等等，这一切都可以成为他们自卑的理由。对此，心理专家建议我们要学会肯定并欣赏自己，千万不要自卑。

有一个衣衫不整、蒙头垢面的女孩，她长得很美，不过，总是表现得满脸怨气。有人跟她聊天，她也显得心不在焉，聊天的人都沉默了。有一天，一位心理学家惊讶地告诉她："孩子，你难道不知道你是一个非常漂亮、非常好的姑娘吗？""您说什么？"姑娘有些不相信地看着对方，美丽的大眼睛里有泪，更多的是惊喜。原来，在生活中，她每天所面对的都是同学的嘲笑、母亲的责骂，在这样的过程中，她已经失去了自信，而自卑则成为了她怨气的根源。

林黛玉刚刚进荣国府的时候，对她就有一句评语："心较比干多一窍。"后来，林黛玉看到史湘云挂了金麒麟，宝玉最近也得到了一个金麒麟，林黛玉便开始生气："便恐就此生隙，同史湘云也做出那些风流佳事来。"于是，林黛玉便去偷听，结果却听到了宝玉厌烦史湘云劝他留心仕途经济的话，宝玉说："林妹妹不说这样的混账话，若说这话，我也和他生分了。"黛玉听到这样的话，心中想："不觉又惊又喜，又悲又叹。所喜者，果然眼力不错，素日认他是个知己，果然是个知己。所惊者，他在人前一片私心称扬于我，其亲热厚密，竟不避嫌疑。所叹者，你既为我之知己，自然我亦可为你之知己，既你我为知己，则又何必有金玉之论哉；既有金玉之论，亦该你我有之，则又何必来一宝钗哉！所悲者，父母早逝，虽有刻骨铭心之言，无人为我主张。况近日

每觉神思恍惚，病已渐成，医者更云气弱血亏，恐致劳怯之症，你我虽为知己，但恐自不能久持；你纵为我知己，奈我薄命何！”

有一次看戏，大家都看出那个演小旦的有点像林黛玉，只是都不肯说，史湘云却是快人快语，一下子就说了出来，林黛玉感觉到自己受辱，马上就生气了。怕黛玉生气，宝玉使眼色给史湘云，本来宝玉是一片好意，黛玉却是更加生气。

后来，黛玉说起宝琴来，想到自己没有姊妹，不免心中怨气，又哭了，宝玉忙劝道：“你又自寻烦恼了，你瞧瞧，今年比去年越发瘦了，你还不保养，每天好好的，你必是自寻烦恼，哭一会，才算完了这一天的事。”黛玉拭泪道：“近来我只觉得心酸，眼泪却好像比旧年少了些的，心里只管酸痛，眼泪却不多。”宝玉说道：“这是你平时哭惯了心里疑的，岂有眼泪会少的！”

林黛玉自己也明白，自己的病是因性情所起，但是，她却没有为之做出改变，真是令人叹息。虽然，林黛玉各方面条件都不差，但是，父母都已经不在人世，自己又寄人篱下，心中未免有点自卑，这成为了其怨气的根源。在林黛玉身上所体现出来的特点是：既才华出众，却又多疑多惧。很多时候，她不懂得欣赏自己，自然就没有办法快乐起来，怨气越来越重，最终成为了一种病。林黛玉的扮演者陈晓旭因患乳腺癌去世，中医有这样一种说法：乳腺癌是因为气郁于胸。或许，是陈晓旭扮演林黛玉入戏太深，或许是天性使然，她的性格与林黛玉十分相似，因而，最终也落得个香消玉损的结局。

1. 自己就是与众不同

索菲亚·罗兰说：“我懂得我的外形和那些已经成名的女演员不一样，她们都相貌出众，五官端正，而我却不是这样，我的脸毛病很多，但这些毛病加在一起反而会更加有魅力，说实在的，我的脸确实与众不同，但是，我为什么要和别人一样呢？”索菲亚的自我欣赏与肯定并没有令大家失望，后来，她被誉为是世界上最具自然美的人。

2. 夸夸自己

无论自己有多么独特的缺点，都不要嫌弃它，我们需要以一种欣赏的眼光来看待，因为这个世界不需要大众化的美，而需要独特的美丽，在这一点上，

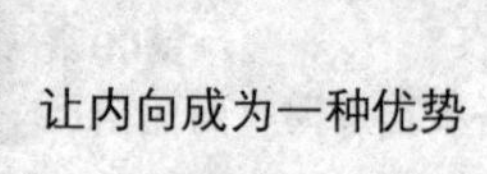

每个人都应该相信自己拥有一份与众不同的美丽，请学会欣赏与肯定自己吧，不要总是觉得不好意思夸自己。

心理启示：

事实上，每个人都不是完美的，可能在我们的身上有一些可爱的缺陷，但是，无论是缺点还是优点，那都是我们自己，我们首先就应该接受并欣赏自己。即使在某一方面做不到绝对的完美，那又有什么关系呢？根本没有必要把它当作一个内心自卑的理由，否则，除了生气，我们没有别的时间和精力来做其他的事情。

有多少不足，就有多大潜力

命运总是喜欢捉弄人，翻开人类的成败史，我们经常会碰到一个个戏剧性的故事结局——在向同一个目标奋斗的过程中，一些处于顺境、条件便利的人往往是失败者，而一些身陷逆境、生有缺陷的人却往往是成功之神的宠儿。有些人之所以内向自卑，是因为他们身上有一些缺陷或不足，然而，我们更应该记住的一句话是：你有多少不足，就有多大的潜力。

果真如此吗？细细研究，我们就会发现，其实机会于二者是均等的，只是在“可能”与“不可能”的博弈对局中，前者志向不坚定，畏首畏尾、举棋不定，让本来优越的条件剑走偏锋，而后者则心“雄”志“壮”，矢志不移、化不利为有利，终于安坐成功的金銮殿。

英国有一个小女孩，天生胆小，尤其害怕在夜里一个人走路。自从读完《居里夫人传》后，她对这位伟大的女科学家产生了深深的崇拜和敬佩之意，并立志要做第二个“居里夫人”。于是，她把想法告诉了妈妈，妈妈十分欣慰并鼓励她道：“孩子，一切都是有可能的，但你首先得勇敢，还要有毅力，经得起挫折和失败……”小女孩认真地点了点头，并努力按照妈妈的话去做。

8岁那年，有一次她和妈妈去集市买东西，快到家时，天色已很晚了。她家的房子是一栋丛林掩映的红色小瓦房，虽然从房后看起来很近，但因为旁边杂草与荆棘丛生，时常还有刺猬等小动物出没其中，加上附近果园枝丫的遮挡，不仅行走不便，而且极易迷失方向，所以人们宁愿绕道也没有人从这儿走。那天傍晚，又要绕道时，小女孩突发奇想：“能不能不绕道就到家呢？”于是，她倔强地拒绝了妈妈的劝告，一个人沿着房后，穿越丛生的杂草，结果真的赶在妈妈前面回到了家。这件事虽小，却大大增强了她追逐梦想的雄心壮志。

长大后，伴随着知识难度的加大，在求学之路上她遇到的困难和挫折也越来越多、越来越大。当很多聪明的男孩在某些刁钻的难题上放弃时，她却凭着自己的倔强劲，相信没有什么不可能，品尝着一一攻克它们的喜悦，并最终考上了令很多优秀学生向往的英国著名的物理学研究院。

然而，尽管她已登上了科学梦想的巅峰，但当时社会对女性的歧视仍然使她在那所著名的研究院受到冷遇和偏见。当年那个倔强的小女孩，又一次立下了她的壮志：向诺贝尔物理学奖发起挑战！

功夫不负有心人，几年后，她终于骄傲地站在了诺贝尔奖的领奖台上，不仅实现了幼时的宏愿，也让那些曾经藐视妇女的男性们俯首汗颜……

这是一个真实的事迹，小女孩用自己的成长历程告诉我们：没有什么不可能，只要努力，任何人都能一路犟到诺贝尔领奖台上。很多时候，我们缺乏的正是这种犟劲，一种不畏任何阻挠和压力直冲云霄的站姿，一种不卑不亢将壮志之根牢牢扎进信念沃土的底气。身正影不曲，根深叶自茂，雄心加信念，一切都能成为现实！

虽然拥有雄心壮志不一定能成功，但没有它绝对不能成功。思想是行动的种子，想是做的前提。就像汽车只有有了燃料才能向前跑、火箭只有有了助推器才能登上太空一样，一个人只有有了雄心壮志，才能冲破一切“不可能”的樊篱，克服一切不利条件，甚至是自身的一些先天缺陷，一步步实现突破，迈向成功。

在加拿大历届领导人中，有一位享誉世界的“蝴蝶总理”。他就是加拿大

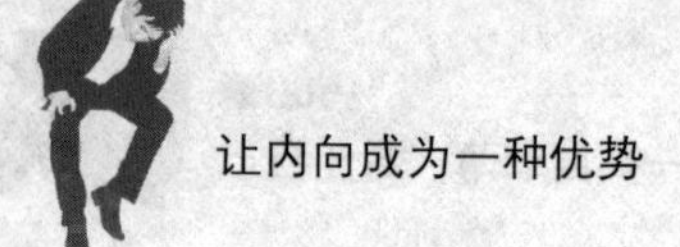

第32届总理——让·克雷蒂安。可又有多少人知道这位杰出的领导人美丽称号背后的故事！

小时候的他，曾患有严重的口吃病。当别的孩子都能自由地表达、尽情地欢呼玩耍时，他却只能偎依在妈妈的身旁，听妈妈讲故事，用无声的言语和书中的人物交流，然后结结巴巴地吃力向他唯一耐心的听众——妈妈，表达自己对书中人物的看法。

一次，他无意从书上读到一篇关于蛹一步步蜕变成蝴蝶的神奇历程的故事，这则故事让他深受触发，连一只弱小的蛹都能变成美丽的蝴蝶，自己又有什么事不可能呢？于是他向妈妈结巴着一字一顿地说道："……妈妈，有一天我也要化蛹成蝶……"妈妈被他直面嘲笑仍有此追求的伟大志向和坚强的信念感动地流下了泪，并鼓舞他："孩子，没有你做不到的事情……"

从此，小让·克雷蒂安在妈妈的指导和帮助下每天口含石子讲话，开始了刻苦的讲话训练。虽然很多次嘴角都磨出了血，但他仍坚信着成为一只蝴蝶的可能，丝毫不动摇做一个杰出人物的雄心。终于克服了先天的缺陷，练就了一口富有磁力的嗓音和流利的口音，并在后来的总理大选中，以绝对票数领先，实现了那个美丽的夙愿……

让·克雷蒂安并不是一个天才，甚至可以说是一个天生就有很多缺陷的"不正常"的人。对于大多数的普通人来说，由一个凡人跃升为总理，有几个人敢有这样的奢望、想法？而让·克雷蒂安靠着自己雄心壮志的支撑，走出先天缺陷的泥淖，化蛹成蝶，实现了凡人都不敢企及的梦想。在他驶向成功彼岸的航船上，载满了坚强、执著，也历尽了恶风恶浪、急流险滩，而正是相信"可能"的信念给了他一往无前的力量，让他恪守着雄心壮志，最终拥抱自己的梦想。

不要因为自身有缺陷、有不足，就对自己说"不可能"。邓亚萍虽然个矮臂短，不一样在世界乒坛上叱咤风云吗？刘翔虽然是黄种人，不也一样打破世界田径纪录了吗？

心理启示：

贵在雄心，“只有想不到，没有做不到”，雄心壮志是潜能的挖掘机，更是行动的助推器。没有志向或是志向不坚定的人，是难以产生持久的奋斗动力的；胸有凌云志，无高不可攀，自会有一种坚忍不拔的毅力，一股“仗剑出长安”的侠气。

扬长避短，抓住自己兴趣的砝码

上天赋予每个人不同的个性，上天也给了每个人不同的兴趣爱好，可是有些人偏偏忽略了这一点，盲目的跟风、无目的地效仿，看到别人成为了钢琴家，自己也盲目地学钢琴，看到别人在画画上有所造诣，自己也去跟风，结果什么都是半途而废，最终以失败而告终。

还有一些人不够了解自己，这些人不知道自己的兴趣究竟是什么，自惭形秽、妄自菲薄，认为自己天生就是庸才，注定一生都要碌碌无为。其实，归根结底这些人真正的原因是没有找到自己的兴趣所在，没有很好的挖掘自身潜力，过于盲从、过于武断地判断自己的价值。然而，每个内向者都是一块金子，每个内向者都是一块尚待挖掘的宝藏，就看你是否具有一双慧眼，是否勤奋，能够发现、挖掘出自己的价值，让自己的人生耀眼夺目、与众不同。

心理学家德西在1971年做了这样一个实验：他召集了很多大学生在实验室里解有趣的智力难题。整个实验分为三个阶段，第一个阶段，所有的被试者都没有奖励；第二阶段，将被试者分为两组，实验组的被试者完成一个难题可得到一美元的报酬，而控制组的被试者与第一阶段相同，他们没有报酬；第三阶段，被列为休息时间，被试者可以在原地自由活动，并把他们是否继续去解题作为喜爱这项活动的程度指标。

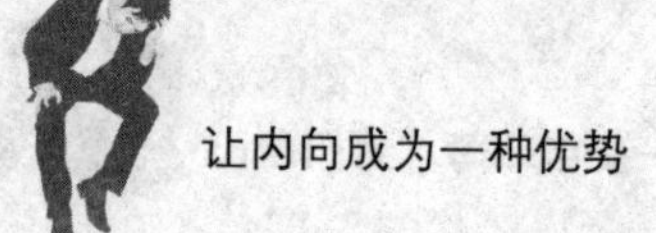

结果，奖励组被试者在第二阶段表现得十分努力，但在第三阶段继续解题的人数很少，他们的兴趣与努力的程度在减弱。而没有奖励的被试者有更多人花更多的休息时间在继续解题，他们的兴趣与努力程度在增强。

经过这个实验，德西发现：在某些情况下，人们在外在报酬和内在报酬兼得的时候，不但不会增强工作动机，反而会降低其工作动机。一个人去做事的动机有两种：内部动机和外部动机。因内部动机去行动，他们觉得自己就是主人；相反，如果驱使他们的是外部动机，我们就会被外部因素所左右，并成为其奴隶。

《罗密欧与朱丽叶》的剧情让无数人动容，他们那缠绵悱恻的爱情故事让无数读者如痴如醉、潸然泪下。至今回首这部名作，我们还会为莎士比亚的文字叫好、称赞。莎士比亚是英国伟大的戏剧家和诗人，他用自己毕生的经历为人类留下了37部戏剧，其中至少有15部被公认为是世界文学史上的瑰宝。

翻开莎士比亚的人生史册，我们会发现，在他的人生中也出现过抉择，也是在不断地挖掘自己的兴趣与价值中成长的。莎士比亚出生在英格兰中部美丽的埃文河畔，7岁时开始自己的读书生涯，可在校期间，他并不喜欢古板的祈祷文，而偏爱一些古罗马作家用拉丁文写的历史故事，尤其到了每年的五月节，更是他一生中最快乐的日子，因为每每这时都会有戏班子的演出，他每场演出必到，戏剧班子走到哪里，他就跟到哪里，如痴如醉地观看着每一场精彩的演出，直到戏班离开斯特拉福城为止。

14岁时，莎士比亚离开了学校，开始了他的谋生之路，他到父亲的铺子里做过帮工，在码头做过搬运工，替人家当过导购……但他发现这些都不是自己的兴趣所在，唯独有一次他意外的在一家剧院找到一份工作，虽然工作很琐碎、普通，主要是替客人看管衣帽，照料有钱的观众上下马车，还有在后台打杂，但这个环境却是他梦寐以求要到的地方。从此，莎士比亚可以真正地接近戏剧了。一有空闲，他就躲在后台静静地观看演员们的排练。这里，成了他的戏剧学校。这里也孕育了一位名垂青史的戏剧大师。

1592年的新年，对于莎士比亚来说是个难忘的日子，他的剧本《亨利六世》在伦敦最大的三家剧场之一——玫瑰剧场上演，莎士比亚一炮打响了。很快《理查三世》《威尼斯商人》《温莎的风流娘儿们》《哈姆雷特》《奥赛罗》《李尔王》相继上演。悲剧《哈姆雷特》的轰动效应，更使莎士比亚登上了艺术的顶峰。

可以说，莎士比亚是在寻找兴趣、延续兴趣，并且发展自己的兴趣中成长的，他一生都在为自己的兴趣而努力，一生都在为兴趣而拼搏，最终也成就了自己的梦想，取得了自己人生的辉煌。

不可否认，一个人在事业上取得的成就大小与兴趣是有很大关系的。如果你一直做自己喜欢做的事，你的内心便会充满愉悦与快乐。因为做自己喜欢的事才是幸福的，这样的幸福不用你做任何思想斗争，不用你去考虑任何不必要的琐碎事情，同时，它也不是你刻意追求的结果，因为它是自然而然的，与做事的过程相伴而生。

所以，千万不要逼迫自己去做不喜欢的事，把握好自己的兴趣，在该做出选择时不要犹豫，将你的精力消耗在你喜欢的事情上，你不仅会拥有很大的动力，同时会让你爱上你所做的事，因为喜欢，你会感觉前方的道路水阔天高；因为喜欢，你会感到浑身倍感动力；因为喜欢，你会尽情地享受自由与快乐。也正因为这样，你在做事时会觉得得心应手，顺理成章，事半功倍。

心理启示：

从心理学的角度来说，当一个人做与自己兴趣有关的事情，从事自己所喜爱的职业时，他的心情是愉悦的，态度是积极的，而且他也很有可能在自己感兴趣的领域里发挥最大的才能，创造出最佳的成绩。

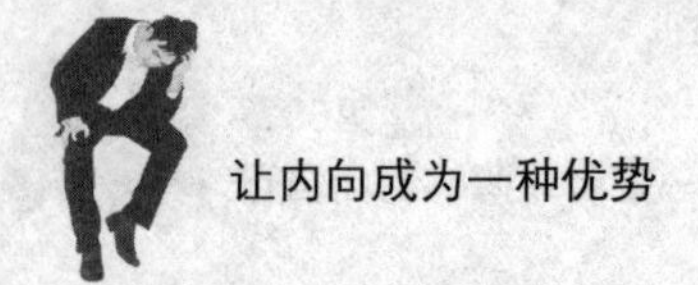

太在意别人的想法，容易迷失自己

只要有人的地方就有是非，只要人家有嘴巴，就会有意见和批评，所以想快乐的人，就不要太在意别人的批评。一个没有主见的内向者，必定会被他人所摆布。跟着他人的脚步走，有时候确实可以起到明哲保身的作用，然而，你的人生也将永远隶属于他人。如果只会跟着他人的指挥棒走，就会失去想像力、创造力和进取心，同时也会失去自我生存的能力。

没有了自我，一切的快乐都是虚伪的假象。即使人家批评你、否定你、攻击你，也不代表你的自我受到否定，唯一能否定你的人，只有你自己。喜欢评头品足的人很多，你随时可能遇到讥笑和嘲讽，不要让它左右你，该干的就干，而且力争干得最好。别人说你不行不等于你就不行。能力可以培养，习惯可以改变，素质可以提高，成就可以创造。记住埃默森的话："信心是成功的首要秘诀"。你的将来肯定会比过去更强。

一位成功学训练专家在演讲中讲到他自己的一个故事：有一次，我去拜会一位事业上颇有成就的朋友，闲聊中谈起了命运。我问他说：这个世界上到底有没有命运？他说：当然有啊。我再问他：命运到底是怎么回事？既然命中注定，那奋斗又有什么用？他没有直接回答我的问题，而是笑着抓起我的左手说："不妨我先来帮你看看手相，帮你算算命。"接下来他就给我讲了一通生命线、爱情线、事业线等诸如此类的话。

突然，他对我说："你先把手伸好，照我的样子来做一个动作。"他的动作就是举起他的左手，慢慢地而且越来越紧的抓住拳头。他问："握紧了没有？"我有一些疑惑，但还是说："握紧了。"他又问："那些命运线在哪里？"我机械地说："在我的手里啊。"他再次追问："请问命运在哪里？"这时，我如当头棒喝，恍然大悟：命运在自己的手里！这时他很平静，继续说道："不管别人怎么跟你说，不管算命先生如何给你算命，请记住，命运在自己的手里，而不是在别人的嘴里，这就是命运。"……我就在那里静静地坐着，静静地幻想，只觉得心扉如清泉流过。

其实，每个人的命运都如同你握在你手中的小鸟，握在我们自己的手心。人的发展方向和生死成败，完全取决于我们的人生态度。只有积极进取，努力拼搏，才可能获得满意的结果。如果只是一味地等待机会，就如同躺在床上等待小鸟飞到你的手掌心，这样的话，伴随你的也只有一次次的失望甚至是绝望了。

内向者的许多不必要的烦恼，往往在于没有把握好心灵这杆秤，把重要的事情看得太轻，把不重要的事情又看得太重。如果内向者能善于对生活转化感受，把一些事情的意义、价值、利害在自我心理上做一种积极的转换，换一种角度去调整生活，享受生活，他就能比别人活得轻松快乐一些。当挫折与不幸来临时，他也能更快地从中解脱出来 。

从前，有一位画家想画出一幅人人见了都喜欢的画。画完了，他拿到市场上去展出。画旁放了一支笔，并附上说明：每一位观赏者，如果认为此画有欠佳之笔，均可在画中做上记号。晚上，画家取回了画，发现整个画面都涂满了记号——没有一笔一画不被指责。画家十分不快，对这次尝试深感失望。

画家决定换一种方法去试试。他又摹了一张同样的画拿到市场展出。而这一次，他要求每位观赏者将其最为欣赏的妙笔都标上记号。当画家再取回画时，他发现画面又被涂遍了记号——一切曾被指责的笔画，如今却都换上了赞美的标记。

“哦！”画家不无感慨地说道，“我现在发现了一个奥妙，那就是：我们不管做什么事，只要使一部分人满意就够了；因为，在有些人看来是丑恶的东西，在另一些人眼里则恰恰是美好的。”

我们获得的结果明显地验证了一个事实，即成功人士不依赖于他人的批评或认可去追求自己的事业或奋斗目标。他们不顾社会压力，坚定不移地沿着自己的想法勇往直前；他们倾心于自己的挚爱，而不是投他人之所好；他们不会因一时一地的挫折而畏缩不前，也不会将差错归咎于别人，而是一心不屈不挠地追求事情的结果。所以，内向者，请做好你自己，不要时时企求他人的指引，用你自己的眼睛看人生的风景，它会分外美丽。

况且，大千世界，芸芸众生，天下何人不被说？每个人都少不了别人对

自己的评头论足，这是人生现实，是一种避无可避的现象。喊出属于自己的声音，走出属于自己的道路，那就够了，何必非要人理解？只有弱者才把渴求理解看得比什么都重要，在不被理解的情况下痛苦得无法自拔，从表面上看，这是在寻求“理解”，而实质上却是在企求怜悯和同情。这样的人，他们终日沉浸在观察别人对自己的态度上，无精打采、忧心忡忡、碌碌无为，这样的人很难有属于自己的理想、自己的生活和自己的路，因而，他们也很难创造出属于自己的价值。

心理启示：

生活就是这样，你不能企求尽善尽美、人人满意。使一部分人满意就足够了，否则，你将可能无所适从。一旦寻求赞许成为一种需要，要做到实事求是几乎就不可能了。如果你感到非要受到夸奖不行，并常常做出这种表示，那就没人会与你坦诚相见。同样，你也不能明确地阐述自己在生活中的思想与感觉，你会为迎合他人的观点与喜好而放弃你的自我价值。

告别悲观心理，让阳光照进心底

马克·吐温说：“世界上最奇怪的事情是，小小的烦恼，只要一开头，就会渐渐地变成比原来厉害无数倍的烦恼。”对于那些有着悲观心境的内向者来说，就恰似心中长了一颗毒瘤，哪怕是生活中一点小小的烦恼，对他来说，都是一种痛苦的煎熬。每天增加一点点不愉快，毒瘤在消极情绪的养分下不停地生长，直到有一天，毒瘤化脓，开始散发出阵阵恶臭，而他已经被悲观所吞噬了。

悲观，是一种比较普遍存在的情绪，面对生活中诸多的不如意，内向者总会产生悲观情绪，然而，很多人尚未意识到悲观的危害性。有的内向者甚至认为，悲观也没有什么大不了的，又不是抑郁症。可是，据心理学家观察，长时间的悲观心境，会让内向者感到失望，丧失其心智。长期生活在阴影里，自己也变得气郁寡欢。所以，远离悲观，调整自己的情绪，走出悲观的阴霾，做一个乐观积极的人。

有两位年轻人到同一家公司求职，经理把第一位求职者叫到办公室，问道："你觉得你原来的公司怎么样？"求职者脸色满是阴郁，漫不经心地回答说："唉，那里糟透了，同事们尔虞我诈，勾心斗角，我们部门的经理十分蛮横，总是欺压我们，整个公司都显得暮气沉沉，生活在那里，我感到十分压抑，所以，我想换个理想的地方。"经理微笑着说："我们这里恐怕不是你理想的乐土。"于是，那位满面愁容的年轻人走了出去。

第二个求职者被问了同样一个问题，他却笑着回答："我们那里挺好的，同事们待人很热情，互相帮助，经理也平易近人，关心我们，整个公司气氛非常融洽，我在那里生活得十分愉快。如果不是想发挥我的特长，我还真不想离开那里。"经理笑吟吟地说："恭喜你，你被录取了。"

前者是悲观的，在他的生活中始终笼罩着一团乌云，因此，他看什么人和事都是阴郁的，一份多么美好的生活摆在他面前，他都认为"糟糕透了"；后者是典型的乐观者，阳光始终照射着他的生活，即使是再糟糕的生活，在他看来，也是十分美好的。悲观者看不到未来和希望，所以，他面临的是求职的失败，或许，在人生的道路上，后面还有更多的失败在等着他，除非他能够换一种心境。

有两个人，一个叫乐观，一个叫悲观，两人一起洗手。刚开始的时候，端来了一盆清水，两个人都洗了手，但洗过之后水还是干净的。悲观就说："水还是这么干净，怎么手上的脏物都洗不掉啊？"乐观却说："水还是这么干净，原来我手一点都不脏啊！"几天过去了，两个人又一起洗手，洗完了手，发现盆里的清水变得很脏了，悲观就说："水变得这么脏啊，我手怎么这么脏？"乐观却说："水变得这么脏啊，瞧，我把手上的脏东西全部洗掉了！"面对同样的结果，不同心态的人，就会有不同的感受。

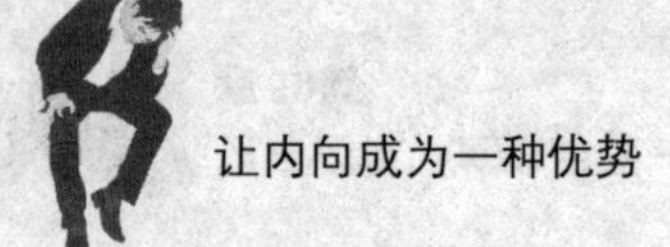

拥有悲观心境的人，他们只是一味地抱怨，他总是看到事情的灰暗面，哪怕是到了春天，他所能看到的依然是折断的残枝，或者是墙角的垃圾；拥有乐观心境的人，他们懂得感恩，在他们的眼里到处都是春天。悲观的心境，只会让自己气郁沉沉；乐观的心态，会让生活充满阳光。

1. 学会拥抱阳光

对于每一个人来说，悲观的心境就像是漂浮在天空中的乌云，它遮住了生活的阳光，长久下去，我们会变得闷闷不乐。所以，远离悲观，放下心中的怨气，让阳光照进生活中。

2. 悲观者没办法赢得成功

或许，谁也没有想到过，美国最著名的总统之一——林肯竟然曾是抑郁症患者。当时，林肯在患抑郁症期间，他曾说了这样一段感人肺腑的话："现在我成了世界上最可怜的人，如果我个人的感觉能平均分配到世界上每个家庭中，那么，这个世界将不再会有一张笑脸，我不知道自己能否好起来，我现在这样真是很无奈，对我来说，或者死去，或者好起来，别无他路。"幸运的是，林肯战胜了抑郁症，成功地当选了美国的总统。

心理启示：

事实上，悲观给我们的生活造成的影响是巨大的，一个有着悲观心境的内向者，无论是生活还是工作，他都没有办法获得成功。甚至，那种悲观的心境还会有意或无意地成为其成功路上的绊脚石。所以，内向者，请告别悲观，让阳光照进心底。

第10章　内向者的孤独——举世皆醉，唯我独醒

人要么庸俗，要么孤独。如果不想庸俗过一生，那就战胜孤独，在孤独中成就自我。孤独是与生俱来的内在，当你困难的时候，没有人会帮你，必须独自承受；当你获得成就的时候，很多人簇拥着你，但你却要淡化一切。孤独是思考，更是包容。

只有在独处时，才成为自己

叔本华说：“对于具有伟大心灵的人来说——他们都是人类的真正导师——不喜欢与他人频繁交往是一件很自然的事情，这和校长、教育家不会愿意与吵闹、喊叫的孩子们一齐游戏、玩耍是同一样的道理。这些人来到这个世上的任务就是引导人类跨越谬误的海洋，从而进入真理的福地。他们把人类从粗野和庸俗的黑暗深渊中拉上来，把他们提升至文明和教化的光明之中。”很多时候，独处是一种精神上的自由，至少在独处这段时间，没有谁会打扰到你，只是一个人静享一段时光。

纵观古今中外卓越的伟人，大部分都是孤独者，一个天才的灵魂之所以会回避这个社会，其最终目的也是为了洞察社会。一个真正卓越的人，必须要有一颗孤独、勤劳、谦虚的心，独乐其乐。没有其他人，他自己的评价就能够成为衡量的尺度，他自己的赞美就能够成为最丰盛的奖赏。

嘉宝，至始至终都是孤独的。

一个英国记者说，她的脸是人类进化的终极，她是哈姆雷特以来最忧郁的斯堪的纳维亚人。阿道夫·希特勒也是她的影迷，二次大战的时候，嘉宝曾经说：我要杀了他。她是真正的冷美人：迷茫，失落而孤独，她自己评价：我

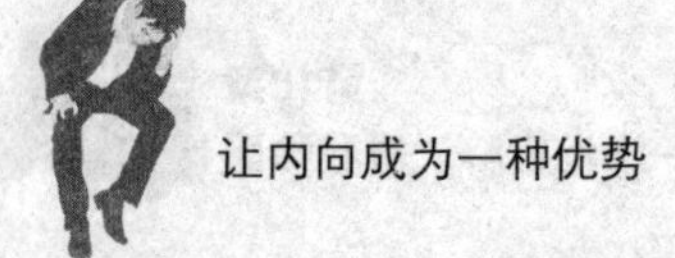

笨拙，害羞，紧张，恐惧，对我的英文过于敏感，这就是为什么我在自己的周围筑起一道高墙，并永远的躲在它的后面。“我将以单身终生”，这是嘉宝在《克里斯蒂娜女皇》里的台词，她很好的实践了它。“你真的没有爱过别人吗？”有人问。“爱过，斯蒂勒。”嘉宝曾四次获奥斯卡提名，却从未得奖，后来奥斯卡委员会为嘉宝特设了一个奖项，以表彰她在电影中闪光的表现，当然她没有去领，她的朋友说，也从来没在她的家里见过那个奖，她是永远的神秘女郎。

在英国有一种为已婚男性开的俱乐部，男性们可以离开家庭到那里去独处一个周末。这并不是他们已经厌烦了家庭，也不是他们想抛弃家庭。他们只是想找一个地方，有几个志趣相投的朋友，一起聊聊天，喝杯酒，甚至是发发牢骚，缓解一下心中的压力。

在心理学家看来，所谓“独处空间”，更多时候是一个概念。就像网络流行语“我想静静”，表达的是一种心理需求状态。这个空间它不局限于某个具体的位置，不一定是封闭的，它更多强调的是“不被打扰、就像回到单身状态”的特征。

她说：“大部分的独处，意味着一种自由，不需从众，可以自我。”她习惯很多事情都在家里做，用自己的方式在家里录音，或是写写歌词，或者擦地板，这里摸摸，那里弄弄，索性把家里全部整理一遍，最后人也累了。她自称自己每次写书的过程都很拖拉，出版社一直催稿，总是要等到某一天想写了，发狠把自己关在某个地方，一口气花两个星期把过去一整年想写的事情都写出来。

她的朋友却认为独处不只是个空间的命题，某个程度来说，纵使一个人走在人潮拥挤的大街上也是一种独处，这是精神上的。这个朋友很在意一种精神上的自由，他说“真正的自由是思想上的自由”，举个例子，在电车上看到一个非常令人讨厌的流浪汉，很脏又很丑，这是表象，但你可以透过想象去理解这个人，他过得很苦，生活得很不堪，也可能亲人刚过世……“我可以在面对一个人的时候，脑子里疯狂地编写这个人的故事。”这与事实未必有关，却让想象的摆置得以伸展。

她最后总结说：“如果可以在脑子里建构一些真实，应该就算是思想上的自由吧。”

为什么学者会坚守一种孤独与寂寞的状态呢？因为，只有孤独，他才能够清楚地了解自己的思想，如果他居住在僻静的地方，心劳日拙、向往人群、渴望炫耀，那他依然不够孤独，因为他总怀念俗世。如此一来，目不明、耳不聪，因此也就无法静下心来去思考。但是如果珍爱灵魂，就应该斩断各种世俗的羁绊，养成独处的生活习惯，这样才能获得蓬勃的发展，如同林中葱茏的树木，一如田野绽放的野菊。

可以说，拉斐尔、安吉洛、德莱顿、司汤达都身居于人群之中，然而，在灵感闪烁的那一瞬间，人群便在他们的眼中暗淡消隐了。他们的目光投向那地平线，投向那茫茫的空间。他们将周围的旁观者忘却在了脑后，他们应对的，是抽象的问题与真理，他们在孤独地思考。

心理启示：

高尚的、人道的、慷慨的、正义的思想，不是群居所能赋予的，只能够通过孤独来得到升华。重要的并不在于与世隔绝，而是保持一种精神上的独立。即使身居于闹市之中，诗人们也依然可以是隐士。有灵感的地方就会有孤独。

战胜孤独，获得更好地自我

一个人孤独一生，无妻无子甚至无母，过着孤独、忧郁和愤世嫉俗的生活。你觉得什么最可怕？孤独，孤独能让人窒息。因为孤独的时候，常常是最无助的时候。那种感觉就好像这个世界只剩下了自己一个人，自己被所有人抛弃了，内心的空虚感、寂寞感一起袭来，有时候甚至丧失了生活的勇气。孤独

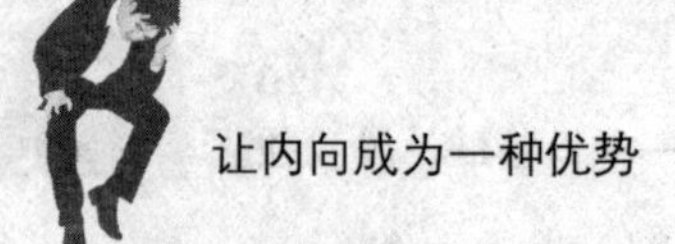

被看做是最可怕的敌人，他们害怕自己会孤立无援，害怕只有自己一个人，因此心灵也会变得十分脆弱。

其实，孤独并不可怕，可怕的是当你面对孤独时放弃生活的希望。要学会战胜孤独，当孤独的痛苦笼罩你时，你就应该面对它、看着它，不要产生任何想要逃走的想法。因为，如果你选择逃走，你就永远也不会了解它，而它就躲在一角伺机而动，等着你的下一次孤独的到来。

我的一位朋友是一个孤独的妇人，她的丈夫在几年前去世，于是她陷入了无法自拔的悲痛中，开始卷入千万孤独大军的队伍中，她被孤独折磨得痛苦不堪，甚至想到了离开这个世界，最后，她想到了我，希望能从我这里获得一丝帮助。

我用上所有能想到的词来安慰她，告诉她虽然在中年失去自己的爱人是一件非常痛苦的事情，但是，随着时间的推移，一切都可以重新开始，她完全可以拾起自己新的幸福。可是，她似乎对我的劝说毫不理会，依然绝望地说："这一切都不可能了！我还会有什么幸福吗？不，根本没有！我的丈夫离开了我，我也不再有年轻的容貌，如今孩子们也都已经长大成人了，我还有什么希望呢？"这位可怜的妇人已经得了严重的自怜症，最后，因为自怜症导致的孤独使这位妇人失去了朋友，丧失了兴趣，也没有了希望，甚至和自己的孩子们也都反目成仇。

其实，孤独是一种常见的心理状态。孤独感是人们在思想上、行为上的体现。人们常常说的孤独其实包含了两种情况：一种是由于客观条件的制约所引起的孤独，他们由于种种原因不得不长期远离"人群"，而以一个人或者是一群人独立起来，比如远离城市到边疆哨所站岗的士兵们，长期坚持在高山气象观测站工作的科技工作者，长期为了工作而四处航行的海员等，这样的孤独是一种有形的孤独，因为他们远离亲人朋友，在工作之余没有与更多的人相互交往的机会，没有丰富多彩的精神生活，不免有时感到寂寞，感到孤独。一种是身处人群之中，但内心世界却与生活格格不入而造成的"无形"的孤独。

人的孤独更多的来自于内心深处的寂寞，因为感情，或是因为生存境遇的突然变剧，使得他们内心无法承受。孤独的人因其受内心的折磨，精神也会受到长时间的压抑，不仅导致自己的心理失去平衡，还会影响自己的智力和才能的发挥，引起人心理上、思想上的坍塌，产生情绪低沉精神萎靡，并且失去事业的进取心和对生活的信心。

与梅兰芳蓄须明志相似，抗战时的阎立品，剪去一头青丝，远避乡舍，誓不与敌寇汉奸作戏。时人赠“立身不使白玉玷，品高当与青云齐”，由此，她改原名“桂荣”为“立品”，冠盖满京华。1954年，她成为梅先生的破例弟子，57年她成了右派，文革十年，她被打成混进文艺阵线的黑帮分子，浩劫过后，她重登舞台，二十余年，芳华都空度。还是少女时候，她即遭受人生重创，立誓终身都不嫁。五十年来，惨淡匠心经营，铮铮铁骨无所畏惧，真真是一曲吊孝催人泪，品高艺也精。

很多有孤独感的人，并不是自己愿意孤身独守。而是他们在人生的旅途中遭遇了坎坷，陷入无边的孤独和痛苦中，不可自拔；或者得不到别人的理解，也不愿意去理解别人，于是选择洁身自好；有的是看不起自己，不相信自己，有一种深深的自卑感。于是，他们在面对孤独的时候，甚至没有抗争，就束手就擒。所以，他们陷入没有边际的痛苦中，与孤独为伴。而有的人是因为内心世界的封闭使他们无法通过感情交流来建立真正的友谊，友谊的缺乏使现代人陷入一种强烈的孤独感。有的人这样来描述自己的感受：“在这个世界，我感到孤独、嫉妒、愤怒、紧张。”

心理启示：

由于内心世界与人们生活有距离所造成的孤独感，是非常可怕的。面对孤独，要学会战胜孤独，才能在自己的事业上取得成就，才能扬起生活的风帆。无论是因为人生境遇，还是因为自己的感情失意，人的孤独感在无形中已经成为了人们通往正常工作和生活的阻碍。

孤独于世，唯我独醒

说到“世俗”，就连那些目不识丁的老太太顷刻间也会心领神会。“世俗”到底是什么？举个很简单的例子，如果你想问题、做事情以及处理大大小小的细节方面都会按照别人同样的想法思考问题，那么，你就世俗了。当然，对待世俗，每个人都有自由的权利。任何一个人都可以选择世俗，也可以选择超凡脱俗。显然，“世俗”确实是存在的，但是，人们在谈到它的时候，难免会皱眉，这个词儿毕竟是贬义大于褒义。作为社会中的一份子，如何对待世俗，才能获得身心轻松呢？

对世俗，我们应该了解，应该接受。你需要明白，哪些是世俗的，并且接纳它们。当然，你也可以选择与屈原一样，不与世俗同流合污，遗世而独立。但是，我们却不能成为屈原，当别人都在骂我们是疯子的时候，你不会有勇气像屈原说出“举世皆醉我独醒”的疯话来。

陶渊明曾写了这样一首诗：“少无适俗韵，性本爱丘山。误落尘网中，一去三十年。羁鸟恋旧林，池鱼思故渊。开荒南野际，守拙归园田。方宅十余亩，草屋八九间。榆柳荫后檐，桃李罗堂前。暧暧远人村，依依墟里烟。狗吠深巷中，鸡鸣桑树巅。户庭无尘来，虚室有余闲。久在樊笼里，复得返自然。”

在封建社会，多少读书人不过都是为了求得一官半职而寒窗苦读十载，但陶渊明却竟然不愿意为五斗米折腰而愤怒辞官归隐。他两袖清风，一气之下官场愤然绝迹，如此的高风亮节确实让人拍案叫绝。

官场黑暗，陶渊明承认与世俗无缘，愤然辞官归隐。当然，做出这样超凡脱俗的举动是不为世人深刻理解的，代价也是很大的，尽管如此，对于他们的胆识和傲骨后人仍旧由衷地佩服。作为现代社会的我们，早已经成为社会中的一份子，夹杂在各种各样的关系中，我们不可能脱离社会而独立存在。或许，我们做不到无缘世俗，但却可以做到“不逢迎世俗”。

在历史上，有很多世俗到了极点的人，正因为他们将“世俗”的手腕耍弄得太过分了，反而走向了另外一个极端，逐渐地，从世俗走向了卑鄙、无耻、市侩。比如一千多年前的秦桧，他就是世俗过度了，为了一己之私而不择手段地做出卑鄙之事：假传圣旨宣岳飞收兵回府，将岳飞父子以“莫须有”的罪名杀害于风波亭。因过度世俗，秦桧成为了历史上卑鄙无耻之徒的“典范”。

他饰演的方鸿渐有一种很茫然的笑容，很瘦，目光里有一种说不清的东西。有人说他最有魅力的地方在于眼神，如此锐利而内涵丰富的眼神。即使在低头的时候，也隐隐带着黑夜的气息；抬头的时候，目光明澈，像冰冷的阳光。

有人说，陈道明是生活在夹缝中的人。在他那精湛而淳朴的生活艺术中，感性与理性并存，清高与亲切并存，冷漠与多情并存，超脱与世俗并存。熟人说，陈道明平时就爱干四件事：读书、上网、弹琴、打球。不过，在网上一个关于他的资料库里，还赫然写着：麻将。看来，对于世俗的东西，他还是接受的。

大多数明星喜欢活在鲜花与掌声中，但他却不一样，低调的华丽显现他超凡脱俗的气质。很多明星硬是编也要为自己编一个绯闻故事，但他却远远躲着绯闻。对于世俗，他从来不逢迎，问到他最喜欢的事情，他只是这样回答：“我最喜欢的事？就是搬一凳子，往那儿一坐，看天发呆。”

张爱玲曾在《天才梦》中说：“……直到现在，我仍然爱看《聊斋志异》与俗气的巴黎时装报告……”似乎，她这个女人确实俗透了，但是，仔细端倪，发现她的世俗却又是别具一格的。生活中，没有一个人能真正地做到超凡脱俗，我们不过都是一介凡夫俗子，又怎会脱离世俗而存在呢？

心理启示：

我们需要了解世俗、接受世俗，不过，并不逢迎世俗。简单地说，我们可以很好地融入世俗的社会，但是，自己却不要成为一个世俗的人，所谓“出淤泥而不染”，说的就是如此。对世俗，我们要多了解，主动接纳，但是，对于世俗的人和事，不要曲意奉承，而是努力做好自己。

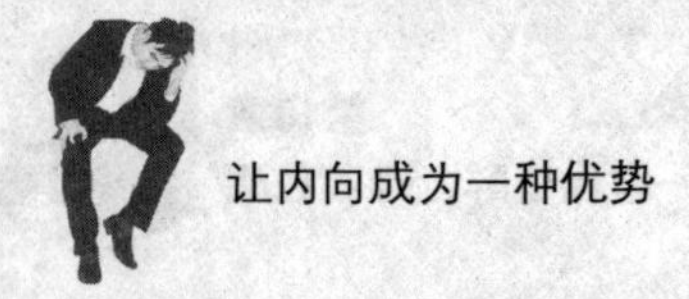

不够优秀，因为你不够孤独

一位成功者经历了三次重大的危机均化险为夷，屹立不倒，对此，有人问他“令自己转危为安的灵感来自何处？”他说：“林中独步。”孤独的思考，形成一种通盘布局的判断力也是确保你的奋斗能够成功的必备条件。真正优秀的人一定觉得自己是孤独的，他们也清醒地认识到自己的优秀来源于一份孤独。

在这个世界，没有任何一个人能随随便便成功，因为罗马城也不是一天就建成的。一步登天的奇迹，以及一蹴而就的成功，那也是经历了上百次的尝试，才铸就了这样短暂的光辉。俗话说：“台上一分钟，台下十年功。”有可能在台上表演的时间往往只有短短的一分钟，但为了台上这一分钟的表演时间，许多人却要为此付出十年的孤独努力，甚至需要煎熬更长的时间。成功不是一朝一夕获得的，是靠每一天的艰苦付出收获来的。做每一件事就好像建罗马城一样，要想把它建成、建好，你就必须付出超乎常人的代价和心血。我们应该记住，通往成功的道路从来都不会是一条风和日丽的坦途，人生必须渡过逆流才能走向更高的层次，最重要的是在这个过程中学会孤独，蓄积待发，最终走向成功。

很久很久以前，有一个养蚌人，他想培育出一颗世界上最大最美的珍珠。于是，他去海边的沙滩上挑选沙粒，并且一颗一颗地询问它们：“愿不愿意变成珍珠？”那些被问到的沙粒，一颗颗都摇头说：“不愿意”。就这样，养蚌人从清晨问到黄昏，得到的都是同样一句话：“不愿意。”听到这样的答案，他快要绝望了。

就在这时，有一颗沙粒答应他了，因为它的梦想就是成为一颗珍珠。旁边的沙粒都嘲笑它：“你真傻，去蚌壳里住，远离亲人和朋友，见不到阳光雨露，明月清风，甚至还缺少空气，只能与黑暗、潮湿、寒冷、孤寂为伍，不值得！”但是，那颗沙粒还是无怨无悔地跟着养蚌人走了。

斗转星移，多年过去了，那颗沙粒已经成为了一颗晶莹剔透、价值连城的珍珠，而曾经嘲笑它的那些伙伴，却依然是沙滩上平凡的沙粒，有的已经分化为了尘埃。

一个人成功的过程就无疑于一颗沙粒变成珍珠的过程，在这个过程中，你需要经历痛苦与枯燥，而且你必须等待着，忍耐着，孤独着，当你走完黑暗与苦难的隧道之后，你会惊喜地发现，原来平凡如同沙粒的你，在不知不觉间已经成为了一颗璀璨的珍珠。

有个年轻人刚从学校毕业，来到一家杂志社应聘工作，他赶到杂志社的时候，那里已经挤满了前来找工作的人。过了一会儿，走进来一个人，他自称是杂志社人事部的工作人员，他给所有应聘的人每人发了一份简历表，大家纷纷掏出笔，趴在走廊的椅子上填表。接着，那个人事部的工作人员带领大家走进了一间办公室，说道："主任现在正在开会，请大家在这里等待他来面试。"大家都在等待着，一个小时过去了，主任还是没有出现，又一个小时过去了，有的人开始变得烦躁不安，有的人在屋子里走来走去，嘴里小声嘟囔着什么。

眼看快到中午了，有人忍不住了，他们收拾东西转身离开，而且把门摔得特别响。年轻人也已经不耐烦了，也想跟其他人一样走掉，但他转念一想，自己已经等了那么久，什么也没等到，那就再等等吧。到了12点，人几乎都走光了，只剩下这个年轻人和一个坐在他对面的人，那个人看上去很精干，但与年轻人不同的是，他坐得很舒适。

年轻人忍不住问："你是来应聘什么职位的？"那个人扭过来看了一眼年轻人，漫不经心地回答说："我不是来应聘的。"年轻人惊讶极了："那你在这里等了一上午在等什么呢？"那个人没有回答年轻人的问题，而是提出了一个问题："你觉得在报社工作需要具备什么样的条件呢？"年轻人想了想，回答说："细心，当然，还有一点也很重要，就是耐心。"听了年轻人的话，那个人脸上露出了笑容，说道："恭喜你，你被录取了。"年轻人这才明白，原来这位精干的人就是主任，也就是这次面试的主考官。

从这个故事可以看出，那位年轻人并非是甘于现状的人，他忍受着等待的枯燥、痛苦、孤独，但他更明白，自己这样的等待不能一无所获，而是需要有所得，哪怕是见上面试官一面也好。然而，正是这样不甘于现状的心态让他最后赢得了那份工作。

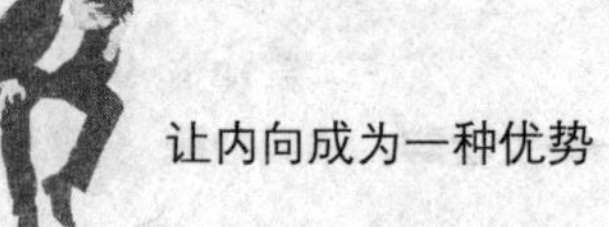

一个人若是不付出，不努力，就梦想着成功，那根本就是做白日梦，时间不会给予你任何东西，只会给你的人生留下一段空白。生活就是这样，你需要付出，才能有所收获，而这样的付出是不间断的，一旦你放弃，那你即将获得的成功也会随之消失。

心理启示：

在更多的时候，你为成就自己而经历的孤独与收获是成正比的。在这样的孤独中你会经历耐力与坚韧的考验，并会从中学会一些改善自己的思维与行事技巧的方法。许多东西需要在孤独时面对，在孤独中成就。相反，如果你根本无法学会孤独，只想坐等成功，那是根本不可能的，你终究等来的会是一场空。

要么“忍辱”，要么庸俗

常言道：“小不忍则乱大谋。”在成功之前，我们往往需要忍受常人不知的寂寞和孤独。生活中的每一个人，无论是谁，在人生中难免会深陷逆境，却一时又无力扭转面临的逆境，那么最好的选择就是暂时忍耐，因为事情总是在不断的变化，一旦有利的时机到来，那成功就是指日可待了。所谓“忍一时风平浪静，退一步海阔天空”，学会在忍耐中等待命运转折的时机。大凡成大事者，必定能忍得一时之辱，容得一时之孤独。忍耐是一种品质，一种精神，更是一种成熟，一种理智，因为忍耐，在磨难挫折面前坦言豁达而不灰心丧气，它似乎可以给人生一种奋进的力量，在布满荆棘的道路上，在变化莫测的航行中，忍耐给予的生命光芒在信念中闪烁。

当然，等待并不是坐在那里默默地忍受一切，而是从心里上接纳所面临的事情。当生活中的挫折与困难迎面而来的时候，暂且不去做判断，不管遇到多么大的事情，最好暂时忍耐一下，也许到了下一刻钟事情就会有所转机，或许就会有解决问题的办法。

王明是一位留美的计算机博士，毕业之后，他打算在美国找工作。拿着自己的各种证书，以及在学校所获得的奖章，四处奔波找工作。可是，两三个月过去了，他还是没有找到合适的工作，几乎他所选择的公司都没有录用他，而那些愿意录用他的公司却又是自己看不上的。他没有想到，自己堂堂一个博士生，居然沦落到高不成低不就的尴尬境地。思前想后，他决定收起自己所有的证书与奖章，以一种“最低的身份”再去求职。

没过多久，他就被一家公司录用为程序输入员，这份工作相当简单，对一个博士生来说简直就是大材小用。但王明并没有抱怨什么，即使是最简单的工作，他依然干得一丝不苟。这样干了一个多月，上司发现他能迅速看出程序中的错误，这可是非一般的程序输入员可比的，这时候，王明向上司亮出了学士证，上司知道了他的能力，马上给他换了一个与大学毕业生对口的岗位。又过了一段时间，上司发现他经常能够提出一些独到的有价值的建议，远比一般的大学生要高明。这个时候，王明又亮出了硕士证，上司又立即提升了他的职位。再过一段时间，上司觉得他还是跟别人不一样，就开始有意识地质询他，这时候，王明才拿出了自己的博士证，上司对他的能力有了全面的认识，毫不犹豫地重用了他。

当王明陷入了找工作的困境，他放弃了自己的所有证书，以一个最普通的人去应聘，并获得了一份工作。我们可以想象，一个有着博士学历的人，委身于一个普通的职员，那该有多么的孤独。但王明忍耐了下来，他在等待机会，终于，老板开始发现他深藏不露的能力，渐渐地重用他，最终他获得了自己应有的位置和价值。

韩信是淮阴人，还未成名的时候，他只是一个平民百姓，贫穷，没有好品行，不能够被推选去做官，又不能做买卖维持生活，经常寄居在别人家里吃闲饭，人们大多厌恶他。曾经多次前往下乡南昌亭亭长处吃闲饭，并在那里连续吃了好几个月，亭长的妻子很嫌弃他，就提前做好了早饭，端到内室的床上去吃。开饭的时候，韩信去了，却不给他准备饭菜，韩信也明白他们的用意，一

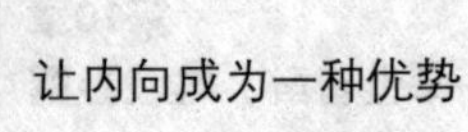

怒之下，就告辞而去，不再回来。

有一次，韩信在城下钓鱼，有几位老大娘在漂洗涤丝绵，其中一位大娘看见韩信饿了，就拿出饭给韩信吃。几十天都这样，直到这位大娘将所有的涤丝绵都漂洗完毕。韩信感到很高兴，对那位大娘说："我一定重重地报答您老人家。"大娘生气地说："大丈夫不能养活自己，我是可怜你这位公子才给你饭吃，难道是希望你报答吗？"

还有一次，淮阴屠户中有个年轻人侮辱韩信说："你虽然长得高大，喜欢带刀佩剑，其实是个胆小鬼罢了。"又当众侮辱他说："你要不怕死，就拿剑刺我；如果怕死，就从我胯下爬过去。"于是，韩信自信地打量了他一番，低下身去，趴在地上，从他的胯下爬了过去。满街的人看见了，都嘲笑韩信，认为他胆小。

后来，韩信先是跟随项羽，后追随刘邦，成为刘邦麾下的杰出大将，即时再回忆之前的胯下之辱，那不过是忍辱负重，这样才有了后来功成名就的韩信。

或许，别人都耻笑韩信懦弱，但韩信本人却不以为耻。事实上，当时，韩信绝不是不敢刺他，而是因为韩信胸怀大志，不愿与小人多生是非，如果一剑将那个屠夫刺死了，自己难以逃脱。因此，他甘受胯下之辱，他知道"小不忍则乱大谋"的道理，暂时忍受寂寞、饮尽孤独，等待一个可以施展自己一身才华的机会来临。

心理启示：

孤独是一种崇高的人生境界，古人曾作的"百忍歌"中有这样的句子"忍得淡泊养精神，忍得勤劳可余积，忍得语言免事非，忍得争斗消仇冤"。孤独不是软弱，反而是一种包容。孤独也并不是妥协，而是一种胜利。在生活中，学会审视一下自己，根本没有理由对周围的一切都那么苛刻，要学会忍耐孤独，这样会让生活变得更加轻松。

那些孤独时刻成就了自己

查尔斯·詹姆士·福克斯对那些面对艰难的孤独时刻从不灰心丧气的人，总是寄予厚望，他说："年轻人首次登台亮相就博得满堂喝彩当然不错，不过我更欣赏在失败后还能一再尝试的年轻人，这才是生活的强者，他们往往比首战告捷的人发展得更好。"在追寻梦想的道路上，挫折与孤独最能考验人的意志，也最容易让一些人胆怯、恐慌、生气和抑郁。但是，只要我们坚持心中的梦，忍受孤独时刻，最终会等来梦想照进现实的一天。

1967年夏天，美国跳水运动员乔妮·埃里克森在一次跳水事故中身负重伤，除脖子之外，全身瘫痪。乔妮怎么也摆脱不了那场噩梦，不论家人和亲友如何安慰她，她总是认为命运对她实在不公。

她曾经绝望过，但最终，她开始冷静思索人生的意义和生命的价值。她借来许多介绍前人如何成才的书籍，一本一本认真地读了起来。

她虽然双目健全，但读书仍很艰难，只能靠嘴衔根小竹片去翻书，劳累、伤痛常常迫使她停下来。休息片刻后，她又坚持读下去。通过大量的阅读，她终于领悟到残疾也可以成才。于是，她想到了自己中学时代曾喜欢画画，为什么不能在画画上有所成就呢？乔妮捡起了中学时代曾经用过的画笔，用嘴衔着，练习开了。

这时一个非常艰辛的过程。用嘴画画，她的家人连听也未曾听说过。许多年过去了，她的辛勤劳动没有白费，她的一幅风景油画在一次画展上展出后，得到了美术界的好评。

后来，乔妮又想到要学文学。经过许多艰辛的岁月，乔妮再次成功了。1976年，她的自传《乔妮》出版了，轰动了文坛，她收到了数以万计的热情洋溢的信。两年又过去了，她的《再前进一步》一书出版，后来还被搬上了银幕，影片的主角就由乔妮自己扮演，她成了千千万万个青年自强不息、奋进不止的榜样。

生命中，往往是那些艰难的孤独时刻成就了我们。生命中没有逆境，也就

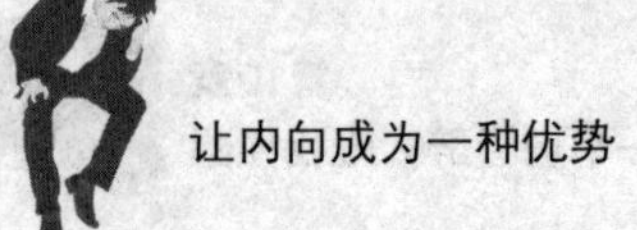

无法使才能与智慧获得增长。如果你想采摘玫瑰，就不要怕刺扎破手指。人的一生中不可能只有成功的喜悦而没有遭受挫折的痛苦，一个人如果能在失望与绝望中看到希望，抓住新生，他就已经获得了一半的成功。

人生的道路从来没有直路可走，当乔妮踏上人生征途之后，就做好迎接挫折挑战的准备，面对挫折坚强不屈，绝不退缩，把挫折当成奋斗的阶梯，当成磨练生命的礼物，用自信、乐观和毅力面对挫折，用坚强、镇定和勇敢战胜挫折，这样她才能一步步地实现自己的梦想。

小时候，妈妈总是这样说："你能做到，玫琳凯，你一定能做到。"玫琳凯女士不仅将这句话作为自己的座右铭，而且将这句话作为公司的理念来激励更多未来的女性。玫琳凯坦言，自己想创建公司是在遇到了一些挫折之后才真正开始。

玫琳凯女士在直销行业工作了25个年头，当时，她已经做到了全国培训督导。但是，眼看着自己的一位男下属都得到了提拔，而且薪水还是自己的两倍。玫琳凯女士毅然决定辞职，她想要实现自己的一个理想，她说："我建立公司时的设想是想让所有女性都能够获得她们所期望的成功，这扇门为那些愿意付出并有勇气实现梦想的女性带来了无限的机会。"

然而，在创业之初，她经历了多次失败，也走了不少弯路，但是，她从来不灰心、不泄气，反而这样诙谐地解释："挫折是化了妆的祝福。"最后，她创建了玫琳凯公司，玫琳凯女士这样说道："从空气动力学的角度看，大黄蜂是无论如何也不会飞的，因为它身体沉重，而翅膀又太脆弱，但是人们忘记告诉大黄蜂这些。女性就是如此——只要给她们以机会、鼓励和荣誉，她们就能展翅高飞。"

从玫琳凯的身上，我们可以看到孤独造就了她的不平凡。年轻人若想成为像玫琳凯女士这样优秀的人，就需要经得起挫折的历练，经得起艰难的磨砺，因为成功需要风风雨雨的洗礼。一个有追求、有抱负的年轻人，他会将艰难与独孤当做前行的动力。敢于乘风破浪，让困难成为自己的垫脚石。艰难时刻对于自立的年轻人来说是一块成功的跳板，对坚强的年轻人则是一笔宝贵的财富。

心理启示：

生活中的艰难和孤独是必然的，所以，当我们遇到它时没有必要怨天尤人。面对艰难的孤独时刻，不要畏惧，迎难而上，直面困难，将生活中的每一个艰难都当做是上天对我们的考验。只要我们心中怀着必胜的信念，对自己说："我能行！"那么，那些艰难的孤独时刻最后往往会成就我们。

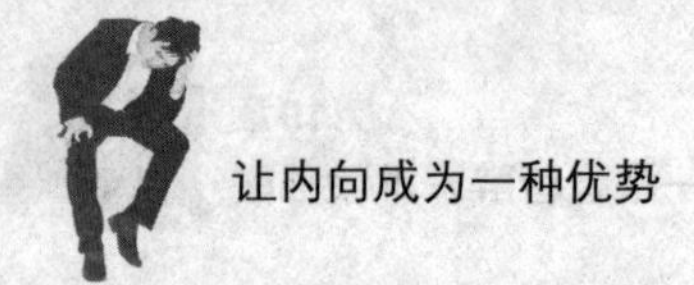

第11章　内向者的愤怒——自生自气的怪圈

内向者因性格较为封闭的原因，常常导致他们喜欢自生自气，陷入愤怒的怪圈。事实上，很多时候，完全没有必要以别人的错误来惩罚自己，适时放宽心，调整心态，走出“内向者容易生气”的魔咒。

内向者心理脆弱，所以容易被激怒

赛捏卡说：“愤怒犹如坠物，将破碎与它所坠落之处。”容易被激怒是人的一种比较卑贱的素质，而能够受它摆布的往往是那些生活中的弱者，也就是那些内心脆弱的内向者，比如，儿童、妇女、老人、病人，等等。在现实生活中我们也常常会看到类似的场面：孩子因为一点点事情没有顺着他的意，他就有可能会坐在地上或者直接躺在地上，他已经被激怒了；女人因为家中的琐碎小事，就大吵大闹，闹得不可开交；老人发怒的时候，几乎是用颤抖的手指着儿子说：“你这个不孝子！”；那些身患重病或者被告知患了绝症的人，他们会在医院里处处与医生护士作对，只要稍不如意，就摔东西，大喊大叫。

对于那些内心脆弱的内向者来说，似乎更需要一张保护自己的网，在这样的心理状态下，怒火成为了他们最常用的一张“网”，或许，他们会觉得，只要自己生气了，就可以占据主动，可以给那些看不起自己的人以迎头痛击。所以，怒火常常容易出现在他们最脆弱的时候，一旦他们被激怒，由于内心的脆弱，他们会努力在愤怒的同时给对方以蔑视，因为他们不想在愤怒中表现得畏惧，不想暴露内心的脆弱，同时，也是为了避免自己受伤害。当他们在精神上保持自制，那么，相对于其他人来说，自己就占有了一定的优势。

那么，你是不是一个容易生气的人呢？我们可以做一个小测验，看看自己内心是否也藏着看不见的脆弱呢？

下面几种自然界的水，你会比较喜欢哪一种呢？

A. 惊涛骇浪般拍打着岸边的水

B. 一望无际，平静辽阔的水

C. 从高处骤然落下的瀑布的水

D. 急流险滩，强劲奔腾的水

E. 顺着地形起伏，涓涓细流的水

结果分析：

A：这是一个心里有话就藏不住的人，性格直接且单纯，容易被激怒，常常耐不住冲动诉诸武力。不过，你的坏脾气来得快，去得也快，熟悉你的朋友会知道如何与你相处，但是，陌生的朋友会有可能对你退避三舍。

B：修养较好，包容力强，平时不随便发脾气，遇到不公平的待遇，通常会一笑了之，似乎对方的怒火反而会满足自己本身的优越感。虽然，不会轻易地生气，但是，遇到自己不喜欢的人，还是会渐渐疏远他，不过，对方会很少感觉到你的敌意。

C：不随便生气，可一旦生气就会天翻地覆，常常让人感到莫名奇妙。在平时生活中，你习惯将那些不满的情绪压抑在内心，很少向人说起，也没有合理的途径发泄出去。这样一来，情绪积压久了，性格就变得十分暴躁，遇到不如意的事情，怒火就有可能被引燃，甚至，爆发得莫名其妙，歇斯底里。

D：性格阴沉，不随便生气，但是，并不代表你脾气好，在大多数的时候，是遇到不如意的事情隐忍不发，却暗自记在心中。对生气也是计划很久，故意让对方犯错，你再来细数对方的罪状，对方百口莫辩，令人感到不寒而栗。

E. 你是个很重视朋友的人，很容易因为小事情就伤心难过，无法释怀。你发脾气时，不敢正面跟人冲突，往往挑些不相干的小事来责难对方，像个长不大的小孩。

这样看来，似乎有三种人容易被激怒：第一，是那些内心十分敏感的内向者，他们的神经太脆弱，一点点小事就可以刺激到他们。脆弱敏感的内向者很容易被激怒，即使有的事情在别人看来是微不足道的，但却总能引起他们心中的怒火；第二，是那些自认为被轻视的人，他们的内心也是相当的脆弱，对他们来说，来自别人的轻视会令自己怒火中烧，所造成的后果将与伤害同等程度，甚至是有过之而无不及，因此，轻蔑肯定会激怒他们心中的怒火；第三，是自认为名誉受到伤害的人，内心脆弱的内向者，他们最担心的就是害怕自己名誉受到伤害，名誉受损，对他们来说，确实心中愤怒。

罗宾逊是一个农民的儿子，妈妈在他很小的时候就离开了人世，村里的玩伴经常取笑他："你是一个没有妈妈的孩子。"他受不了来自别人的怜悯，感觉那是赤裸裸的取笑，当有人好心地说道："这个孩子真可怜！"罗宾逊就会生气地说："不稀罕你的可怜。"说完，还用充满仇恨地眼睛盯着对方。

有一次，罗宾逊看到一只蜜蜂在花丛中飞来飞去，就想把它抓住并揪掉它的翅膀。可是，没想到自己很倒霉，不但没有抓住蜜蜂，反而被蜜蜂蛰了一下，一会儿，蜜蜂飞进了蜂巢，罗宾逊被疼痛激怒了，心想：就连一只小小的蜜蜂都来欺负我，我要让你知道我的厉害。罗宾逊发誓一定要报仇，于是，他找来了一根棍子，朝蜂巢捅了几下，顿时，一群蜜蜂飞了出来，向他扑去，蛰得他浑身上下都是伤痕。

内心脆弱的罗宾逊心中时刻有一团怒火，他见不得别人从怜悯的角度说话，也不喜欢他人的挑衅。甚至，哪怕是一只小小的蜜蜂蜇了自己，他也会怒气冲冲地想要报复，然而，在怒火的蔓延下，罗宾逊自己却吃了不少苦头。

一个人在愤怒时要忍住内心的怒火，以免给自己带来一些不必要的麻烦，不应该恶语伤人，尤其是针对具体的人和事的时候，另外，在愤怒时千万不要揭人伤疤，这样会更令人不可容忍；无论自己在情绪上如何生气，在行动上千万不要做出太偏激的事情来。当然，最有效的克制怒火的方法，是不断充实自己的内心，使自己不再脆弱，这样，我们就不会经常被怒火包围了。

心理启示：

要防止那些内心脆弱的人发怒、生气，我们可以借鉴这样两种方法：一，在谈一件令他愤怒的事情之前，我们要选择恰当的时机，给对方良好的印象；二，设法消除对方因受轻视而感到被侮辱的心结，我们可以将这种伤害归为误解、恐慌、激动，或许我们还能找到其他的原因，尽可能顾及到对方脆弱的心理。

保持内心平静，不被怒火传染

在酷热炎暑之时，白居易拜访得道高僧恒寂禅师，却见禅师安静地坐在密闭如蒸笼的禅房内，并不像其他人那样汗如雨下。对此，白居易很受震动，作诗曰："人人避暑走如狂，独有禅师不出房；非是禅房无热到，为人心静身即凉。"禅师的心境已经变得如水一样的平静，无论面对酷暑，还是不如意的事情，他都安静地坐着，任何怒火似乎都感染不到他，这才是真正虚怀若谷的境界。

一位已婚的女士这样说道："我脾气很坏，非常容易生气，有时候会因为老公的一点脸色而郁闷，甚至，不安于平静，总是想弄出点响动，但是，闹过了吵过了，最终却把自己搞得伤痕累累，伤了自己，同时，也伤了别人。"我们都看见过辽阔的大海，平静的水面一望无垠，若是向大海里投入一块石头，无论多大或多小，似乎都激不起半点浪花，它还是那么平静，这就是大海的心境。同样的道理，对于内向者而言，要想自己能够克制内心愤怒的情绪，我们需要大海一样宽阔的心境。

白隐是一位修行高深的禅师，不管面对他人的任何评价，他不过是淡淡地说一句："就是这样的吗？"

在白隐禅师居住的寺庙旁边，住着一对夫妇，他们有一个漂亮的女儿。

无意间，夫妇俩发现自己女儿的肚子无缘无故地大了起来，像这种见不得人的事情，怎么会发生在自己家中呢？夫妇俩十分生气，他们严厉逼问自己的女儿：“到底是谁的孩子？”女儿在父母的再三追问之下，终于吞吞吐吐地说出了“白隐”两个字。夫妇俩听了，马上怒不可遏地去找白隐理论，白隐大师听完了对方的辱骂，既不为自己辩护，也不生气，只是心平气和地说：“就是这样的吗？”可事情并没有完，那个孩子生下来之后，夫妇俩就将孩子送给了白隐。这着实让白隐禅师难堪的事，街头巷议不绝于耳。这位白隐禅师尽管名誉扫地，但是，白隐并不生气，他的内心似乎就像平静的湖面，已经激不起半点浪花。每天，白隐都会细心照料那个孩子，有时候，他向邻居乞求婴儿所需要的奶水和其他婴儿用品，都会遭到邻居的白眼，甚至是冷嘲热讽，但是，白隐大师依然处之泰然，仿佛自己是抚养别人的孩子一般。

一年过去了，夫妇俩的女儿终于不忍心再欺骗下去了。有一天，她向父母吐露了实情：白隐不是孩子的父亲，孩子的生父是住在同一栋楼的一位青年。夫妇立即将女儿带到白隐那里，向他道歉，请他原谅，并将孩子带回家。白隐依然平静如水，只是在交回孩子的时候，他轻声说道：“就是这样的吗？”仿佛什么都不曾发生过一样，即使有，也像那波光盈盈的水面，微风吹过，又回归了平静。

古人曰：“无故加之而不怒，猝然临之而不惊。”在生活中，无论我们遭遇了怎样的指责和非难，我们都应该像白隐大师一样，随时保持心理上的平静，经得住怒火的挑衅，任何事情总会显露出它本来真实的面目，我们所需要做的就是等待。

从前，有位老禅师，一天晚上，禅师在院子里散步，突然发现墙角边上有一张椅子，他一看就知道有出家人违反寺规越墙出去玩了，老禅师没有声张，而是走到墙边，移开了椅子，就地而蹲。没多久，果真有一个小和尚翻墙而入，黑暗中踩着老禅师的背脊跳进了院子里。小和尚双脚着地的时候，才发觉刚才自己踏的不是椅子，而是自己的师傅。顿时，小和尚惊慌失措，张口结舌，但是，出乎意料之外，老禅师并没有生气，也没有严厉责备他，而是以平静地语调说：“夜深天凉，快去多穿一件衣服。”小和尚战战兢兢地走了，后来，他再也没有违反寺规越墙出去闲逛了，在老禅师的细心教导下，他也成为了一位得道高僧。

在老禅师无声的教育中，小和尚没有被错误惩罚，而是被教育了。由此可见，老禅师所悟的是禅，但修的更是“心”啊！面对他人有意或无意之间所造成的错误，如果我们心中充满了怒气，心中惊涛骇浪，甚至，希望别人能遭遇不幸或惩罚，在这样一个过程中，我们已经失去了平日那种轻松的心境和快乐的情绪。学会修炼自己的内心，让它变得像水面一样清澈平静，即使向里面投进了一颗大石头，也不会激起半点波纹，因为每个人的心都是一片海，我们所能做的就是努力克制自己的情绪，争做情绪的主人。

一位老妇人说：“这50年来，每当丈夫做错了事情，气得我直跳脚的时候，我马上提醒自己：算他运气好吧，他犯的是我可以原谅的那10条错误当中的一个。”如水一样平静的心境不仅能为我们带来美满幸福的婚姻，而且，还可以宽慰自己的内心。这样一来，幸福、快乐的生活离我们还会远吗？

心理启示：

时间过去，怒火也平息了，好似从来不曾发生过什么一样。在我们身边，经常会发生这样或那样的误会，有时候就是小事一桩，时间长了我们也就忘记了，何必一定要让波涛汹涌打破平静的水面呢？

万气自生，你的气从何而来

俗话说：“万气自生。”气是什么？它是一种情绪反应，内向者心里的“怨气”往往是自生的，并不需要我们自己决定是否该生气。有位朋友常常不解地诉说自己的困惑：“昨天晚上又和他生气了，本来只是一件小事，但是，后

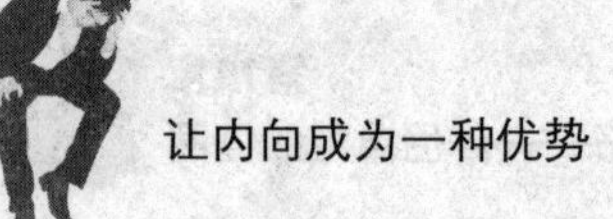

来却造成不好的后果，直到睡觉前，我眼中还有泪，可是，今天早上一起床，我就感到很迷惑，怎么昨晚后来就吵起来了呢？我根本没有想过要生气啊，怎么就生气了呢？”在很多时候，愤怒情绪的发泄，已经让我们忘记了生气真正的导火索是什么，好像我们在生气时根本没有想过这个问题。直到生气完毕之后，我们才意识到，当初是为什么生气呢？所以，在任何时候，我们需要理解“万气自生”，学会清理自己生气的导火索，这样才会帮助我们抑制内心的怒火。

其实，在大多数情况下，当我们无意中说：“当时生气真的是因为一件小事，我也想不起来为什么生气。”事实上，那所谓的“一件小事”不过是导火索，在这之前，我们心中可能郁积了一些气，在这样的情况下，一旦遭遇了导火索，怒气便一下子发泄出来。

心理学家有这样一个秘诀，当一件对自己具有副作用的事情来临，你可以思考一些问题，以此帮助找到生气的导火索，消灭心中的怒火。也就是说，在你生气之前，需要先问自己下面12个问题：

1. 我有改变的余地吗？

2. 我改变它的消耗与能够换来的成比例吗？

3. 我放弃和容忍的损失具体是什么？

4. 如果损失的可以折算成金钱的利益，我会那么需要和依赖这些钱财吗？

5. 如果损失的是增加得分的名声，我会那么需要和依赖这些名声吗？这些增加的名声最终解决了我的什么？

6. 如果损失的是减少得分的名声，有多少人关注这件事，自己不计较是否天下本就没人在意？

7. 即使事关气节，若干年后公论不能回来吗？

8. 更多的时候，我们的情绪是否来自最亲近的人和最琐碎的事？

9. 除了跟最能接受自己的人发泄，我们还有什么能耐？

10. 除了这些最不值得关注的琐事，难道我们没有更有意义的事情去关注、思考、努力吗？

11. 长城还在，秦始皇在哪里？

12. 苏格拉底死了，他大概在笑话我们活着的莫名其妙忧郁的人吧？

一个胸中怀有宏大志向的人，是不应该过于被琐事纠缠的，在这个世界上，本来就没有多少事情值得我们去计较。在现实生活中，绝大多数的事情都是“不过如此”，有什么值得生气的呢？从一个人的内心来讲，是不太愿意忧郁、烦恼、生气，更不愿意愤怒，当然，谁都不愿意生气？到底是什么事情在困扰着我们呢？如果我们内心真正地想清楚了，想放下心中的怨气，其实并不困难，生气是没有必要的。当你明白了自己生气的导火索，你会发现，那真的不是什么大事，是可以解决的，生气只不过是一种发泄，并不会帮助我们解决问题，我们所需要做的是将生气的时间和精力，更好地运用到如何解决问题这件事情上。

一位常常生气的人回忆自己生气的过程：“早晨，他就上班去了，我一个人在家，时而想想过去他的事情，想想横亘在我们之间那些悬而未决的事情，越想越生气，忍不住就会发一条挑衅的短信给他，他通常都是不回我信息，保持沉默。可是，他越是沉默，我就越生气，我那时就开始想象，晚上和他争论的场景。只要他一回来，我的每一句话，每一个动作就散发着浓重的火药味。对此，他常常告诉我，是我自己整天胡思乱想，自己生气，后来，我仔细回想，的确，似乎那些‘怨气’就是自然而然在我心中滋生的，等到我发觉的时候，我已经在生气了。”

想必这样一个生气的过程会给我们自己的情况带来一些启示吧，每个人生气的具体情况不一样，但是，他们那种“气由心生”的过程却是惊人地相似。如果你现在开始探秘自己生气的导火索，你会惊讶地发现，那些所谓的怒火，其实纯碎是“自燃”。

心理启示：

在日常生活中，我们需要养成经常记录自己情绪的习惯，每天，我们要分几个时段来记录，并且，要写下生气的理由，这样可以帮助自己察觉并检测到自己的情绪。如果说“生气”是自己生活中的常客，我们可以找出自己的“情绪温度计”，与心中的怒气来一场“心灵对话”，从而彻底地消灭怒气。

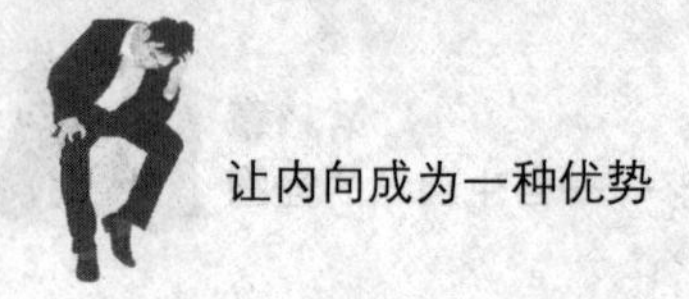

即使犯错了，也别太苛求自己

俗话说：“金无足赤，人无完人。”在这个世界上没有完美的东西，任何事物总有它的长处和短处。每个人都有自己失误的时候，谁也不敢保证自己就是永远的成功者；每个人都有这样或那样的缺陷，谁也不敢保证自己是最完美的。对此，很多内向者忍受不了自己的错误，习惯于拿着放大镜来审视自己的错误，从而陷入深深地自责中，不可自拔，甚至，不能原谅自己。事实上，每个人都会犯错，犯了错误没什么大不了，要敢于正视自己的错误并且改正错误，不能自己生自己的气。

既然错误已经存在，我们需要做的是如何来弥补错误，完善自己，以免再犯类似的错误。一些爱生气的人往往是完美主义者，他们不能够容忍自己的错误，从而导致内心的烦恼、不满情绪滋生不断。其实，这根本是没有必要的，不要用 “成功者”的语言来标榜自己，我们首先要承认自己不过是一个普通人，既然避免不了错误，就要尝试着接受犯错的自己，学会原谅自己，不要纠结在自责中，平复内心的情绪，懂得知错就改，这样，我们才能成为尽善尽美的人。

人与人之间为什么会有永远的伤害呢？其实，这大部分都是因为一些彼此无法释怀的坚持所造成的。如果内向者能从自己做起，宽容地对待自己，原谅自己无意或有意犯下的错误，相信一定会收到意想不到的效果。当我们开启一扇窗的时候，我们会看到更完整的天空。一个人需要宽容，因为宽容是一种美德，是一个人有修养的体现，并且首先，就是宽容我们自己，这样我们就会有更宽广的胸怀去宽容别人。如果连自己都宽容不了，我们又怎么能原谅别人的错误呢？有人说，能够宽容自己的人，他们更容易建立融洽的人际关系。

有一天，一个身材高大魁梧的人走在库法市场上，他的脸被晒得黝黑，而且，还遗留着战场上的痕迹。市场里坐着一个无聊的商人，他看到那个高大的人走过来，便想逗逗这个人，以显示一下自己的搞笑本领。于是，商人将垃圾扔向那个过路人，但是，那个高大的过路人并没有因此而生气，继续迈着稳健的步伐朝前走去。

当那个人走远了以后，旁边的人对无聊的商人说道："你知道刚才你侮辱的人是谁吗？"商人笑着回答："每天有成千上万的人从这里经过，我哪有心思去认识他呀？难道你认识这人？"旁边的人立即惊呼："你连这人都不认识！刚才走过去的就是著名的军队首领——马力克·艾施图尔·纳哈尔。"商人涨红了脸，似乎不太相信："是真的吗？他是马力克·艾施图尔·纳哈尔！就是那个不但让敌人听到他的声音就四肢发抖，连狮子见到他都会胆战心惊的马力克吗？"旁边的人再次肯定地回答："对，正是他。"商人惊恐地说："哎呀！我真该死，我竟做了这样的傻事，他肯定会下令严厉地惩罚我。"

想到关于马力克·艾施图尔·纳哈尔的传言，商人吓得心惊胆战，深深自责自己刚才的错误。他马上关了店门，整个人蜷缩在被子里，等着马力克的惩罚，可是，一天过去了，马力克没有来，一周过去了，马力克还是没有来。虽然，马力克并没有出现，但是，商人内心的恐惧却越来越重，他不能原谅自己的过错。邻居们都来劝慰："马力克将军是多么有修养的人，怎么会跟你计较呢？"商人还是摇摇头，整个人看上去既憔悴又疲惫。

商人已经陷入了自责的心绪中，即使马力克表示已经原谅了他，但是，他走不出自己的心结，那就难逃自责的痛苦。心理学家表示：那些无法原谅自己错误的人，其实是对自己有着严格苛求的人。而商人之所以无法原谅自己，是源于内心的害怕，他不断自责之前所犯下的错误，是因为担心受到相应的严厉惩罚。还有些人，他们没有办法原谅自己的过错，或者深陷自责当中不能自拔，主要原因是对自己要求太严格，或者说，之前给大家留下的印象太美好，一旦错误对印象造成了破坏，他就认为再也没有办法弥补，所以，开始不断地自责，甚至，有的人会为自己人生的某一次错误而忏悔一生。

约翰尼·卡特是著名的灵魂歌手，谁曾想他过去也犯过一次错误呢。在约翰尼·卡特的事业蒸蒸日上的时候，他却感觉到自己的身体已经被拖垮了。为了保证演出，每天，他需要借助安眠药才能入睡，并且要服用"兴奋剂"来维持第二天的精神状态。后来，卡特的恶习越来越严重，以致他对自己失去了控制能力。从此，他不是出现在舞台上，而是更多地出现在监狱里。一天早晨，

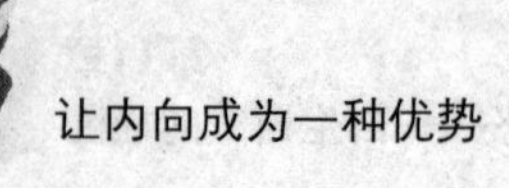

他从一所监狱出来的时候，一位行政司法长官对他说："约翰尼·卡特，今天我要把你的钱和麻醉药还给你，因为你比别人更明白你能充分自由地选择自己想干的事，这就是你的钱和麻醉药，你现在就把这些药片扔掉，否则，你就去麻醉自己，毁灭自己，你自己作出选择吧！"

那一瞬间，卡特醒悟了，然而，自己的过错能赢得歌迷的原谅吗？卡特并不知道，但是，他明白，只有自己才能原谅自己，于是，他开始戒毒，经过了长时间的坚持，他成功了，重新回到久违的舞台。

在那里，他赢得了所有歌迷的原谅，不过，每每谈到过去的回忆，卡特总不忘说一句："我并没有放大我的错误，我只是用自己的行动告诉别人，我可以改正错误。"诚然，我们应该永远记住这样一句话：犯错并不是一件特别严重的事情，千万不要拿着放大镜看待自己的错误，原谅自己吧！

卡内基是美国著名的成功学家，他曾这样写道："通过对全球120名成功人士的调查发现，他们都有一个共同的特点，就是能够建立融洽的人际关系，而正是因为他们有一颗宽容的心，所以，人际关系才会那么好。"

心理启示：

那些大凡取得瞩目成就的人，他们的成功之路并没有一帆风顺，而总是波折不断，或许，他们曾经也犯了不少错误，但是，他们懂得原谅自己，以更加完美的姿态去迎接挑战，最后，才能赢得成功。试想，如果他们总是纠结自己曾经的错误，那么，他们可能会在郁郁寡欢中度过余生。

内向者要学会有效释放压力

一位朋友正在学习弹琴，由于基本功不太扎实，他练起琴来很费力，尽管自己付出了许多辛勤的汗水，可是，就是不见成效。但是，他心里又极度渴望自己在琴技方面能够有所突破，于是，每天强迫自己练琴四个小时。这样，时间一长，他变得非常焦虑，心理上也把练琴当成了一种负担，他常常烦躁地问老师："我是不是练不好了""我还能行吗""怎么这么练都不见效果，我干脆还是不练习了吧""难道我就这么放弃了吗"……老师听了，只是微微一笑："你不要自己到处找气生，放松自己，缓解心中的压力，卸下负担，这样，心情舒畅，琴艺自然会有所进步。"过了不久，朋友的琴艺真的有所进步，而之前弥漫在脸上的阴霾渐渐地散去了。

一个人若是背着负担走路，那么，再平坦的路也会让他感到身心疲惫，最终，他会因为不堪生活的压力而走向不归路。但是，如果我们能平复心境，试着把那些沉重的负担当成一种习惯，用轻松、淡然的心态去看待问题，心境便会变得澄明，所有的压力便会缓解，负担也许会变成一种精神上的享受。

小伟是一个典型的上班族，最近，他似乎感觉到自己陷入了"情绪周期"。每周，从周一到周末，自己的情绪都处于一个相当不安稳的状态，满是烦躁、苦闷，自己也不清楚这是怎么了。

周一，小伟就尽力克制自己不想起床的欲望，躺在床上，他就在想今天又要开会，接受新的工作任务，总结上周的工作。如果自己在上周工作中出了小错，这一天就会感觉到格外有压力。有时候，在路上碰到堵车、有人横穿马路等情况，小伟都忍不住怒骂两声，似乎这样可以消减一下内心的苦闷。

周二，小伟觉得周一可能是一个过渡时间，可是，到了周二，自己就必须面对计划好好工作了。面临繁重的工作，小伟感到焦头烂额，甚至，有时候还会牺牲午休时间来赶工作进度。

周三，每到周三，小伟都是冷着一张脸，陷入情绪最低沉的一天。似乎，周末与女朋友一起玩乐的场景早在忙碌的工作中忘得一干二净，想到周末还有漫长的两天，小伟就感觉心情瞬间沉入谷底。

周四，或许，由于前几天的累积，这一天坏情绪达到了最巅峰，不仅工作效率很低，而且感觉十分疲惫。小伟觉得几天以来积累的坏脾气，几乎在这一天爆发了，如果在这一天受到了主管的责骂，小伟一点也不感觉奇怪，似乎每

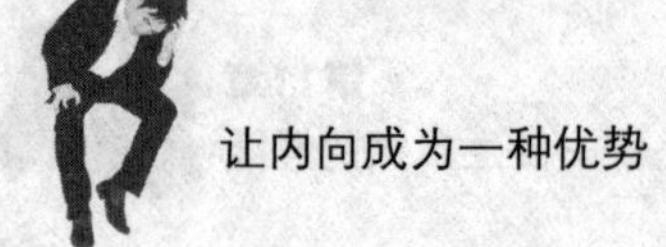

个人都喜欢在这一天发脾气。

周五，小伟觉得，对于自己来说，周五可能才是比较轻松的一天，想到周末马上就到了，工作效率变得很高，心情也变得十分轻松愉快，即使是面对同事的一句挖苦、玩笑，小伟也“大度”地不予计较。

周末，小伟通常的周末时间安排是：周六疯狂地玩一天，周日休息。可是，在周日，小伟的情绪又陷入了焦虑、烦躁中，想到下周的工作，心情越来越烦躁，甚至，周日晚上还会失眠。对此，小伟想大喊一声：“一周的时间，怎么就不能给自己一份好心情呢？”

小伟只是无数上班族代表中其中的一个，在现代社会，越来越多的上班族意识到自己正在陷入“情绪周期”，在一周的时间内，他们的情绪变化与小伟的情绪变化大同小异。即使有时候，他们明白自己生气也不能解决任何问题，但在内心的压力下，他们就是忍不住，而且，情绪的时好时坏已经严重地影响到他们正常的生活和工作。对此，心理学家向我们支招，如何放松自己，缓解心理压力。

1. 星期一综合症

很多公司习惯于将重要的决断和新的工作计划安排在周一，这在一定程度上给上班族带来了巨大的压力感。对此，心理学家建议：想让自己不再抗拒上班，早起比较重要，因为紧张感和时间有密切的关系，早起可以有充裕的时间，不仅能减少内心的焦虑感，而且，还能有时间去吃一份减压的早餐，比如一大杯鲜奶、鸡蛋、牛肉和香蕉等，它们富含的色氨酸能提高大脑内羟色胺的水平，让人产生一种满足感和轻松感。

2. 有效的意象训练

对于很多人来说，周一可能还没有正式进入工作状态，但是，周二人们就不得不面对现实。据最近的一项研究表示：周二上午10点是一周中工作压力的最大峰值，人们感觉到焦头烂额。并且，很多人在这一天会放弃午休时间，抓紧时间工作。对此，心理学家建议：在压力最大的时候，可以做一个意象训练，找一个比较安静的地方，闭上眼睛，做深呼吸，想象自己在坐电梯，慢慢开始数，这样可以有效地缓解心理上的压力，平复情绪。

3. 微笑

心理学家证实了人们这样一个猜想：周三是人们一周中的情绪最低点，也是人们接受信息最多，感觉负担最重的时候。那么，在这一天，最有效的缓解压力的办法就是微笑，想办法让自己笑，比如看看笑话、回忆过去美好的事情，等等。这些都能够帮助自己平复内心烦躁不安的情绪，调整心理，尽快回归到一种正常的情绪中。

4. “黎明前的黑暗”

有人将周四称为“黎明前的黑暗”，这一天不仅是工作效率最低的一天，同时，也是人们疲惫感最强、心情最烦躁的一天。一上班，很多人就会感觉什么都不对劲，环境特别杂乱，身边的人特别的烦，这一切都让人透不过气来。心理学家建议：为了驱赶黑暗，应该将办公室的灯光调到最亮，这会让人的心情变得平稳、快乐。

5. “周末上班焦虑症”

很多人在周末快要结束的时候，就开始陷入对下周工作的焦虑中，结果，越想越烦躁。对此，心理学家建议：可以给大脑设一个开关，该休息的时候就好好休息，该工作时就要全力以赴，不要去想下周工作的事情。如果实在不放心，可以在周末安排一小时想想下周的工作计划，这样，焦虑的心就会平静下来。

心理启示：

在生活中，如果把任何事情都当成一种负担，因为负担，我们就有可能生活在压力、痛苦、烦躁和苦闷之中。相反，如果把一件事情仅仅当成一种习惯，因为习惯可以使一个人在潜移默化、不知不觉中成为自己梦想的那个人。

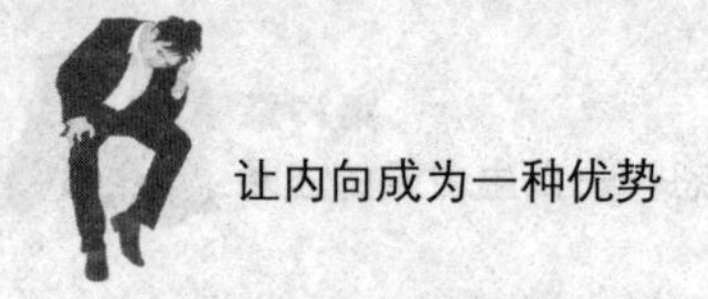

第12章　内向者的心理——天生性格的作祟

内向者对自己目前和未来的生活感到非常迷茫，平时跟家人很少交流，在这样的环境下养成了孤僻的性格。他们内心的独白："不喜欢和别人交流，我喜欢自己一个人静静的，不想和外界接触。"当然，这一切的心理特征都源于内向性格的使然。

内向性格如何形成的呢？

随着科技的日益发展，人们反而更加缺少语言的沟通，变得越来越内向。在我们的周围，总会有这样一群人：他们安静、离群、内省、喜欢独处而不喜欢接触人，也不善言辞，给人的感觉就是他活在自己的世界中。他们的行为特征反映出典型的性格特征，我们称其为内向性格。当然，性格并没有好坏之分，内向性格与外向性格都有自己的长处与缺点。从心理学角度，性格是指对现实的稳定态度以及与之相适应的习惯化行为方式，是人格的一个最关键的方面。而内向是一种用于区分人格类型的简单方法。

那么，内向性格心理到底是如何形成的呢？

有位性格内向的人这样说："我并不讨厌这个世界，不过我实在不知道活着是为了什么。我对身边的任何人和事物都没有特别的喜欢，我希望可以独立存在于一个空间，不必面对这个世界。

每天早上一睁开眼睛，我就觉得好难过，外面的世界对我而言太疲于应对了；而每天晚上回到家，我就觉得浑身轻松。平常休息时，除非有不得已的理由，否则我一定坚持留在家里，不管怎么样也不会出门。我在众人面前觉得自卑，我觉得自己什么都比不上别人，所以我根本不想跟他们进行比较，我尽量不去与别人接触，这样就避免了比较高低的情况。

我不敢向别人提出任何问题，我怕别人说我笨，即便有不得已的问题，我也会在心里默默地试过很多遍才会付诸实践。于是，对于生活和工作中的一些事情，我只是一知半解，最后也只能得过且过了。我心里是极其矛盾的，我希望躲在自己的世界里，但同时我感到无比孤独；我希望有几个知心朋友，不过又担心与这么多人接触；我希望自己可以真正地享受人生，又惧怕去了解生活中的琐碎事情。”

一般而言，内向者具有这样一些心理特征：他们的兴趣与注意指向自身及其主观世界；除了最亲近的朋友之外，不易与他人随便接触，对一般人显得冷淡；待人含蓄、沉思、敏感、严肃；缺乏自信与行动的勇气；喜欢幻想；情绪活动比较稳定；喜欢有秩序的生活。

一般说来，内向性格的形成原因有以下四方面：

1. 先天遗传因素

有的人天生内向，从小就惧怕生人，对于别人的呼唤置之不理，这所有的行为都表现为内向性格特征。这样的人大多是由于先天遗传因素，比如父母中一人性格为内向者，那孩子的性格就有可能倾向于内向。

2. 自我意识敏感

有的人是由于自我意识敏感而产生对他人的“紧张症”、“恐怖症”。举个例子，有的青少年在与异性接触时，过分强烈地意识到对方是异性，结果造成情绪过分紧张，陷入窘境。这样的人不喜欢张扬，不喜欢表露自己内心的东西，从而导致自己的性格内向。

3. 个人经历

性格是一个人在现实生活实践中，在不同环境的相互作用中慢慢形成的。人的生活环境，具体而言，就是人的家庭、学校、工作等，人与环境关系发展的过程就是经历。当然，经历也是形成性格的条件之一。

4. 家庭成长环境

一位内向者说：“小时候父母从来不鼓励我，我提出的问题，他们觉得很好笑，总是严肃地告诉我‘这些事情跟你没关系，你只需要好好学习就行了’。”父母不鼓励孩子交朋友或参加活动，他们只希望孩子好好学习。所以，孩子在进入社会之前，他们的生活圈子只局限于学校和家里。

通常情况下，家庭背景往往是形成内向性格的主要因素。父母通常属于比较冷漠的人，他们深信如果要使孩子绝对服从自己，必须与孩子保持一定的距离。结果是在家里缺少与父母沟通的孩子，在他们长大成人之后，也不敢再尝试与别人沟通，完全将自己封闭起来，沉浸在个人世界里。

心理启示：

内向者的心理世界是什么样的？这是一位内向者的独白："我并不是冷漠无情，我也希望自己能和其他人一样快乐地生活。然而，我最怕的是人，觉得自己什么都比不上别人。和他们在一起感觉不自然，莫名的紧张和恐惧。"内向是一种用于区分人格类型的简单方法。最早由荣格所提出，他认为这是一种可能导致以自我为中心定向以及围绕个人内在世界的主观知觉与认识占优势的人格类型。

内向者更容易获得成功吗？

马蒂·兰妮博士（Marti Laney）是《内向者优势》一书的作者。书中，他提到内向者一般为：享受独处时光、关心深交的朋友，在参加社交活动时表现活跃、淡定、默默无语、三思而言、是一名很好的倾听者，但回到家之后，他们就感到很累；而外向者却相反，他们喜欢成为人们关注的焦点，喜欢结识很多朋友、喜欢闲聊，在说话做事前不加思考、做事情更注重行动力。

在人们生活的外向世界里，内向者常常会被当做一个怪人。甚至，在某些极端的情况下，他们会被认为是"可以任意忽略的人""被驱逐的人"。人们总会给那些安静、沉思的人身上贴许多标签，而这个世界也需要这些人与那些大声说话、滔滔不绝的外向者达成平衡。在世界上究竟有多少内向者呢?

许多研究得出了不同的结论：世界上25%、50%，甚至57%的人是内向者。尽管并非所有内向者都有天赋，但在有天赋的人中，内向者居多。内向者很少展示自己以及自己的行为，他们看起来比较冷漠和神秘。正如我们所看到的，社会总是称赞那些外向性格的优点，许多性格外向的人总是以怀疑的眼光看待性格内向的人所展现的才能。令人遗憾的是，一些性格内向的人自己都经常不能理解自己所作出的贡献。

艾美金像奖的获得者Diane Sawyer，她是《早安，美国》和《周四黄金时间》的著名节目主持人。她被收录于性格内向的著名人物的网络列表，以及很多关于Myers Briggs性格类型的著作之中。

她曾经在几次访谈节目中都谈及自己安静的个性，“人们以为你不可能是性格孤独的人，而且你常常在电视上露面”，她说，“他们都理解错了”。她曾经在自传中这样写道：“她决定从事广播的行业，因为她对写作的渴望，以及对进入男性统治领域的挑战”。自传还介绍说她是“以其沉着冷静、独立超然和职业的举止而闻名。”她凭借内向者先天的优势，详尽的研究，以及采访政治人物如Fidel Castro、Saddam Hussein和Boris Yeltsin等带来很好的名声。毋庸置疑，她成为了自己所在领域的佼佼者。

有人会认为内向者比较害羞，实际上内向与害羞完全没有关系，害羞的人是感觉难堪、不舒适以及不喜欢身边有别人。当内向者独处时，他们感到重新充满活力、精神焕发，而与其他人在一起，就会精疲力尽；反之，外向者在人群中表现得非常活跃、充满动力，不过当他们独处时却显得颓废和无聊。

所以，许多科学家、艺术家和作家都是内向者，他们享受独处时的愉快时光，独自探索，发现新事物。由于这些专业领域通常比较高深，因此存在很多著名的内向者。因此，相对于外向者而言，内向者身上的优势是显而易见的。

1. 外向者易轻率，内向者更稳重

社会欢迎外向者，尽管逼迫或诱导人们趋向外向，带来了普遍的焦虑和紧张。更为关键的问题在于，外向已经改变了人们的思考和行为习惯。他们从小

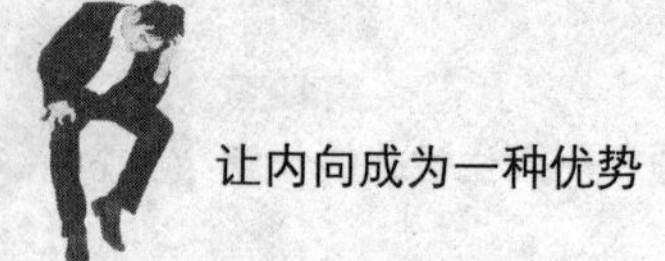

对孩子注重自信的培养，其目的就是希望以后孩子长大后可以表现出绝对自信的样子。尽管这样的方式卓有成效，不过却频频发生状况。比如，外向者亢奋的行为习惯令人做出轻率的决定，从而影响生活和工作。

内向者在很长一段时间内被误解、被忽略，如今应该被人们重新认识。由于内向者更喜欢独处、习惯于孤独，所以有利于培养其创造力。实际上，内向性格、行为表现，实则源于高度应激性。

2. 内向者喜欢思考

由于内向者对新事物的厌恶和恐惧，会促使他们花更多时间在熟悉或动脑子的事情上，因而他们更有可能成为艺术家、作家、科学家和思想家。内向者善于观察来自环境的信息，经常会发现外向者容易疏漏的细节，比如别人情绪或语气中的微妙转变，或者光线太亮，或者某些数据的细微变化，等等。而且，内向者还很善于移情，能够捕捉和区分他人的情绪。

3. 内向者不善交际

内向者并非孤僻不爱交际，他们只是以自己的方式进行社交而已。内向者只需要很少的朋友关系，但喜欢较多的联系和与朋友的亲密相处，因为与其他人交往会花费大量的时间和精力，所以他们不愿意将太多的时间用于交际活动。他们有时容易在交际中默默无语，这是因为内向者更喜欢内容丰富、充实的交谈，并从中可以丰富学识，使自己充满活力。

4. 内向者总活在一个人的世界

人们总认为内向者以自我为中心、孤僻，且又不喜欢交际，认为他们表现得漠不关心。实际上，这是由于内向者认为外部刺激已足够，于是便关闭了接收信息的通道。内向者并非以自我为中心，其实恰好相反。他们只是关注自我世界，以及对感觉和体验进行思考的能力，之后更好地理解其他人。内向者身上被认为是自我中心的东西，事实上正是能够切身理解他人所处境地的能力。

心理启示：

内向者拥有自身的优势，诸如在一对一的工作关系中，与人相处绝对和谐、灵活、独立、自省、有责任感、有创造力、喜欢分析问题、聪明。内向者并不如人们所误解的那样不友善、呆板、缺乏交际能力、不与人沟通、不喜欢接近人、默默无语。如果你是一名内向者，完全没必要为之感到自卑，要敢于发掘并发挥自己高度应激性带来的优势。

内向性格真的不好吗？

有位内向者很无奈地说："我比较内向，父母不喜欢我的性格，还说很多人都不喜欢我这样内向的人。我就决定改变自己的性格，但在改变的过程中却感觉很苦恼。现在我很矛盾，内向的性格真的不好吗？那到底怎样才能改变内向的性格呢？"

我从小就比较内向，而我在成长过程中遇到的一些事情带来严重的阴影，永远驻留在我心里。我记得是还在读幼儿园时，当其他的孩子都爬上树去摘叶子，我也在树下面捡了几片叶子，假装自己是他们的一员。然而，当其他的孩子看到我是从树下捡的叶子，就不屑地指着我说："这个白痴，哈哈……"我红着脸躲开了，从这以后我变得更内向了。小学毕业旅行时被同学捉弄，初中时被调皮的同学堵住教室后门不让离开教室，即便亲朋好友聚会时也不讨长辈喜欢……我甚至不敢直视别人的眼睛，即便面对的是父母。

艰难地熬过高中三年，终于上了大学。因为我听好多人都说大学是很自由的地方，我以为内向的我应该会在大学里过得比较安逸。但事实上，我错得比较离谱。大学是很自由，同时到处都是个人展示的机会。而我只能悲哀地成

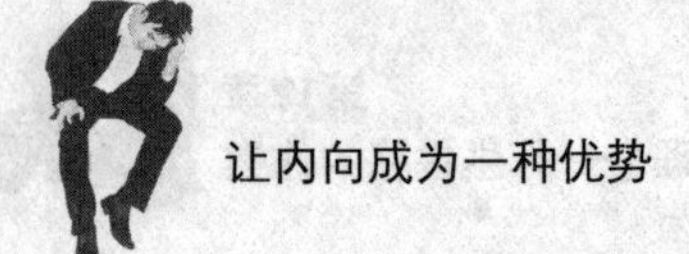

为同学们嘲笑欺负的对象，我遇到最大的挑战就是上台做报告，平时与同学说话都感到浑身不自在，更别说上台当着众多同学在上面演讲了。于是，当我颤颤巍巍地走上讲台，好不容易站定了脚，嘴里艰难地吐出几个字："大家好……"时，下面的同学满脸笑容地望着我，有的甚至开始窃窃私语，我以为他们是在嘲笑我，我的第一个反应便是夺门而逃，教室顿时传来一阵哄笑声。

那些无数内向性格给我造成的阴影，陪伴我至今，也让我痛苦至今。

事实上，内向性格也有显著的优点。比如遇事沉着、善于思考，这是提高工作效率的基本条件。但内向者性格的缺陷则是思想比较狭隘，容易产生自卑感，总喜欢纠结于一些小事，容易忽视大局，这给内向者自身的生活和工作会带来一些影响。所以，对于那些过分内向的人，需要适时改变一些性格不好的方面，这样对于自己未来的生活与工作才会有较大的帮助。

那么，如何改变自己过分内向的性格呢？

1. 正确认识自己

在现实生活中，内向者要正确认识自己，即给自己一个正确的评价。在平时的生活当中多考虑自己应该如何去做，在日常生活中的不同场合，尽量呈现出自己最自然的一面，而不是顾虑别人是否注意你。当内向者与他人交流时，应该看着对方的眼睛，这样可以增加内向者对他人的注意，减少对方对内向者的注意。

2. 多接触陌生人

内向者每天下班后，不要急于回家，可以去人多一点的广场或公园待一段时间，然后将自己的所见所闻记录下来。长时间这样做可以促使自己从个人封闭的空间里走出来，去一些自己以前不敢进入的环境，并且对身边的人进行仔细的观察。渐渐地，内向者对所有接触过却从来不曾留意的事物开始产生兴趣，想在外面逗留的愿望也会日渐强烈，逗留的时间也自然地增加了很多。

3. 学会沟通技巧

生活中，大部分人是内向和外向兼具的。很多性格过分内向的人生活在孤独之中，他们迫切希望拓展自己的生活圈子，让自己的生活变得更加有意义。但是他们缺乏一些基本的沟通技巧，所以，当内向者主动与他人接触之前，需要学习一些基本的沟通技巧。

4. 大胆表达自己的观点

内向者表示："我有一个相伴12年的邻居，但我自始至终都不知道他姓什么，因为我从来没跟他说过话"。假如你愿意跟他打个招呼，那不妨大胆地说出自己的想法。毕竟是邻居，有很多十分便利的条件，比如上下班时问好，这样时间久了也就慢慢熟悉了，而内向者紧张的心理会渐渐平复。

5. 鼓励自己"我很好"

内向者要善于放松自己紧张的情绪，平时进行积极的自我暗示。可以使用一些平静、放松的语句，进行自我暗示，常可以起到缓解紧张情绪，减轻心理负担的作用。在任何时候，内向者都要对自己充满自信心，并不时用内心的语言鼓励自己"我很好"、"我很优秀"。

6. 保持兴趣爱好

内向者需要保持良好的心态，热爱生活。假如想唱歌，就尽情地唱歌；假如很开心，就放声地大笑。在周末休息时，可以邀约三五个朋友一起逛街，一起运动。假如在与陌生人交流时感觉到脸红，不要试图用某种动作去掩饰自己的紧张，这样反而会使你的脸更红，加深内向者的胆怯心理。

7. 学会试一下

内向者要坚定改变性格缺点的信念，生活中不放过任何发言的机会。在日常生活中可以向每天见面却不说话的人问好，比如值班室的大叔、邮递员等等。在与陌生人沟通时，假如遇到自己感兴趣的话题，要大胆而主动地表达自己的观点，不要过分地在乎别人对自己的看法。

8. 学会与身边人聊天

尽管内向者朋友不多，但知心朋友还是有的。对此，内向者要保持与朋友聊天的习惯，并适时注意谈话的技巧。与朋友聊天，除了工作和生活之外，还可以聊聊有趣的见闻、笑话、幽默，只要这样长久地坚持下去，那自然会增加内向者的交际能力。

心理启示：

尽管我们说性格是没有好坏之分的，内向和外向不过是性格的类型而已。但是，假如过分的内向性格已经影响到自己的生活或工作，那内向者就应该考虑如何正确地看待自己的性格，以及适当改变自己的性格。大量事实表明，这是非常有必要的。

沉默对内向者而言是一种睿智

内向者喜欢沉默，尽管容易被人忽视，但这在某种场合却是一种智慧，不会令身边的人感到不安。并且，内向者总是会考虑周全之后再开口，这样说出的话也会更有胜算。大多数外向者喜欢在公共场合发表言论，可是常常说了半天，大家还不清楚他的意思。他们其实是在自己心里稍微有点想法就开始发表自己的看法，于是，在那里东拉西扯半天，也没有清晰的逻辑，让人听了摸不着头脑。

特别是一些公共场合，或者是公司的大会上，一些自作聪明的人头脑发热，在自己没有清晰的表达思路时就开始发表意见。那是一种鲁莽的行为，因为思路不清晰，就不可能表达得很清楚，而且有可能说到中途，思路就断了。这不仅没有达到你发表意见的初衷，也会使自己陷入尴尬的境地，那样就得不偿失了。而内向者恰恰由于其自身性格特点，避免了这一窘境。

性格有些内向的小王是推销家庭吸尘器的推销员，有一次，经一个朋友介绍，他去拜访曾经买过他们公司吸尘器的一位先生的夫人。尽管小王不太喜欢说话，但他还是硬着头皮，一见面就递上自己的名片："您好，我是吸尘器公司的推销员，我叫……"

小王一句话还没有说完，那位夫人就用非常严厉的口气打断了小王的话，并开始抱怨当初买吸尘器时遇到的很多不快的事情，并且说服务态度不好，所报的价格也不实在，吸尘器的质量也有很多的问题，发货时间不准时……

那位夫人一直在喋喋不休地数落小王公司以前的那位推销员，小王静静地站在一旁，认真地听着，一句话也没有说。那位夫人终于把自己的怨气都发泄完了，她稍稍喘了口气，看了看小王，才发现站在身边的这位小伙子相当陌生。她显得不好意思地说："小伙子，你贵姓呀，现在有没有一些好一点的吸尘器，拿一份产品目录给我看看，给我介绍介绍吧。"

当小王离开时，已经兴奋得几乎想要跳起来，因为他的手上拿着两台吸尘器的订单。

俗话说：顾客就是上帝。小王能够成功地做成了那笔生意，在于内向的他懂得沉默。从小王拿出产品目录到那位夫人购买他的吸尘器，他说的话加起来不到十句。但是那位夫人看重的就是小王的实在、真诚，而且小王的善于倾听使那位夫人得到了尊重，所以小王能够成功而回。

内向者常常会在自己没有清晰的表达思路时，选择适当的沉默。他不会急于把自己没有成形的想法说出来，他们总是能够主动把握自己。在沉默中理清自己的逻辑和思路，以等待下一个时机。没有把握的事情，他们不会冒险去做，更不会把自己陷入尴尬的处境。

在日常生活中，内向者不喜欢卖弄口舌，而是选择倾听，尤其是在一些成功人士面前。他们总会觉得自己资历有限，思想的深度和宽度都远远欠缺，这让他们在表达某些想法时就不可避免的有偏差。所以，内向者绝不图一时之快，在大人物面前发表观点，或是将一些不成熟的想法说出来令自己陷入难堪的境地。他们只会选择做一个安静的听众。

心理启示：

尽管我们常说内向者因不善于言辞而影响其生活和工作，但事实上，即便是一个外向者，我们也会要求他在毫无头绪的情况下给自己沉默的空间，这种形式上的静止，并不代表思考的停滞，那些有深度的思想，正是来源于那看似沉默的思考过程。在这方面，内向者所拥有的是天然的性格优势。

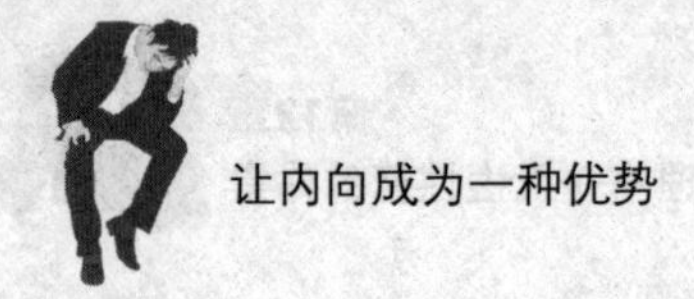

内向者有哪些优点?

我们不可否认，不仅是职场，这个世界看起来似乎早已成为外向者的天下。事实上，性格内向的人并不需要假装自己很外向，其实，内向的性格也可以成就伟大的事业。因为内向者的一些特征，诸如注重深度、清晰准确的表达、习惯孤独等，使他们更容易成为卓越领导者。尽管我们的文化更倾向于性格外向的人，尤其是职场中，“性格外向”“开朗乐观”“擅长沟通”已经是对每一位应聘者的基本要求。但是，这仅仅是我们理所应当的情况，现实生活中内向的CEO比我们通常以为的要多得多，根据一项统计，美国40%的商业权力掌握在性格偏于内向的人手里。

苏珊·凯恩认为，如果这个世界没有内心丰富的人，也就不复存在万有引力论、相对论、W. B. 叶芝的《第二次圣临》、肖邦的夜曲、普鲁斯的找寻失去的时间。甚至，她用记者威尼弗雷德加拉赫的话来论证：“停下来思考而不是着急的去行动，性情中的闪光在于它对智慧和艺术的成就有深刻的影响。不管是爱因斯坦的质能方程，还是《失乐园》的创作，都不是热衷于参加社交聚会的人仓促写出来的。”尽管大部分内向者是孤独的，但他们恰恰是孤独的骄傲，所以，请为他们喝彩。

比尔·盖茨，自称为孤独的奔跑者。

比尔·盖茨从小就是一个偏内向的人，给人的印象就是木讷，不过却是极其聪明的。他有着惊人的记忆力，通常总是一个人看书，一个人回家。即便是上了大学，最初接触计算机，比尔也是习惯一个人待着，他思考着、努力着，最终创造了微软世界。

比尔认为，自己就是那个孤独的奔跑者。少年时期的比尔就读于西雅图湖滨中学，学校边上有一个小湖，比尔坚持去湖边跑步。有一次，天空下着大雪，比尔编好一段程序后想出去活动一下。虽然外面下着大雪，不过比尔还是依然换了跑鞋打算沿着湖边跑步。这时的路面、湖面已经是白茫茫地一片，天色越来越黑，路上几乎没有什么行人，比尔像往常一样跑步。望着周围空无一人，比尔瞬间感到了孤独。不过，因为比尔正在奔跑着，他感到欣慰，因为奔跑着的自己注定是孤独的，只有承受住旅途中的孤独才可以迎来人生的辉煌。比尔的步伐更加坚定，他的身姿也更加矫健，平坦的步道上留下了比尔坚定而稳健的步伐。

比尔·盖茨这位孤独的奔跑者，最终跑向了世界。童年的比尔并不喜欢主动与人接触，他不善言辞，喜欢独处但并不在意别人的意见。比起与其他人相处，他更愿意钻研新技术。而美国总统奥巴马成功颠覆了“害羞的人无法在政治选举中取胜”这一成见。因为喜欢独处的奥巴马从政之前从事学术工作，工作履历上都是偏内向的职业，此外他还喜欢写作。

尽管内向者是孤独的，但他却是孤独的王者，其身上有着不可多得的王者之风：

1. 思想有深度

在现实生活中，内向者追寻事情比较倾向于深度而非广度，他们喜欢挖掘事情背后的真相，从而获取他们想要得到的信息。与外向者相比较，他们会更加细心和谨慎，更容易看清事情的真相并作出明智的决定，等到这件事完成之后再继续处理新问题和新点子。假如需要与其他人交流，他们也更热衷于进行有意义的谈话，认真地聆听并提出有见地的解答，而不是无谓的闲聊。

2. 谨慎

内向者很少会说出不谨慎的话，他们在开口之前，往往会仔细斟酌，就如同书写下来的文字报告一样有着准确、清晰的观点。在与他人的沟通过程中，他们也会认真思考对方的言辞和评论，然后经过一番思考之后做出回应。比如在公司会议中，他们通常可以在嘈杂的人群中保持清醒和冷静，然后做出判断和回应。事实上，公司会议上最沉默的那个人，往往掌握着决策权。

3. 善于倾听

内向者更善于倾听，他们喜欢关注细节，并在倾听过程中获取自己所需要的信息，以掌握公司的真实情况，从而减少人力资源方面的成本。比如，用一句温暖的话让原本打算辞职的重要员工改变主意。其实，内向者更适合做领导者，因为他们可以在工作中倾听并鼓励员工实施自己的想法，他们所起的就是

调节的作用，而非外向者领导类型所起的决策作用。

4. 稳重

自信的内向者，他们的自信往往是稳定的，是忙而不乱的，他们的秘诀就在于有备而来。对于一些重要的工作，内向者会早早地开始策划，甚至经常会准备备用方案。这样一来，他们在关键时刻总可以胸有成竹、心平气和地表达出自己的意见，丝豪不会受到外界环境的干扰或影响。内向者身上这种稳重、自信、平和的心理特征，往往可以赢得周围人的信任。

有心理学家专门做过研究：喜欢一个人训练的人总是容易获得精湛的技术，这些技术包括体育方面、乐器演奏，或是学生的考试等等。一个人训练保证了在大家一起训练时无法达到的练习强度，被训练者的精神也更加集中。所以，一个人在独自工作时的效率将更高，而这无疑是内向者所喜欢的方式。众所周知的“头脑风暴”并非产生好主意的唯一方式，独自思考的效果有可能更加理想。

心理启示：

外向者非常自信、勇于进取的个性，一旦过度，就会给自己带来一些不必要的麻烦，假如过度自信，可能会让他们在一些重大事情上做出错误的决策。不仅如此，外向者有可能会忽略即将到来的风险，而为了追寻丰厚的回报而不顾一切地向前冲。而对于内向者而言，他们非常谨慎，所以在做决定时会诸多考虑，因而做出更加理智的决定。

内向者与众不同吗？

内向者，只因唯恐与别人不一样，便会忘其所以的和别人挤在一起卷来卷去，结果把别人的方向当成自己的方向。人们也怕离开了跑道去给自己另辟蹊径会被认为淘汰出局，而只得盲目地继续跟着别人奔跑，以在跑道上的胜利为胜利，以能参加众人的拥挤为安全或成就，而却不知这是一种自我迷失，是一种对内向者个人能力的约束与障碍。

把眼光盯住别人不放，以别人的方向为方向，总难超越别人。要想有成就，你得自己开路，而你所开的路因为有你自己的理想、见解与方式，所以是你所独有的。生活毕竟是活生生、真切切的，回到现实中才发现，抱怨失落并不会解决任何问题，希望、奢望也只能如肥皂泡般不堪一击。所以，不要寄希望于高人能一语道破天机，传你点金之术，真正的高人就是你自己，适合自己的道路需要自己去探索。天下根本就没有一蹴而就的成功，也没有包治百病的灵丹妙药。

1888年，法国巴黎科学院发起关于"刚体绕固定点旋转"问题有奖征文，征文条件规定：应征论文的作者除提供论文外，还必须附一条格言。在许多应征的论文中，有篇论文所附的格言格外显眼："说自己知道的话，干自己应干的事，做自己想做的人"。这句名言出自38岁的俄国女数学家苏菲·柯瓦列夫斯卡娅之手。

柯瓦列夫斯卡娅实现了自己的格言："做自己想做的人"。在妇女处于被压迫、被奴役的悲惨地位的十九世纪，她成了走进法国巴黎科学院大门的第一个女性，成了数学史上的第一位女教授。

人生只属于自己，一味遵循他人的思想，不敢面对真理是懦弱的表现，这样的人生是一种悲哀，我们应该成为主宰自己生命的人。亨利曾经说过："我是命运的主人，我主宰我的心灵。"做人应该做自己的主人，应该主宰自己的命运，不能把自己交付给别人。生活中有的人却不能主宰自己，有的人把自己交付给了金钱，成了金钱的奴隶，有的人把自己交付给了权力，成了权力的俘虏，有的人经不住生活中各种挫折与困难的考验，把自己交给了上帝！

做自己的主人，就不能成为金钱的奴隶，不能成为权力的俘虏，要不失自我，在各种诱惑面前保持自己的本色，否则便会丢失自己。过于热衷于追求外物者，最终可能会如愿以偿，但却会像差役一样把最重要的一样给丢了，那就

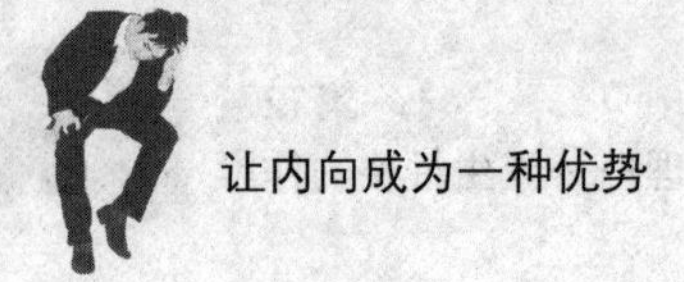

是自己。

我们有权利决定生活中该做什么，不能由别人来代做决定，更不能让别人来左右我们的意志，而自己却成了傀儡。其实，只有自己最了解自己，只有自己的决定才是最好的。我们应该做命运的主人，不要屈服于命运，要向命运发起挑战，最终战胜它，成为自己的主人，成为命运的主宰。

小泽征尔是世界三大交响乐指挥家之一。他年轻的时候，在一次世界优秀欧洲的交响乐指挥家大赛的决赛中，他按照评委给他的乐谱指挥乐队演奏。指挥中，他敏锐地发现有不和谐的地方。起初，他还以为是乐队演奏出了错误，就停下来重新指挥演奏，但还是不对。“是不是乐谱错了？”小泽征尔问评委们，但是，在场的评委们都口气坚定地说乐谱没有问题，“不和谐”是他的错觉。

面对一大批音乐大师和权威人士，小泽征尔思考再三，最后斩钉截铁地说：“不，一定是乐谱错了！”话音刚落，评委们立刻报以热烈的掌声，祝贺他大赛夺魁。

原来，这是评委们为参赛者精心设计的一个“圈套”。虽然前几位参赛者也发现有些不对，但遭到权威们的否定后便以为这仅是自己头脑中的一个错觉。而小泽征尔却坚定自己的判断，不盲从权威，最终夺取了这次大赛的冠军。

在社会生活中，不管做什么，都要坚持自己的判断，自己的原则。这里的原则既包括做事的方法，也包括为人处事的立场、主见。如果一味地迁就、顺从别人，实际上是软弱的表现。过于软弱，就会逐渐失去自信心，而没有自信的人是很难成就什么大事业的。

走自己的路，必须要学会背对一切袭向自己的冷嘲热讽，摆脱无谓的愤懑或消沉心理的无端困扰，然后披荆斩棘，逢山开路，遇水搭桥，并且趁自己在途中小憩的时候，回顾自己所走过的路，总结一下自己得到了些什么，又失去了些什么，走到了何处，又看见了些什么。

心理启示：

是的，走自己的路在很多时候、很多情况下意味着是在进行最富有意义的生命之旅。在这个旅程中，也许你会陷入“山重水复疑无路”的孤绝境地，但如果你给予自己强大的勇气和精神支柱，坚定自己的目标并勇敢地走下去，或许就会迎来“柳暗花明又一村”的绝佳境地。

下篇

如何改变内向的性格

生活中有很多人，认为自己的性格太内向而苦恼，在社交中好像不太受欢迎。确实性格太内向很不利于自身的成长和发展。内向并非不好，但是太过内向，常常会妨碍自己与他人的交流。那么，如何改变太内向的性格呢？

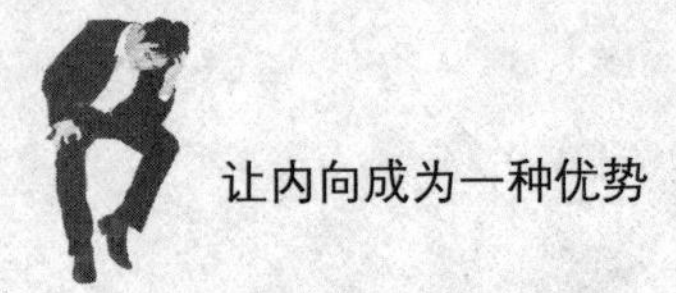

第13章　智慧策略——挖掘自己，追逐成功

内向者总觉得自己各方面都不如外向者，平日里习惯自怨自艾，好像自己没有什么擅长的，也根本不知道应该做什么。实际上，不论是内向者还是外向者，每个人的心里都有巨大的潜能等待着被挖掘。不逼自己一把，又怎么知道自己有多么优秀呢?

总是缩手缩脚，不勇敢怎么能行

勇气是任何事业成功的基础，内向者缺乏勇气，甚至恐惧缠身，自然会一事无成。有些事固然是看起来容易，做起来难，但现实中也有许多事情，是看似很难，实际上做起来并不像想象的那样困难。有时正是自己的畏惧，加剧了自己的怯懦，不敢努力去实践，甚至放弃目标。当然，对困难予以充分的估计是必要的，但不能因此而失去勇气。

我们应充分看到自己的能力，鼓起勇气，树立自信，同时辅之以积极的自我暗示，自我激励。如“这点区区小事不值得害怕”，“别人能做到我也能做到”，从而为自己打气，壮胆。在困难与阻力面前要有一股敢斗的勇气和气势，从而战胜自己的畏惧怯懦，迎着困难与压力迈出关键的第一步，并义无反顾地大胆往前走，这样成功与希望就会向你招手。

瑟曼是一名普通的学生，她从小就怕水，因此十分畏惧游泳课。每次，瑟曼看着在水中游泳的朋友们，心里就会涌上一种不舒服的感觉。面对朋友的邀请，瑟曼只能说：“我怕水，所以不想下水。”朋友们笑着怂恿：“不要因为怕水，你就永远不去游泳……”看着朋友们像海豚一样在水中自由的嬉戏，瑟曼满是羡慕，但是，她觉得自己还是不够勇敢。

一个月后，朋友邀请瑟曼去温泉度假中心，瑟曼终于鼓起勇气下水了，但是，她还是不敢游到水深的地方。朋友鼓励她："试试看，让水没过自己的头顶，看会不会沉下去。"瑟曼大吃一惊："你说什么？"内心畏惧的瑟曼摇了摇头，朋友亲自做了一次示范，在朋友的坚持下，瑟曼小试了一下，她发现朋友说得没错，这真是一种奇妙的体验。朋友笑着说："看，你根本淹不死，为什么要害怕呢？"

尼采说："当我们勇敢的时候，我们一点也不认为自己是勇敢的。"有时候，内心畏惧是源于我们总是不断地逃避问题，那些怯弱而畏惧的人通常都是这样。其实，当我们试着改变自己的内心，让自己的内心变得强大起来的时候，我们会惊讶的发现，克服挫折不过如此，它容易得就像是跨过一道门槛。但是，如果总是任由内心畏惧而不去改变，那么，我们将失去许多成功的机会，因为幸运总是降临在那些有着强大内心、坚韧精神的人身上。

内心畏惧的人常常表现为害怕困难，意志薄弱，惧怕挫折，内心异常脆弱。遇到挫折，他们总是习惯性退缩或者消极抵抗，不愿意冒险，惊慌失措而不知如何是好。其实，内心越是畏惧，挫折就会变得越来越强大；而内心越是强大，挫折就越会变得不堪一击。我们要想成功地战胜挫折，首先应该战胜自己内心的畏惧，让自己变得强大起来，挫折与困难才会迎刃而解。

日本三洋电机的创始人井植岁男，成功地把企业越办越好。有一天，他家的园艺师傅对井植说："社长先生，我看您的事业越做越大，而我却象树上的蝉，一生都坐在树干上，太没出息了。您教我一点创业的秘诀吧？"井植点点头说："行！我看你比较适合园艺工作。这样吧。在我工厂旁有2万坪空地，我们合作来种树苗吧！树苗1棵多少钱能买到呢？""40元。"

井植又说："好！以一坪种两棵计算，扣除走道，2万坪大约种2万棵，树苗的成本是不到100万元。3年后，1棵可卖多少钱呢？""大约3000元。""100万元的树苗成本与肥料费由我支付，以后3年，你负责除草和施肥工作。3年后，我们就可以收入6000万元的利润！到时候我们每人一半。如果树没有种好，我承担亏损，你没有工资。"听到这里，园艺师傅却拒绝说："哇？我可不敢做那么大的生意！还是拿我的工资好。"最后，他还是在井植

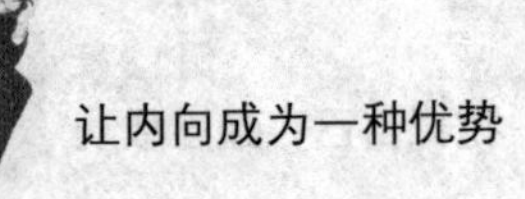

家中栽种树苗，按月拿取工资，白白失去了致富良机。

很多时候并不是你的能力不行，也不是你没有机会成就大事业，而是你信心不足，勇敢不够，骨子里成长着一种天然的惰性，一遇上困难就妥协了，退缩了，放弃了。成功者不是这样，他们敢于与命运抗争，劲头十足，不断前进，直到取得自己满意的结果。

人生的种种历练，对于我们来说，可能是一种折磨，但是，它更是一种锤炼，暂时的痛苦算不了什么，只要心中有勇气，一次次经受住磨炼，不畏困难，最后，我们定能炼就出一块坚韧的好钢。在日常工作中，我们也会遇到种种困难，有成功就有失败，有喜悦就有泪水，但是，哪怕是失败和眼泪，它所能带给我们的依旧是不断地尝试，而不是最终的结果。失败算不了什么，关键是你不能失去坚持下去的信心，以及那份深藏内心的坚韧。

心理启示：

心怀勇气，有信心攻克难关，最后，你就会赢得工作上的成功。谁也不想拥有碌碌无为的一生，人人梦想一生成功、富贵，可是只有少数人与成功、财富结缘。内向者常抱怨自己没有遇到好机会、生不逢时，然而机会一旦降临，你是否有足够的勇气和胆识去把握？因为坚韧，百炼成钢，只要心中怀着勇气，自己就毫不畏惧。

一切皆有可能，随时为自己喝彩

大屏幕上一次次的颁奖，令人心动不已，谁都想走一次红地毯，谁都想触碰奖杯的荣誉，人生若是得此殊荣，自然是一种幸运，一种辉煌。但是，如此巨大的荣誉和成功却不是每个人都能得到的。生活中的内向者自我感觉如此平凡，但是，请不要忘记为自己加油喝彩。美国的一位心理学家曾说：“不会赞美自己的成功，人就激发不起向上的愿望。”随时为自己加油往往能带给自己欢乐和信心。当你的信心增强了，又会激励你获得更大的成就，与此同时，你的自信心将会进一步增强。

但在现实生活中，许多性格内向的人对自己缺乏信心，他们总是期望得到别人的掌声。对于这样的情况，一位成功人士说：“别在乎别人对你的评价，否则，反而会成为你的包袱，我从不害怕自己得不到别人的喝彩，因为我会记得随时为自己鼓掌。”在人生的路途中，我们要保持思路清晰，随时为自己的壮志加油喝彩！

生活中有许多困难与挫折，面对这些困境，内向者总是不由自主地说“我不能……”在这样一种心理的影响下，他们不敢正视现实中的挑战，对自己缺乏信心，最后导致自己的潜力并没有得到充分的发挥。其实，许多人之所以不能成功的原因在于：缺乏自信，总是被“我不能”的心理所左右。因此，不妨试着把“我不能”的心理放下，相信自己，为自己加油鼓劲，用积极乐观的心态来面对一切，这样那些困难与挫折可能根本不算什么。

孩子们总有不能做到的事情：“我无法完整地背出太长的课文”、“我不会骑脚踏车”、“我不知道怎样才能让别人喜欢我”……把这些不能做到的事情写下来，将纸对折，放进一个空的鞋盒里。然后在院子里挖一个坑，将那个鞋盒埋在“墓穴”里，孩子们，手拉着手，低下头，准备默哀，一起参加“我不能”先生的“葬礼”，“我不能”先生在世的时候，曾经与孩子们的生命朝夕相处……“我不能”几乎每天都要出现在各种场合，当然，这对于孩子们来说是非常不幸的……孩子们更希望“我可以”、“我愿意”、“我立即就去”……愿“我不能”先生安息吧，也祝愿每一个孩子都能够振奋精神，勇往直前！

永远不要让“不可能”禁锢自己的手脚，对自己要充满信心，随时为自己加油，勇敢地向前迈一步，坚持到底，那么，“不可能”就变成了“一切皆有可能”。不可否认，为自己加油是找回自信的最佳途径。不断地为自己加油，告诉自己“我一定能行”，通过肯定自己来不断地增强奋力向前的信心，从而获得成功。

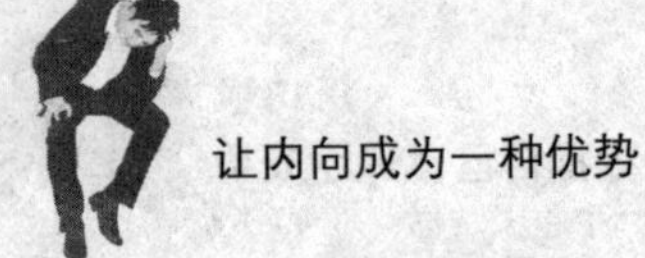

无论是生活中还是工作中，我们都难免会遭遇到坎坷、曲折、磨难，这时，我们会感到痛苦、迷茫，但是，这些都不是最可怕的，可怕的是自己先否定了自己，自己摧毁自己。

心理启示：

所以，在这关键时刻，内向者更需要相信自己，为自己加油，要坚信命运的钥匙永远掌握在自己的手中。摔了跟头，应该立即爬起来，掸掸身上的尘土为自己鼓劲，为自己喊一声“加油”；当我们取得一次小成就的时候，应该对自己说“我真棒”；当困难来临的时候，记得给自己打气，对自己说“我一定能行”。那些能为自己加油、喝彩的人，他们一定是生活中的强者。

大胆创业，即使失败也可以重来

成功常常与冒险为伍，内向者，你是否有过冒险的经历呢？许多人在大学毕业后靠着家里的关系进了国企、民营企业，拿着一份不菲的薪水，每天过着擦桌子看报纸的安逸生活。尽管生命还有很长的一段路，但他们却早早地过着衣食无忧的生活。或许，这是上天的眷顾，然而，这也是上天的考验。太年轻就选择停滞不前，人生最终也不过如此。人就应该富有冒险家般的精神，大胆创业，即使失败了也可以重来。

大陆私营企业领军人物，新希望集团总裁刘永好，曾是四川省机械厅干部学校讲师。在他还没有创业时，他是一个生活不是很富裕的人，后来，他与几位兄弟相继辞去公职，卖掉自己的自行车、手表等一切值钱的东西，凑足1000元人民币，到川西农村创业，办起良种场。

万事开头难，刘氏兄弟的第一笔生意差点就让良种场夭折。当时，资阳县一个专业户向他们预订了10万只良种鸡。种种原因，对方后来只要了2万只，剩下的8万只鸡怎么办？打听到成都有市场后，他们连夜动手编竹筐，此后四兄弟每日凌晨4点就开始动身，先蹬3个小时自行车，赶到20公里以外的集市，再用土喇叭扯起嗓子叫卖。等几千只鸡卖完，拖着疲惫的身子蹬车回家时，早已是月朗星疏了。这样，十几天下来，四兄弟个个掉了十几斤肉，但所幸的是8万只鸡苗总算全脱手了。并且还收获了30万元现金，为刘氏兄弟掘到了“第一桶金”

回顾这段经历，刘永好说，为了创业我投下了一切赌注，如果干不下去，我的公职、财产将一无所有，所以再苦再难，也要往前走。无论再艰辛，压力再大的事儿，只要沉下心来去做了，这一关就总能挺过来。

内向者，必须给自己一片没有退路的悬崖，大胆创业。从某种意义上来说，正是给自己一个向生命高地发起冲锋的机会。当一个人面临后无退路的境地，人才会集中精力奋勇向前，从生活中争得属于自己的位置。出路还没打探明白的时候，就先开始筹划退路，这势必会影响他们开拓新生活的冲劲，进三步退两步，很难有根本性地改变。

罗马纳·巴纽埃洛斯是美国第34任财政部长。但在当初，她只是一位贫穷的墨西哥姑娘，16岁就结婚了，后来离开了丈夫，独自抚养两个儿子。但是，她决心谋求一种令她自己及两个儿子感到体面和自豪的生活。于是，在梦想的支撑下，口袋里只有7美元的她，带着两个儿子乘公共汽车来到洛杉矶寻求更好的发展。

最初她做洗碗的工作，后来找到什么活就做什么，拼命地攒钱直到存了400美元后，便和她的姨妈共同经营玉米饼店，结果非常成功，并开了几家分店。不久，她经营的小玉米饼店铺成为全国最大的墨西哥食品批发地，拥有员工300多人。

在经济上有了保障之后，巴纽埃洛斯便将精力转移到提高她美籍墨西哥同胞的地位上。她和许多朋友在东洛杉矶创建了“泛美国民银行”。这家银行主要是为美籍墨西哥人所居住的社区服务。如今，银行资产已增长到2200多万美元，但她的成功确实来之不易。

当初，有人告诫她说：“美籍墨西哥人不能创办自己的银行，你们没有资

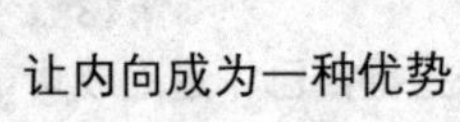

格创办一家银行，同时永远不会成功。”就连墨西哥人也说：“我们已经努力了十几年，总是失败，你知道吗？墨西哥人不是银行家呀！”但是，她始终不放弃自己的梦想，努力不懈。

如今，这家银行取得伟大成就的故事在东洛杉矶已经传为佳话，巴纽埃洛斯也成为美国第34任财政部长。

创业是一切成就的起点。只有确立了前进的梦想，内向者才会最大可能地发挥自己的潜力。不仅仅是梦想，更需要行动起来，只有在实现梦想的过程中，我们才能够检验出自己的创造性，调动沉睡在心中的那些优异、独特的品质，才能锻炼自己、造就自己。爱因斯坦曾说：“想别人不敢想，你已经成功了一半。做别人不敢做的，你就会成功另一半。”

成功是没有秘诀的，敢想敢做，给自己定一个创业目标，然后努力，全身心努力，终会有所收获。敢想可以使一个人的能力发挥到极致，更可以逼得一个人献出一切，排除人生道路上的所有障碍去争取成功。千万不要抱怨自己运气不够好，因为唯有行动才能够改变自己的命运。行动就是力量，十个空洞的幻想不如一个实际行动。

心理启示：

创业，最重要的就是勇敢尝试，敢于不计后果，不要有过多地顾虑，敢于想到什么就马上去实践，哪怕有时需要承担一些风险，也要勇敢地去尝试创业。假如去尝试创业就有可能取得成功，假如不敢去尝试，那就永远也不会成功。

不逼自己，永远不知道自己有多优秀

在生活中，许多内向者不敢追求成功，原因并不是追求不到成功，而是他

们在还没有开始追逐之前就在心里默认了一个“高度”，这个高度常常暗示自己：成功是不可能的，这是没办法做到的。“心理高度”成为了他们无法取得成功的根本原因之一，自我设限是一件很悲哀的事情，跳蚤并非失去了跳跃的能力，而是他们在受挫之后变得麻木了、习惯了。所以，我们要将成功的信念注入血液之中，不断地告诉自己“我能行”、“我努力就一定能成功”、“我是最优秀的”，不断增强自信心，勇于向成功奋进。内向者，如果你不逼自己一把，那你根本无法想象你是多么的出色。

1900年，著名教授普朗克和儿子在花园里散步，他看起来神情沮丧，很遗憾地对儿子说：“孩子，十分遗憾，今天有个发现，它和牛顿的发现同样重要。”原来，他提出了量子力学假设以及普朗克公式，但是，他沮丧这一发现破坏了他一直很崇拜并虔诚地信奉为权威的牛顿的完美理论，他终于宣布取消自己的假设。不久之后，25岁的爱因斯坦大胆假设，他赞赏普朗克假设并向纵深处引申，提出了光量子理论，奠定了量子力学的基础。随后，爱因斯坦又突破了牛顿的绝对时间和空间的理论，创立了震惊世界的相对论，并一举成名。

对自己的怀疑，常常会让我们失去了成功的机会，或是让我们放慢了前进的脚步。普朗克对自己的怀疑，使整个物理学理论停滞了几十年。所以，任何时候，都切莫怀疑自己，而是努力、勇敢地证明自己，这样我们才有可能站在成功的顶峰之上。

1796年的一天，在德国哥廷根大学，19岁的高斯吃完晚饭，就开始做导师单独布置给他的每天例行的两道数学题。像往常一样，前面两道题在2个小时内顺利地完成了。但高斯发现今天导师给他多布置了一道题。第三道题写在一张小纸条上，是要求只用圆规和一把没有刻度的直尺，画出一个正17边形。高斯感到非常吃力，时间很快就过去了，但是，这道题还是没有一点进展，高斯绞尽脑汁，但是，他很快发现自己学过的所有数学知识似乎都不能解答这道题。不过，这反而激起了高斯的斗志：我一定要把它做出来！他拿起了圆规和直尺，一边思考一边在纸上画着，尝试着用一些超常规的思路去找出答案。

天快亮了，高斯长舒了一口气，他终于解出了这道难题。见到导师时，高斯有点内疚：“您给我布置的第三道题，我竟然做了整整一个通宵，我辜负了

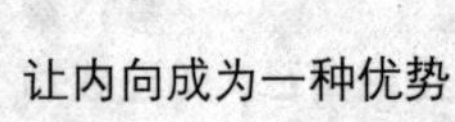

您对我的栽培……”导师接过学生的作业一看，当即惊呆了，他用颤抖的声音对高斯说：“这是你自己做出来的吗？”高斯有点疑惑：“是我做的，但我很笨，竟然花了整整一个通宵才做出来。”导师激动地说：“你知不知道，你解开了一道两千多年历史的数学题，阿基米德没有解出来，牛顿也没有解出来，你竟然一个晚上就做出来了，你真是天才啊！”原来，导师误把这道难题交给了高斯。后来，每当高斯回忆起这一件事时，总是说：“如果有人告诉我，这是一道两千多年历史的数学难题，我可能永远也没有信心将它解出来。”

我们应该永远记住一句话：你比自己想象中更优秀。因为我们每个人所拥有的潜能都是无穷的，我们所展现出来的只是九牛一毛，还有更多的等待我们去挖掘。相信自己，多给自己一份肯定，自己永远比想象中优秀，这样，你才会成功地挖掘出自己的潜在价值，从而使自己变得更优秀。

心理启示：

许多内向者不明白自己的价值所在，他们也不知道自己到底具有多大的潜能，所以，谁也不知道自己到底会有多么伟大。事实上，一个人的价值有时候是显性的，但在很多时候都是隐性的，而在每个人的身体里，都蕴藏着巨大的能量，这就是我们的价值所在。只要我们勇于去寻找真实的自我，激发出自己无穷的能量，就能够彰显自身的价值，这会让我们人生的每一刻都过得精彩。

因为平凡，所以只能更努力

许多内向者觉得自己很平凡，能力很普通，先天条件的欠缺导致他们对自己丧失信心，在他们看来，无论自己如何努力，最终都只会成为一个平庸的人。既然抱着这样的想法，他们就已经不想努力了，浑浑噩噩地生活着，甚至有的人选择了自甘堕落的生活。然而，内向者浑然忘记了成功的路上从来都不是一帆风顺的。许多人也曾迷茫过，也曾不知道未来究竟在哪里。但是，他们却以自己成功的经验告诉我们：相信梦想，梦想自然会回馈于你，努力比任何东西都来得真实，用坚韧换机遇，用时间换天分，哪怕走得很慢，但终会抵达。

有一个孩子想不明白自己的同桌为什么每次都能考第一，而自己每次却只能排在他的后面。

回家后他问道："妈妈，我是不是比别人笨？我觉得我和他一样听老师的话，一样认真地做作业，可是，我为什么总是比他落后？"妈妈听了儿子的话，感觉到儿子开始有自尊心了，而这种自尊心正在被学校的排名伤害着。她望着儿子，没有回答，因为她不知道该怎么样回答。又一次考试后，孩子考了第20名，而他的同桌还是第一名。回家后，儿子又问了同样的问题。她真想说，人的智力确实有高低之分，考第一的人，脑子就是比一般人的灵。然而这样的回答，难道是孩子真想知道的答案吗？她庆幸自己没说出口。

应该怎样回答儿子的问题呢？有几次，她真想重复那几句被上万个父母重复了上万次的话——你太贪玩了；你在学习上还不够勤奋；和别人比起来还不够努力……以此来搪塞儿子。然而，像她儿子这样脑袋不够聪明、在班上成绩不甚突出的孩子，平时活得还不够幸苦吗？所以她没有那么做，她想为儿子的问题找到一个完美的答案。

儿子小学毕业了，虽然他比过去更加刻苦，但依然没赶上他的同桌，不过与过去相比，他的成绩一直在提高。为了对儿子的进步表示赞赏，她带他去看了一次大海。就是在这次旅行中，这位母亲回答了儿子的问题。

母亲和儿子坐在沙滩上，母亲指着海面对儿子说："你看那些在海边争食的鸟儿，当海浪打来的时候，小灰雀总能迅速地飞起，它们拍打两三下翅膀就升入了天空；而海鸥总显得非常笨拙，它们从沙滩飞向天空总要很长时间，然而，真正能飞越大海横过大洋的还是它们。"

"海鸥总显得非常笨拙，它们从沙滩飞向天空总要很长时间，然而，真正能飞越大海横过大洋的还是它们。"平凡又怎样，不起眼又怎样，只要你努

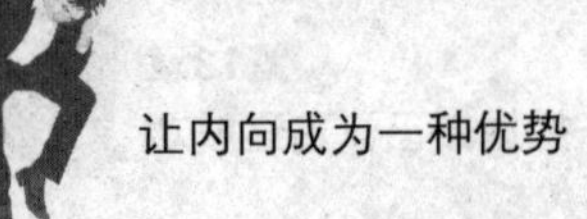

力，一样可以飞过大洋。当我们在讨论这个问题的时候，年轻人应该反思的是自己是否努力过，如果你连努力都没有，又何必抱怨这个社会太现实呢?

我们都听过龟兔赛跑的故事，兔子机灵，跑得快，它以为自己胜券在握，所以安心地睡起了大觉。谁知道看起来慢吞吞的乌龟，却以自己百倍的努力以及坚持不懈的精神最先到达到了终点。谁能笑到最后，还真是不一定。

大学毕业后，威廉的求职战役正式打响了。他向大部分知名企业投递了大概20多份简历。那真是一段最苦不堪言的岁月，他天天跑招聘会，而自己的努力却看不到任何回应，那些投递出去的简历如石沉大海杳无音讯。好不容易有一家公司通知面试，但在面试的过程中依然是曲折坎坷。

威廉在笔试上失意过，在群面时因插不上话而被刷掉，和很多求职的年轻人一样，他也曾经历过低谷期，但是他始终努力着。见了太多糟糕的事情，他反而觉得一切都会慢慢好起来；情绪太过糟糕，他反而知道应该如何来梳理情绪；了解自己的缺点之后，他反而知道什么工作才是最适合自己的。在每一次求职失败后，威廉都会反思自己的缺陷和不足，总结失败的经验教训，从来没有放弃过努力。

威廉说："天赋决定了一个人的上限，努力则决定了一个人的下限。"很多年轻人根本没有努力到可以拼搏天赋，就已经放弃了，威廉深知自己没有一步登天的天赋，所以只能用努力去弥补。

当然，最后威廉如愿找到了一份好工作，这与他平时的努力是分不开的。

成功就是运气恰巧撞到了正在努力的你，努力永远不会有错，即便现在无法感受到努力的回报，但未来的一天终会用到。选择自己喜欢的事情，然后努力到坚持不下去为止，相信梦想，更要相信努力，因为遗憾比失败更可怕。当内向者在追逐梦想的时候，这个世界总会制造许多挫折与困难来阻挡你，残酷的现实会捆住你的手脚，但其实这些都不重要，重要的是你是否有努力到底的决心。

心理启示：

平庸并不可怕，可怕的是永远平庸。既然上帝没有给予我们天赋，那我们就要用后天的努力来弥补。越努力越幸运，如果你觉得自己平凡，那就用努力来换天分。当然，在这个过程中，我们要始终相信努力奋斗的意义，让未来的你，感谢现在拼命努力的自己。坚持不懈可以让你在失去动力的时候帮助你继续你的行动，这样可以保持结果渐渐好转。坚持不懈最终会产生它的动机。仅需你保持你的努力，你最终就会得到回报，这个回报可以为你带来强大的动力。

勇于创新，不断超越自己

大多数的内向者都是一个思考者，每一个年轻内向者都会锻炼自己的大脑，拓展自己的眼光和思维。这是一个脑力制胜的年代，谁的想法更高明，更有效，谁就更容易提升自己的价值，获得财富的垂青。人们不应该拜金，但对财富的追求，对财富的渴望，却不可消弱。这不仅仅是改善生活的需求，更是对激发大脑潜能，调动大脑思维的最原始的动力。很多时候，一个金点子，花费不多，却拥有点石成金的力量。只有看到别人看不到的东西的人，才能做到别人做不到的事。灵活的头脑和卓越的思维为内向者增强了这种本领，深入地洞察每一个对象，就能在有限的空间，成就一番伟大的事业。

因出产夏普牌电视机闻名的早川电机公司董事长早川德次，很小的时候双亲与世长辞，他在小学二年级时，就去一家首饰加工店当童工。但早川并不自暴自弃，小时候早川就想：“在这世界上没有疼爱我的双亲，也没有关心我的长辈，我的处境比任何人都悲惨，但只要我努力生活，就不会输给别人。”

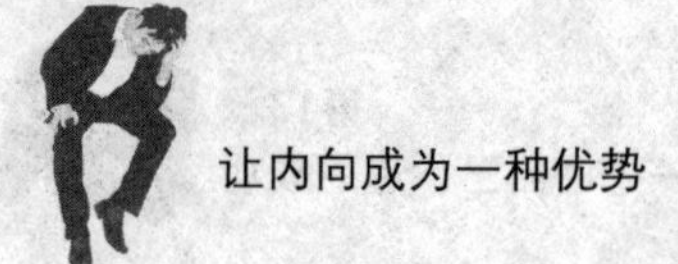

他进首饰加工店之后，每天所做的工作就是照顾小孩，烧饭，洗衣服以及搬运笨重的东西。这样年复一年过了4个春秋，有一次他鼓起勇气对老板说："老板，请您教我一些做首饰的手工好吗？"老板不但没答应，反而大骂道："小孩子，你能干什么呢？你喜欢学的话，自己去学好了！"

早川想，是的，不靠别人，要亲自去学，亲自思考，亲自去做。以后老板叫他帮忙工作时，他尽量用自己的眼睛看，自己的手学。这样，一切有关工作上的学识和技能，全部是靠自己摸索学来的。

他的苦苦挣扎与努力终于没有白费，使他成为耳聪目明又富于创意的人。18岁他就发明了皮带用的金属夹子，22岁时发明了自动铅笔。他有了发明，老板便资助他开了一家小工厂。这种自动铅笔很受大众喜爱，风行一时。世界没有给他任何东西，但他却给世界很多。30岁时，在他赚到1000万日元以后，他就向收音机领域进军，创立早川电机公司。

内向者善于独立思考，当他们把这种能力转变为创意时，其生活现状也许就会发生质的改变。商人说，创意无法标价，它落实后所创造的价值却是切切实实的。年轻人在刚刚步入社会时，一般很难立即拥有发财致富的机遇，这也符合踏实肯干，付出才能有所收获的道理。但也许我们此时实力不足，但如果能有好的创意，常常会达到事半功倍的效果。

为什么世界上大部分的科学家、艺术家都是内向者，那是因为他们善于思考。一位心理学家称，每个人都容易羡慕别人，因为在比较中，你总会发现比你优越的人。很多人不禁感叹，自己何时能赶上别人。

1. 内向者的创意生涯

创意不是高深的科学技术，它的起源常常是内向者的灵机一动，不需要经过严谨的学术训练和精密的理论论证。对于创意，任何一个人都可以与之亲密接触，创意的力量是无穷的，伟大的创意可以带来巨大的收益。

2. 创意青睐于爱思考的内向者

创意人人都有，但它更青睐于细心观察生活并随之跟进的人。创意是改变生活的加速度，它可以不是一件实实在在的产品，而是一种另辟蹊径的思维方式。思路决定财富并不是一句空话，处于困境中的人，如果有心要撬动财富的世界，改变自己的人生历程，只要头脑灵活，感觉敏锐，创意是你手中最有力的一根杠杆，它可以影响人生的成就和财富的流向。

心理启示：

世界著名的成功学大师拿破仑·希尔著有《思考致富》一书，在书中，他提出是“思考”致富，而不是“努力工作”致富。希尔强调，最努力工作的人最终绝不会富有。如果你想变富，你需要“思考”，独立思考而不是盲从他人。对于多数人来说，把思考和金钱联系在一起的，就是创意。

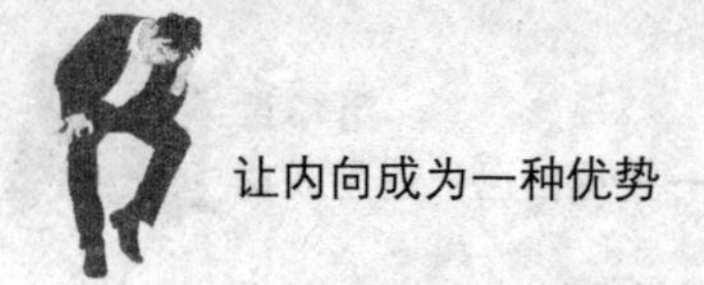

第14章　执行能力——立即行动，分秒必争

不管是在做决定还是做事方面，内向者的执行力都较弱，因为总是思考太多的可能性。当然，谨慎一些固然是好事，但快速的行动力有利于事情更快地解决。所以，内向者在保持自己冷静特性的同时，还需要增强自己的执行能力。

别总把忙和没时间当借口

日本女作家吉本芭娜娜出版了四十本小说和近三十本随笔集，《鲤》杂志曾采访她：“很多人说有了小孩就没有自己的时间了，您现在有了孩子，是如何确保写作时间的呢？”吉本芭娜娜说：“确实没什么时间，但是我一直在拼命。为了争取多一点的写作时间，每天我都在与时间赛跑，最厉害的时候，自己太忙了，连吃饭都站着吃。”估计许多内向者看到这里会感到羞愧吧，比起吉本芭娜娜，总是感慨自己时间不够、事情做不完，却从来不去利用那些零碎的时间。

犹太大亨洛克菲勒就是一位对工作异常勤奋的人。一天二十四个小时中，他的工作时间一般都在十五六个小时，超过了一天的大半时间。而有的时候，他甚至可以一天工作十八九个小时。而有人给他计算下来，他的一生中平均每周工作76个小时，只休息很短的时间。经常是别人已经下班了，他还在勤奋地工作。他常常对别人说：“如果你什么都不想干，那一天工作8个小时就可以了，可是如果你想干点什么，那么你下班的时候，正是你工作的开始。”别人问他：“你怎么能一天工作20个小时？”他却说：“一天工作20个小时怎么可以，我需要一天工作48个小时。”当人们看到他的时候，他总是在不停地忙于

工作。于是人们都说洛克菲勒只有睡觉和吃饭的时候不谈工作，其余的时间他都泡在工作里。这位世界级的大富翁就是这样紧张而勤奋地工作着的，所以他取得了举世瞩目的成就。

犹太民族是世界上最为努力的民族，这种顽强的精神不知道成就了多少犹太富翁。洛克菲勒之所以能够获得成功，就在于他始终如一地保持勤勉的态度，从来不以忙和没时间作为借口。他的勤勉已经成为了顽强的奋斗，在他的眼里，一天24小时都已经不够用了，他希望能在一天内工作更长的时间。犹太人认为，只有勤勉的人才能够尝到胜利的果实，只有勤勉的人才能够得到命运的眷顾。所以，洛克菲勒用自己的实际行动证明了这样一个道理，如果你是一个做事勤勉的人，那么成功就已经离你不远了。

美国职业篮球协会1994年至1995年赛季的最佳新秀杰森·基德，谈到自己成功的历程时说："我小时候，父亲常常带我去打保龄球。我打得不好，总是找借口解释为什么打不好，而不是去找原因。父亲就对我说'别再找借口了，这些不是理由，你保龄球打得不好是因为你总说没时间练习。'他说得对，现在我一发现自己的缺点便努力改正，绝不找借口搪塞。"达拉斯小牛队每次练完球，人们总是看到有个球员在球场内奔跑不辍一小时，一再练习投篮，那就是杰森·基德，因为他是一个为成功寻找理由的人。

成功与失败看起来似乎有天壤之别，但促成它们形成的原因，或许就是一些微小的细节，小小的习惯，比如常常为自己没有完成的事情而寻找借口，而大部分的借口则是"我很忙"、"我没时间"。失败是没有任何借口的，失败了就是失败了，我们在接受失败这个事实的同时，需要反省自己，而不是为失败寻找借口。当然，没有人能随随便便成功的，我们必须付出艰辛的努力。在成功的道路上，我们要不断为之寻找理由，那些坚持、付出的汗水与艰辛都可以铸就最后的成功。

内向者关于自己的未来总会有很多规划，但当他们未能完成时总向别人推诿："我最近太忙，根本没有时间。"迟迟不见有行动，但是如果你想有所获得，有所成就，做哪一件事不会耗费时间呢？我们经常看到优秀的年轻人，举手投足优雅，且写得一手好字，当你在羡慕对方的时候，是否能够想到对方

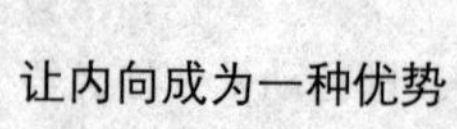

为了培养仪态、练字一个人度过了多少沉默的时光呢。忙和没时间是最烂的借口，因为时间对于每个人都是公平的，之所以会抱怨没时间，不过是因为你在其他事情上浪费了时间。

财经作家吴晓波说：“每一件与众不同的绝世好东西，其实都是以无比寂寞的勤奋为前提的，要么是血，要么是汗，要么是大把大把的曼妙青春好时光。”如果内向者倾力付出自己的努力，早晚会从量变到质变，你现在每走一步留下的脚印，都会成为日后实现人生飞跃的跳板。

心理启示：

内向者总会制定很多计划，看书、运动、旅行等，不过常常因没有时间而不得不放弃。难道你的生活真的有那么忙吗？真相到底如何心知肚明，别总以忙和没时间当借口，那不过是在为自己的懒惰找理由而已。你若坚持努力，一定会发光，因为时间是所向披靡的武器，它能聚沙成塔，将人生所有的不可能都变成可能。

想做就做，为什么不呢？

在很多时候，人们都有着自己的想法：希望自己将来能像松下幸之助一样成为获得巨大成功的实业家，希望进入自己梦寐以求的公司，谋得一个称心如意的职位，等等。但是，最终，有的人能够实现自己的愿望，走向成功的人生；而有的人却不管怎么努力也达不到自己的理想，过着不幸福的日子。

约瑟夫·墨菲说：“决定你命运的绝不是才能，更不是坏境和外在条件，而是你的思考方式，即你的想法。”从现在起，想象自己成为什么样的人，然后让这种“心想”成为一种习惯，在潜意识强大的力量之下，自己真的会成为想象中的人。你想成为什么样的人，就努力去成为这样的人；你想成就什么事业，就马上去行动。为什么不呢？因为行动就是效率。

阿尔伯特·哈伯德出生于美国伊利诺州的布鲁明顿，父亲既是农场主又是乡村医生。年轻时的哈伯德曾在巴夫洛公司上班，是一名很成功的肥皂销售商，但是，他却对此感到不满足。1892年，哈伯德放弃了自己的事业进入了哈佛大学，然后，他又辍学开始到英国徒步旅行，不久之后，哈伯德在伦敦遇到了威廉·莫瑞斯，并喜欢上了莫瑞斯的艺术与手工业出版社。

哈伯德回到美国，他试图找到一家出版社出版自己的那套名为《短暂的旅行》的自传体丛书，但是，他没有找到任何一家出版社。于是，他决定自己来出版这套书，他创建了罗依科罗斯特出版社。这套书出版之后，哈伯德成为了既高产又畅销的作家。随着出版社规模的不断扩大，人们纷纷慕名而来拜访哈伯德。最初，游客会在周围的旅馆住宿，但随着人越来越多，周围的旅馆已经无法容纳更多的人了，因此，哈伯德特地盖了一家旅馆。在装修旅馆时，哈伯德让工人做了一种简单的直线型家具，而这种家具受到了游客们的喜欢，哈伯德又开始了家具制造业。哈伯德公司的业绩蒸蒸日上，同时，出版社发行了《菲士利人》和《兄弟》两份月刊，而随后《致加西亚的信》的出版使哈伯德的影响力达到了顶峰。

有人说，阿尔伯特·哈伯德的一生无比传奇，他之所以能在多方面都能获得成功，在于他从来都是想做就做，不断地朝着自己的一个又一个目标而努力奋进。阿尔伯特·哈伯德是一个坚强的个人主义者，一生坚持不懈、勤奋努力地工作着，成功对于他来说是理所当然的。

在《致加西亚的信》中，阿尔伯特·哈伯德讲述了罗文送信这样的情节："美国总统将一封写给加西亚的信交给了罗文，罗文接过信以后，并没有问：'他在哪里？'而是立即出发。"犹豫、拖沓的生活态度，对内向者来说已经是一种常态，要想成为罗文这样的人，我们就应该马上去做，为什么不去做呢。

在麦克小学六年级的时候，由于考试得了第一名，老师送给他一本世界地图，麦克十分高兴，回到家就开始翻看这本世界地图。然而，很不幸的是，那天正好轮到他为家人烧洗澡水，他一边烧水，一边在灶边看地图。突然，麦克

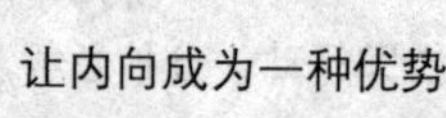

看到一张埃及的地图，原来埃及有金字塔、尼罗河、法老王，还有许多神秘的东西，他心想：我长大以后一定要去埃及。麦克正看得入神的时候，爸爸走过来了，他大声对麦克说："你在干什么？"麦克说："我在看地图。"爸爸跑过来给了他两个耳光，然后说："赶快生火！看什么埃及地图！"打完后，还踢了麦克一脚，严肃地对麦克说："我给你保证！你这辈子绝不可能到那么遥远的地方！赶快生火！"

麦克呆住了，心想：爸爸怎么给我这么奇怪的保证，真的吗？难道我这辈子真的不能去埃及吗？20年后，麦克第一次出国就是去埃及，朋友都问他："你到埃及去干什么？"那时候还没有开放观光，出国很艰难的。麦克说："因为我的生命不要被保证。"于是就跑到埃及旅行。当他坐在金字塔前面的台阶上，他买了张明信片写给爸爸："亲爱的爸爸，我现在在埃及的金字塔前面给你写信，记得小时候，你打了我两个耳光，踢我一脚，保证我不能到这么远的地方来，现在我就坐在这里给你写信。"

人生的精彩源于梦想的精彩，内向者的行为决定成就的高度。其实，我们每个人都是自己命运的设计师。人生的道路该如何去走，向着什么方向去走，最终要达到什么样的目标……所有这些问题都应该是我们自己的立场，而不需要被别人保证。如果我们想去做事情，为什么不去呢？如果我们失去了去尝试的勇气，那么一生也不会有什么大的作为。

心理启示：

许多内向者总是说："我想做……"，但他们总是停留在口头上，迟迟不肯行动，前怕狼后怕虎，很想去做，但又担心失败，结果就是停在那里。多年后，依然是平平庸庸，事业不见起色。实际上，因为行动的效率，哪怕失败了也可以一切重来。如果你总是犹豫不决，怕前怕后，那只会一事无成。所以，内向者要珍惜自己的美好时光，想去做就去做，为什么不呢？

做事果断，别总是思前想后

从前有一头毛驴，它有两堆草料。它饿了，可是站在两堆草料中间，是去左边还是去右边呢？往左边走走……嗯，还是去吃右边的比较好；往右边走了几步……算了，还是去吃左边那堆好了。走走又回头，回头又走走，于是，这头毛驴就这样在两堆草料间活活地饿死了。这个故事当然是有点夸张，可是，不要说人就不会做这样的傻事。因为人比毛驴聪明，思考能力强，在前思后想中，更容易犹豫不决，失去机会。在生活中，有不少内向者做事思前想后，顾虑太多，结果在犹豫不决中丧失了绝佳的机会，也失去了改变人生的机会。

安妮是哈佛大学里艺术团的歌剧演员，她有一个梦想：大学毕业后，先去欧洲旅游一年，然后要在纽约百老汇占有一席之地。心理老师找到安妮说："你今天去百老汇跟毕业后去有什么差别？"安妮仔细一想，说："是呀，大学生活并不能帮我争取到去百老汇工作的机会。"于是，安妮决定一年后去百老汇闯荡，老师感到不解："你现在去跟一年以后去有什么不同？"安妮想了一会，对老师说："我决定下学期就出发。"老师紧紧追问："你下学期去跟今天去，有什么不一样呢？"安妮有点眩晕了，她决定下个月就去百老汇。老师继续追问："一个月以后去跟今天去有什么不同？"安妮激动不已，说："给我一个星期的时间准备一下，我就出发。"老师步步紧逼："所有的生活用品在百老汇都能买到，你一个星期以后去和今天去有什么差别？"安妮激动地说："好，我明天就去。"老师点点头："我已经帮你预订了明天的机票。"

第二天，安妮飞赴了百老汇，当时，百老汇的制片人正在酝酿一部经典剧目，许多艺术家都前去应聘。当时的应聘步骤是先挑出10个左右的候选人，然后，再要求每人按剧本演绎一段主角的对白。安妮到了纽约后，没有着急打扮自己，而是费劲心思从一个化妆师手里要到了剧本，在以后的两天时间里，她闭门苦练，悄悄演习。到了正式面试那天，安妮表演了一段剧目，她感情真挚，表演惟妙惟肖，制片人惊呆了，当即决定主角非安妮莫属。

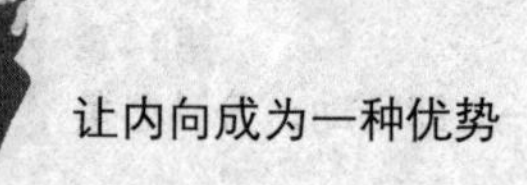

安妮到纽约的第一天就顺利进入了百老汇，穿上了她人生中的第一双红舞鞋，她的梦想实现了，她成为了百老汇的一名演员。当然，她很快就实现了自己的梦想，尽管之前的她是犹豫的，不过她依然抓住了时间——马上出发。在生活中许多追逐梦想的人，总是磨磨蹭蹭，前怕狼后怕虎，结果硬生生地耽误了时间，错失良机。

有一天，老鼠大王召集了全体鼠族成员召开一次会议，大家在一起商量如何对付猫的问题。当老鼠大王抛出了问题，老鼠们都积极发言，出主意，提建议，不过会议持续了很久，最终也没有找到一个可行的方法。

最后，一个平时被大家称为最聪明的老鼠对大家说："通过我们与猫多次作战的经验表明，猫的武功实在太高了，若是单打独斗，我们根本不是它的对手。我觉得对付它的唯一办法就是——预防。"大伙听了面面相觑，问道："怎么防呢？"这个老鼠狡黠地说："给猫的脖子上系上铃铛，这样，猫一走铃铛就会响，听到铃声我们就躲藏到洞里，它就没有办法捉到我们了。"老鼠们听了都雀跃起来："好办法，好办法，真是个聪明的主意！"

老鼠大王听了这个办法以后，高兴得什么都忘记了，当即宣布举行大宴。可是，第二天酒醒了以后，感觉不对。于是，又召开紧急会议，并宣布说："给猫系铃铛这个方案我批准，现在开始就落实到具体行动中。"一群老鼠激动不已："说做就做，真好真好！"受到老鼠们的支持，鼠王问道："那好，有谁愿意去完成这个艰巨而又伟大的任务呢？"会场里一片寂静，等了好久都没有回应。

于是，老鼠大王命令道："如果没有报名的，我就点名啦。小老鼠，你机灵，你去给猫系铃铛吧。"老鼠大王指着一个小老鼠说。小老鼠一听，马上浑身抖成一团，战战兢兢地说："回大王，我年轻，没有经验，最好找个经验丰富的吧。"接着，老鼠大王又对年纪稍长的鼠宰相发出命令："那么，最有经验的要数鼠宰相了，您去吧。"鼠宰相一听，吓坏了胆，马上哀求说："哎呀呀，我这老眼昏花、腿脚不灵的怎能担当得了如此重任呢，还是找个身强体壮的吧。"于是，老鼠大王派出了那个出主意的老鼠。这只老鼠哧溜一声离开了会场，从此，再也没有见到它。最终，老鼠大王一直到死，也没有实现给猫系铃铛的夙愿。

目标是否可以实现，关键在于及时行动。在任何一个领域里，不努力去行动的人，就不会获得成功。正所谓“说一尺不如行一寸”，任何希望、任何计划最终必然要落实到具体的行动中。只有及时行动才可以缩短自己与目标之间的距离，也只有行动才能将梦想变为现实。如果你只是心里想想，而总是考虑其他的因素，错过了及时行动的机会，那会后悔莫及。

心理启示：

人生有三大憾事：遇良师不学；遇良友不交；遇良机不握。很多内向者把握不住机遇，不是因为他们没有条件，没有胆识，而是他们考虑得太多，在患得患失间，机遇的列车在这一站停靠了几分钟，又向下一站行驶了。我们生活在一个竞争激烈的时代，很多机会本来就是稍纵即逝的。每每，在优柔寡断的人左思右想的时候，机会已经掌握在别人手里，把他远远抛在了后面。

与其坐而言，不如起而行

科学家卡莱尔曾经说过：“要迎着晨光实干，不要面对着晚霞幻想。”这句话形象而准确地告诉我们：人不能沉迷于美好和远大的理想之中，还应该付出比别人更多的努力。当我们发现一个良机的时候，就要敢于付诸行动，而不是犹豫不决。确实，在这个世界上，许多伟大的成功者都属于那些敢想、敢做、敢成败的人，而那些所谓智力超群、才华横溢的人却因犹犹豫豫、瞻前顾后，不知道付出行动而最终一无所获。

人们常说“高风险意味着高回报”，只有那些敢于冒险的人，才会赢得人生的辉煌。当然，那些面临风险依然可以果断做出决定的人肯定胆识过人，他

们不仅拥有过人的胆识，而且始终将行动放在第一位，敢想敢做，逆流而上，结果往往赢得了出人意料的成功。

在职场中，许多内向者想改变自己的处境，希望比现在做得更好，甚至，梦想着做一番事业，但他们往往是有了想法却总是瞻前顾后，犹豫不决，以至于许多好的想法、计划都功亏一篑，最后，依然一事无成，在职位上平平庸庸地度过一生。同样是一些敢想的人，他们没有犹豫，而是马上将自己的想法付诸于实践，最后，他们成功了。出现这样截然相反的情况，是什么原因呢？因为前者缺少了行动力，他们只愿意想，而不敢去做，因此，成功的机会总是与他们擦肩而过。

孔子说："君子耻其言而过其行。"意思是说，君子认为说得多而做得少是可耻的。在现实生活中，总是有这样一些夸夸其谈的人，他们口若悬河，说尽了大话，到最后，一件事情都没有完成，给上司和同事留下"浮夸"的印象。一个人如果想要去做一件事，无论计划多么完美，倘若没有付诸实际行动，也不能体现出它的价值来

内向者常常会陷入这样的境地：想得多，做得少。事实上，当我们大脑中有了灵感就应该付诸于实践，现在就去，马上就去，"现在"这一词语可以推进成功，可是，"明天"、"以后"、"某一天"就代表着"永远也做不到"。

大多数聪明的人，他们遇事冷静，不想自己的智慧被淹没在平淡的日子里。因此，一旦他们有了好的想法，总是敢于去实现它，无论最后的结果是成功还是失败，他们总是先做了再说。

如果你现在有一些好的计划，那么，就应该对自己说"我现在就去做，马上开始"，而不是说"我总有一天会去把它完成的"。

心理启示：

在现实生活中，有许多人渴望成功，但却从未想过自己应该下一个决心去达到成功的地步。那些坐在办公室里无所事事的职员，永远都是等待机会自动来到自己眼前，唾手可得，自己毫不费力。在他们身上，缺少强大的决心，缺乏行动力，只会在等待中碌碌无为地过一生。

与其抱怨，不如积极行动

英国著名作家奥利弗·哥尔德斯密斯曾说：“与抱怨的嘴唇相比，你的行动是一位更好的布道师。”面对生活里的一丁点不如意，内向者最普遍的习惯是埋怨，不停地埋怨，埋怨父母不理解，埋怨社会太现实，埋怨朋友的欺骗，埋怨上天的不公，于是，埋怨成为了一种习惯，然而，那些不如意的事情、悬而未决的事情并没有得到真正的解决，自己的情绪反而陷入了恶性循环，结果，心中的怨气反而会阻碍你前进的路途。

成功只会垂青那些积极主动的强者，只要你敢于担当，勇于接受来自生活的挑战，那么，任何艰难险阻都会变成坦途。真正的强者，从来不埋怨，他们总是会把那些消极的想法从内心中扫除殆尽，让自己的内心充满阳光、充满希望。

从前，有一个年轻的农夫，他平日的工作就是划着小船，给另外一个村子的居民运送自家的农产品。那会正值天气炎热，酷暑难耐的季节，年轻的农夫汗流浃背，感到苦不堪言。为了尽快完成工作，农夫心急火燎地划着小船，以便在天黑之前能返回家中。突然，年轻的农夫发现，在前面有一只小船，沿河而下，迎面朝自己快速驶来，眼看着这两只船就要撞上了，但是，那只小船

却丝毫没有避让的意思，似乎是有意撞翻自己的小船。年轻农夫心中顿时有了火气，大声对那只船吼道："让开，快点让开！你这个白痴！再不让开，你就要撞上我了！"但是，农夫的吼叫却完全没用，那只船还是义无反顾地向自己驶来，尽管农夫手忙脚乱地企图为其让开水道，但为时已晚，那只小船还是重重地撞上了他。年轻的农夫被激怒了，他怒视对面的那只小船，但是，令他吃惊的是，那只小船上空无一人，而被自己大呼小叫、责骂的只是那只挣脱了绳索、顺河漂流的空船。

原来，再多的责骂、埋怨，也不能改变事情的发展方向，反而会阻碍你前进的路途。有人说埋怨是一种宣泄，一种心理平衡，似乎埋怨可以将那些不如意的事情发泄出来。每天，我们都可能会面对很多不如意的事情，如果只是一时的埋怨，还可以接受，但是，有时候，埋怨久了就会形成习惯，而埋怨的根源是对现实的不满意。

从前，有一位年老的印度大师，在他身边有一个总是喜欢抱怨的弟子。有一天，印度大师让这个弟子去买盐，等到弟子回来后，大师吩咐这个喜欢埋怨的弟子抓一把盐放在一杯水中，然后喝了那杯水，弟子按照师傅的吩咐一一做了，大师问道："味道如何？"呲牙咧嘴的弟子吐了口唾沫，说道："苦！"

大师一句话没说，又吩咐弟子把剩下的盐都洒入了附近的一个湖里，听从师傅的吩咐，弟子将盐倒进湖里。大师说："你再尝尝湖水。"弟子用手捧了一口湖水，尝了尝，大师问道："你尝到咸味了吗？"弟子回答说："没有。"这时，大师才微微一笑，说道："其实，生命中的痛苦就像是盐，不多，也不少，在生活中，我们所遇到的痛苦就这么多，但是，我们体验到的痛苦却取决于将它放在多么大的容器里，所以，面对生活中的不如意，不要成为一个杯子，总是埋怨，而要成为湖泊，去包容它，通过实际行动来改变自己的现状。"弟子若有所悟地点点头。

一个人来到这个世界上，面对生活中的诸多不如意，我们只有两个选择，要么接受，要么改变。抱怨成为了接受事实的一个阻碍，我们总是想到：这件事对我是不公平的，这样的事情怎么会发生在我的身上呢？我怎么能接受这样的事情呢？所以，一种强烈的倾诉欲望开始萌发，我要去对别人诉说，以此证

明我的无辜和委屈，于是，在我们埋怨不公的时候，我们已经失去了去改变这件事情的机会。那么，当我们无休止埋怨的时候，有没有想过比埋怨更好的解决方法呢？

真正的强者，他致力于积极行动，如何解决问题，如何完成这件事情，而不是去埋怨上天的不公，所以，强者最后会在努力中赢得成功，而无能的人只能在埋怨声中销声匿迹。

心理启示：

罗斯福说："未经你的许可，没有任何人能够伤害你。"有的人自己办不了事情，别人办了漂亮事，他还会到处埋怨："其实我很有能力的"、"他凭什么就能得到上司的重用啊"、"这件事我会比他做的更好，可上司偏偏不找我嘛"。但是，真正的情况，却是自己没有能力，心中才充满了怨气。

知行合一，行动之前要思考

内向者行动之前要有目标，但仅仅有了目标还不够，在把理想铺铸成现实的道路上，我们还应该做好规划，规划不仅仅是一种前景目标，一张蓝图而已，它更是你行动的路线图。在现实生活中，我们经常听到"只有想不到，没有做不到"、"野心有多大，成就就有多高"等这样的言论。很多内向者片面地理解这些激励人心的话语，总以为激情高涨、拼搏忙碌，成就一番事业是自然而然的事情。殊不知，激情和拼搏只是一种动力，如果努力没有用在正确的地方，结果也只是白费功夫。

古语云：凡事预则立，不预则废。目标是可以看得见的靶子，每个人都能看到，大家都在朝它开枪，但并不是谁都能打得快和准。目标是人生拼搏的战

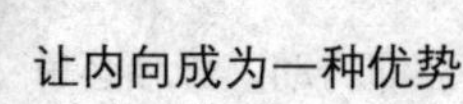

略，至于规划如何朝着既定的方向迈进就是战术问题了，比如你的愿望是登上前面那座山，就应该考虑好什么时间要到达什么地方，一块山石，一棵大树，就是你下一站的指引。

近年来，中国的航天技术发展飞速。火箭飞向月球需要一定的速度和质量。科学家们经过精密的计算得出结论：火箭的自重至少要达到100万吨。而如此笨重的庞然大物无论如何也是无法飞上天空的。因此，在很长一段时间里，科学界都一致认定：火箭根本不可能被送上月球。

直到有人提出“分级火箭”的思想，问题才豁然开朗起来。将火箭分成若干级，当第一级将其他级送出大气层时便自行脱落以减轻重量，这样火箭的其他部分就能轻松地逼近月球了。由此可见，最终目标的实现，也是靠一次次小目标的突破积累而成的。

为自己设定一个适合的目标，然后想办法实现目标。然而你也要明白，对目标而言，如果学会把目标分解开来，化整为零，变成一个个容易实现的小目标，然后将其各个击破，这是实现终极目标的有效方法。很多时候，我们在规划人生时感到困难不可逾越，成功无法企及，正是因为觉得目标离自己太过遥远而产生畏惧感。

几十年前，在美国有一个十多岁的穷小子，他自小生长在贫民窟里，身体非常瘦弱，却立志长大后要做美国总统。如何实现这样的抱负呢？年纪轻轻的他，经过几天几夜的思索，拟定了这样一系列的连锁目标：

做美国总统首先要做美国州长——要竞选州长必须得到雄厚的财力支持——要获得财团的支持就一定得融入财团——要融入财团就需要娶一位豪门千金——要娶一位豪门千金必须成为名人——成为名人的快速方法就是做电影明星——做电影明星前得练好身体，练出阳刚之气。

按照这样的思路，他开始步步为营。一天，当他看到著名的体操运动主席库尔后，他相信练健美是强身健体的好办法，因而有了练健美的兴趣。他开始刻苦而持之以恒地练习健美，他渴望成为世界上最结实的男人。三年后，凭着发达的肌肉和健壮的体格，他开始成为健美先生。

在以后的几年中，他成了欧洲乃至世界健美先生。22岁时，他进入了美国好莱坞。在好莱坞，他花了十年时间，利用自己在体育方面的成就，一心塑造坚强不屈、百折不挠的硬汉形象。终于，他在演艺界声名鹊起，当他的电影事业如日中天时，女友的家庭在他们相恋九年后，终于接纳了他这位“黑脸庄稼人”。他的女友就是赫赫有名的肯尼迪总统的侄女。

婚姻生活过了十几个春秋，他与太太生育了四个孩子，建立了一个“五好”家庭。2003年，年逾57岁的他，告老退出了影坛，转而从政，并成功地竞选成为美国加州州长。

他就是阿诺德·施瓦辛格。他的经历告诉我们，目标要远大，经营自己的过程却要稳扎稳打，在一个台阶上站好了，然后再瞄准下一步。

志存远大，这是一直被我们推崇的。但是在现实中，仅仅有一个清晰的目标还远远不够。就如阿诺德·施瓦辛格一样，如何开动脑筋，尽快突破小目标，实现大目标，才是我们最应该重点费心思考的问题。

总结阿诺德·施瓦辛格的成功经历，我们可以总结出这样一句话：从大处着眼，从小处着手，化整为零地循序前进。谁都妄想自己能一步登天，一夕成名，一下便成为一个亿万富翁。有目标、有憧憬是好事，但善于规划才是硬道理。

内向者做事之所以会半途而废，并不是因为难度高，而是因为他认为现实距离梦想太远，正是这种心理上的因素导致了失败。若把长距离分解成若干个短距离，逐一跨越它，就会轻松很多，而目标具体化可以让你清楚当前该做什么，怎样才能做得更好。

心理启示：

心中有了一系列规划的人，表面看来和以往的他也没什么不同，但是因为眼光看得远了，再做起事来就有了责任心和主动性，会完全脱离那种得过且过的生活状态，一个人的才能也会得到最大程度地发挥。

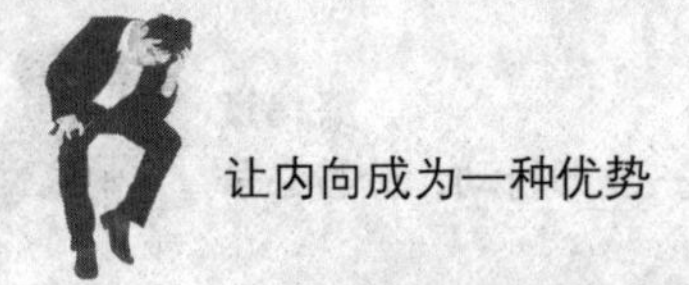

第15章　进取能力——你若盛开，蝴蝶自来

为什么还没有成功呢？其实，没有人会真正成功，前面还有更高的目标。当内向者一旦形成不断自我激励、始终向着更高境界进取的习惯，那他身上一些不良的品质和坏习惯都会逐渐消失。因为不断进取，才会形成优秀的品质。

改变自己，才能改变世界

人生在世，谁不渴望出人头地？很多人之所以没有成功，是因为在我们身上存在许多致命的缺点，如自私、傲慢、急躁、没有明确的人生目标、缺少自信、做事情不脚踏实地、没有耐心等等，这些缺点严重制约了我们的发展。只要对自己进行深刻的检讨，采取改进措施，你的精神面貌就会发生巨大变化，会感觉到自己在一天天地向成功迈进。

改变自己就要学会接受新事物，因为每个人都有着无限的潜能等待开发，只可惜，内向者往往限制了自己的心态。科技进步的速度快得惊人，相对也引导社会各方面的发展，如果你仍一味地沿用旧的思想、旧的做法去做人做事，那就会被社会淘汰。所以，千万不要当个死硬派，很多不该再坚持的观念，何苦抓住不放呢？接受新思想，摒弃不适当的旧观念，才能改造自己，成为扩大人生格局的好起点。

福勒是美国一个黑人佃农的儿子。他五岁就开始参加家庭劳动，他们一家一直过着很贫穷的生活。但福勒有一位不平常的母亲，她很早就发现福勒与其他6个孩子的不同。母亲有意识地经常将福勒拉在身边，跟他谈论心中的想法。她反复地说："福勒，我们不应该贫穷！我们的贫穷不是由上帝安排的，而是我们家庭中的任何人都没有产生过出人头地的想法……”

我们的贫穷是因为我们没有奢想过富裕！这个观念在福勒的心灵深处刻下了深深的烙印，以至成就了他以后无比辉煌的事业。福勒改变贫穷的愿望像火花一样迸发了出来——他挨家挨户推销肥皂达12年之久，并由此获得了许多商人的尊敬和赞赏。一段时间以后，福勒不仅在最初工作的那个肥皂公司，而且在其他7个公司都获得了控股权。可以说，福勒获得了巨大的成功。他彻底改变了家庭的贫穷，扭转了家庭的命运。

有人会说，我是很想立即改变现状，但周围的大环境就这样，不允许，没办法呀！他必定是忘了：一个人在面临无法改变的环境的时候，首先要学会改变自己，自己改变了，环境也会随之改变。西方有句谚语：“生存决定于改变的能力。”不少人往往是一方面既想改变现状，另一方面又害怕承受痛苦，结果把自己弄得既矛盾又挣扎，折腾了一大圈又绕回到起点。改变是痛苦的，但是，如果不改变，那将是更大的痛苦。

“适者生存，不适者则被淘汰”，这是自然规律，世上的事物时时刻刻都在发生着改变。如果你跟不上社会的步伐，你会被社会抛得越来越远。面对这样的状况，只有改变自己才是出路。许多时候，担心是多余的，欣然地面对现实，勇敢地接受挑战，就会塑造一个“全新的自己”。

人生是由一连串的改变形成的。当你的环境、教育、经验、吸收的信息发生变化，你的心理多多少少都会产生不同程度的变化。改变就是机会，只要你及时处理，就会有好的机会与开始，而且，唯有良好的自我改变，才是改变事情、改造状况，甚至改变环境的基础。

日本保险业泰斗原一平在27岁时才进入日本明治保险公司开始他的推销生涯。当时，他穷得连午餐都吃不起，经常露宿公园。

有一天，他向一位老和尚推销保险。等他详细地说明之后，老和尚平静地说：“听完你的介绍之后，丝毫引不起我投保的意愿。”老和尚注视原一平良久，接着又说：“人与人之间，像这样相对而坐的时候，一定要具备一种强烈的吸引对方的魅力，如果你做不到这一点，将来就没什么前途可言了。”原一平哑口无言，冷汗直流。

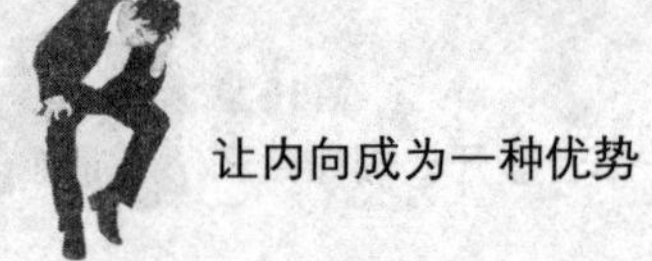

老和尚又说："年轻人，先努力改造自己吧!"

"改造自己?"

"是的，要改造自己首先必须认识自己，你知不知道自己是一个什么样的人呢?"

老和尚又说："你在替别人考虑保险之前，必须先考虑自己，认识自己。"

"考虑自己?认识自己?"

"是的!赤裸裸地注视自己，毫无保留地彻底反省，然后才能认识自己。"

从此，原一平开始努力认识自己，改善自己，大彻大悟，终于成为一代推销大师。

内向者如果不先改正自己的缺点和不足之处，使自己成为一个人格完善的人，就很难获得成功，更谈不上去影响、去改变别人。人活在世上的任务首先是改变自己，进而改变世界。如果同事对你不友善，你不去改正自己的缺点，即使你换个单位也没用；如果你的成绩提不高，你不去改变学习方法和学习态度，即使换了老师也没用。只要你一改变，生活也会随之改变。

世界是在不断发展变化的，每个人也是在不断发展变化的。变化始终存在，不管这变化是好是坏，我们必须接受，而变化的好坏往往取决于人的适应能力。要适应瞬息万变的社会，我们必须做出改变，而且，改变必须从今天开始，马上开始，从自己开始，从每一件小事开始。

心理启示：

适者生存，这是人类一切问题的答案。试图让整个世界适应自己，这便是麻烦所在。试图让一切适应自己，这是很幼稚的举动，而且是一种不明智的愚行。想要改变世界很难，而改变自己则较为容易。如果你希望看到自己的世界改变，那么第一个必须改变的就是自己。

在人生的关键处鞭策自己

一匹再懒惰的马，只要身上有马蝇叮咬它，它也会精神抖擞，飞快地奔跑。这就是心理学中著名的马蝇效应，马蝇效应告诉我们，需要适时地鞭策自己，方能使自己不断地前进，获得成功。一个人只有被叮着咬着，他才不敢松懈，才会努力拼搏，不断进步。

通常情况下，越是有能力的人越容易自负，因为内心有着强烈的占有欲，如果任由这样的情况发展下去，自己会被自满吞噬，安于现状、不思进取；另外，一些性格内向的人遭遇一点点挫折就松懈了，丧失生活的希望，自暴自弃。其实，在这些时候，我们都需要利用马蝇效应来鞭策自己，赶走身上的自负与骄傲、畏惧与自卑，激励自己，勇往直前，迎接人生新的一天。

1860年大选结束后，林肯当选为美国总统，他任命参议员萨蒙·蔡斯为财政部长。有许多人反对这一任命。蔡斯非常有能力，但是，他狂热地追求最高领导权，而且嫉妒心很强。本来，蔡斯想入主白宫，但是，林肯当选了总统，于是，他不得不退而求其次，想当国务卿，林肯却任命了西华德，蔡斯只好坐了第三把交椅，他对此怀恨在心。一天，巴恩看见萨蒙·蔡斯从林肯的办公室走出来，巴恩对林肯说："你不要将此人选入你的内阁。"林肯问道："你为什么这样说？"巴恩回答道："因为他认为他比你伟大得多。"林肯恍然大悟："哦，你还知道有谁认为自己比我要伟大的？"巴恩回答："不知道了，不过，你为什么这样问？"林肯说："因为我要将他们全部收入我的内阁。"

后来，《纽约时报》的主编亨利·雷蒙特拜访林肯的时候，特地告诉林肯，蔡斯正在狂热地上蹿下跳，准备谋求总统职位。林肯以自己特有的幽默方式告诉雷蒙特："你不是在农村长大的吗？那么你一定知道什么是马蝇了。有一次，我和我的兄弟在肯塔基老家的一个农场犁玉米地，我吆马，他扶犁，这匹马很懒，但有一段时间它却在地里跑得飞快，连我这双长腿都差点跟不上。到了地头，我发现有一只很大的马蝇叮在它身上，于是，我就把马蝇打落了。我的兄弟问我为什么要打掉它，我回答说，我不忍心让这匹马那样被咬，我的

兄弟说：‘哎呀，正是这家伙才使马跑起来的嘛。’”讲完了故事，林肯意味深长地说：“如果现在有一只叫‘总统欲’的马蝇正叮着蔡斯先生，那么只要它能使蔡斯的那个部不停地跑，我就不想去打落它。”

林肯所提出的“马蝇效应”被许多人运用到公司或企业的管理中来，然而，管理好了自己才能有效地管理别人。在日常生活中，我们也需要利用好马蝇效应，适时鞭策自己，使自己努力向前。林肯以“欲求”叮着蔡斯先生，其实，每个人对生活都有各种不同的欲求，有的人注重精神的东西，比如荣誉、地位；有的人比较注重物质，比如金钱。

对于我们自己来说，最大的欲求就是梦想，在人生的道路上，我们要以“梦想”这只马蝇来叮着自己，激励自己，让自己这匹“马儿”欢快地跑起来。

一天夜里，小偷潜入了谈迁的家里，但是，小偷发现谈迁家里空荡荡的，根本没有什么值钱的东西。正当小偷失望而归的时候，他一眼瞥见了屋子角落里有一个锁着的竹箱，小偷如获至宝，以为里面装着值钱的财物，就把整个竹箱偷走了。其实，那个竹箱里并没有什么值钱的东西，而是谈迁刚刚写好的《商榷》，对小偷来说，这东西一文不值，而对谈迁来说，却是珍贵的书稿。

20多年的心血化为了乌有，这对谈迁来说，是一个致命的打击。他已经年过半百，两鬓花白，似乎无力坚持下去了。但是，谈迁没有放弃，他不断地鞭策自己：再写一本将会更精彩。在强大信念的支撑下，谈迁从痛苦中崛起，重新撰写那部史书。10年以后，又一部《商榷》诞生了，新写的《商榷》104卷，500万字，而内容比之前的那部更精彩、翔实，谈迁也因而名垂青史。

小偷在无意之间做了那只“马蝇”，促使谈迁鞭策自己，重新撰写了《商榷》这部史书。或许，正是因为再一次的仔细撰写，使得《商榷》更精彩，而谈迁也因此而名声大振。生活有时候就是这样，或是有意无意之间影响自己，然而，只要不停止对自己的激励，我们永远都有再站起来的那一天，成功从来不曾离我们而去。

心理启示：

有时候，内向者会满足于现状，不思进取；有时候，我们会自暴自弃，甚至破罐子破摔。但是，生活还是要继续，我们停止了前进的步伐是因为我们内心已经松懈、倦怠，所以，适时鞭策自己，不断地鼓励自己，前方就是成功之路。只要我们不断地提醒自己，激励自己，我们就像那匹被马蝇所叮的马儿一样，越跑越快，最终能够将心中的梦想变成现实。

做自己人生的建筑师

很多时候，内向者在成功路上的最大障碍恰恰就是自己。因而，你应该努力学会清除前进路上的荆棘。自私自利、贪图安逸、傲慢无礼等都是阻止自己前进脚步的障碍；怯懦、怀疑和恐惧则是自己最大的敌人。所以，你要时时警惕自己身上的弱点，拥有了征服自己的勇气，就会征服一切困难。

人生最强大的敌人就是自己，最大的挑战就是挑战自我。自信方能自强。只有自信，才能做到知难而进，才能有临渊不惊、临危不惧的英雄本色。很难相信一个连自己都不敢肯定的人能够得到别人的认可，只有真的相信自己，才能够得到别人的信任，也才能够创造出自己事业上的奇迹。

尼克松是我们极为熟悉的美国总统，但就是这样一个大人物，却因为一个缺乏自信的错误而毁掉了自己的政治前程。1972年，尼克松竞选连任。由于他在第一任期内政绩斐然，所以大多数政治评论家都预测尼克松将以绝对优势获得胜利。然而，尼克松本人却很不自信，他走不出过去几次失败的心理阴影，极度担心再次出现失败。在这种潜意识的驱使下，他鬼使神差地干出了后悔终生的蠢事。他指派手下的人潜入竞选对手总部的水门饭店，在对手的办公室里

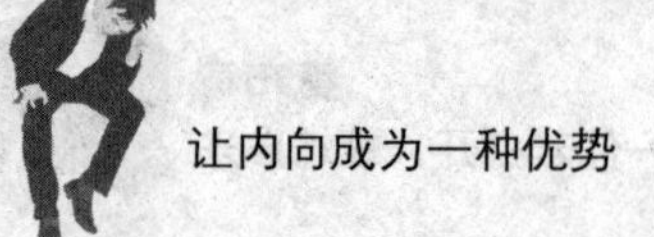

安装了窃听器。事发之后，他又连连阻止调查，推卸责任，在选举胜利后不久便被迫辞职。本来稳操胜券的尼克松，因缺乏自信而导致惨败。

生活绝不会怜惜失败者，在挫折面前，勇者进懦者退。人生的成功属于失败中坚持崇高理想的强者。自信的树立与巩固，与人生的不断收获是分不开的。自信不是天生的，也不是想达到什么程度就达到什么程度，当人们在具体的职业中，经过不断地学习，增加了新的智能并在实践中加以良好的运用，而不断取得新的成效有所进步、有所发展时，自信心就会不断地提升，并长此以往，形成一种自觉的心理态势，达到“自信人生两百年，会当击水三千里”的境界。

培根曾说过：“人人都可以成为自己命运的建筑师。”当内向者面对前进路上的荆棘，不要畏缩，因为通往云端的路只会亲吻攀登者的足迹；当内向者面对人生路上的挫折，不要灰心，因为试飞的雏鹰也许会摔下一百次，但肯定会在第一百零一次试飞时冲入蓝天。

失败是人生的熔炉。它可以把人烤死，也可以把人变得坚强自信。这就要看你面对失败的心态是否乐观。若是你不战自败，那你就彻底陷入失败的沼泽中了。此时，你输给的不是别人，而是自己。

疯狂英语的创始人李阳，他的英语不是说出来的，而是喊出来的。李阳在读大学时，英语成绩一塌糊涂，尤其是听力和口语。有一次，李阳被老师叫起来回答一个简单的问题，李阳知道这个问题的答案，可就是说不出来。于是他用中文对老师说：“我可以写在纸上再给你看吗？”同学们都哄堂大笑。英语课上说中文是对老师很不礼貌的行为。老师生气地说：“这么简单的句子都说不出来，你还是大学生吗？”接着老师又转过身去对同学们说：“如果你们不好好学习口语就像李阳这样。”“就像李阳这样”，这句话深深地伤害了他。从那时起，他就下定决心，非要把口语练好不可！

于是，他想到了一个办法，开始了英语练习。他每天早晨坚持到学校后面的小山上去练习口语。他练习的时候，不是说，而是大声地喊出来，更让人不可思议的是，他的嘴里竟然含着石头。李阳认为，口语不好，主要是两个原因：一是胆子小，不敢说；二是，发音不准，说出来别人也听不清楚。喊英语，能练胆子；含石子，能练发音。就这样，李阳坚持不懈地练他的口语，风雨无阻。遇见熟人，也不怕别人耻笑，即使别人骂他疯子，他也不在乎。

功夫不负有心人，奇迹出现了，三个月后，李阳不仅能流利的回答出英语老师的问题，甚至还为老师纠正部分错误的发音。时至今天，“李阳疯狂英语”成了英语学习产品当中最响亮的一块牌子。

命运往往就是这么奇怪，它在赐予一个人成功之前，大都要设置一道道屏障，来考验一个人的毅力与勇气。因此，那些怯懦者，只能在失望和抱怨之中，走过一生。而只有那些知难而进、勇于跟厄运搏击的人，才能最终品尝到命运之神的精美馈赠。

我们生活在竞争如此激烈的社会中，与天斗，与人斗，每个人都想要获取胜利、出人头地。但是，经过多少次的失败，我们才真正的明白，那个最终使我们受伤的强大的敌人，深深地隐藏在我们自己的心中，这个世界上真正能够打败你的人，唯有你自己。在人的一生中想得最多的是战胜别人，超越别人，凡事都要比别人强。其实，人一生中面临的最大困难和敌人就是自己。战胜了自己，你将战胜一切！

心理启示：

在通向成功的人生征途中，必定会荆棘丛生、困难重重。当内向者走在这条征途上时，是否会因为遇到困难而畏缩不前？是否会因为遇到挫折而自暴自弃？成功始于自信，这个道理人人皆知，但并非人人都能做到。试问：当艰巨的任务摆在你面前时，你能够充满信心地勇敢上前吗？

适合自己的，才是最好的工作

如何找到适合自己的工作？遗憾的是，生活中的大部分人根本不知道自己适合什么样的工作。人们花更多的时间和金钱在那些吃、穿、用上面。他们根

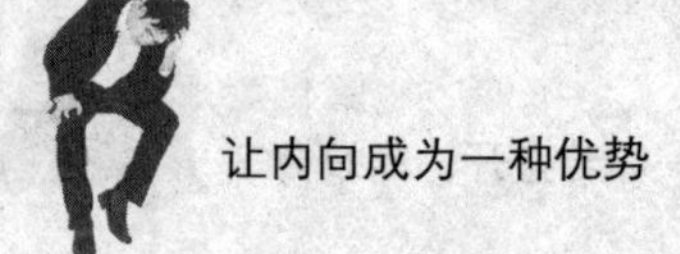

本不会关心自己的未来，更更少关注作为生活幸福基础的事业，甚至他们根本不清楚自己想做什么，让人感到非常意外。

现代人最大的悲剧在于他们根本不知道自己想做什么，这些刚刚大学毕业的年轻人拥有达特蒙斯学院的学士学位，或者拥有康乃尔大学的硕士学位，不过他们却对我说：请问我可以为你的公司做些什么？我觉得这些每天只知道工作，最后只拿到工资的年轻人真是可怜。既然他们对自己想做什么工作都根本不知情，那又怎么会对这份工作感兴趣呢？

内向者或许不知道，一份适合的工作可以展现出自己最大的价值。

世界最大广告公司创始人大卫·奥格威曾做过推销员，当过农夫，任过外交官。后来移居美国，同时不断往来于欧洲大陆。年轻时的奥格威雄心勃勃，他有两个梦想：一是拥有一部劳斯莱斯汽车，一是获得爵士爵位。每当黄昏的时候，他便来到英国国会下议院，坐在观众席里倾听别人辩论，希望有朝一日那里也会成为自己的讲坛。

但是，突然有一天，奥格威发现自己对这一切失去了兴趣，他审时度势，对自己说："我不能再这样幻想下去了，我应该抓住时机，看清形势，我的位置在商海。"然后，他站了起来，以一种坦然而轻松的心情走出了下议院在感到一种解脱之后， 38岁创办了一家广告公司，经过多年的发展，他被誉为现代广告的"教皇"。

大卫·奥格威找到了适合自己的工作，演绎了精彩人生。奥格·曼狄诺曾这样写道："我的命运如同一颗麦粒，有着三种不同的道路。一颗麦粒可能被装进麻袋，堆在货架上，等着喂给猪；也可能被磨成面粉，做成面包；还可能洒在土壤里，让它生长，直到金黄的麦穗上结出成千上百颗麦粒。我和一颗麦粒唯一的不同在于：麦粒无法选择是变得腐烂还是做成面包，或是种植生长。而我有选择的自由，我不会让生命腐烂，也不会让它在失败、绝望的岩石下磨碎，任人摆布。"悠悠生命历程里，内向者找到适合自己的工作，这样才能展现出自己的人生价值。

或许，正是因为很多内向者不知道自己可以做什么，不知道自己想做什么，结果他们到年过四十的年纪，尽管曾经怀揣着远大的梦想，拥有玫瑰花般的年纪，最终剩下的不过是过度的疲惫以及崩溃的精神状态。当然，在这里需要额外说明的一点是，选择合适的职业对身体健康非常有益。

关于如何找到适合的工作：

1. 向就业指导中心求助

或许你可以向有关咨询师或就业指导中心进行咨询。就业指导中心，作为一种新型的职业，或许尚未发展完善，甚至还没有登录较大的平台。不过，这个行业的前景还是比较广阔的，毕竟有太多人不知道自己应该做什么。所以，假如你还在为寻找合适的工作而烦恼，那不如去寻求自己所在社区的职业指导中心的帮助，希望他们可以给你合理的建议。

2. 发掘自己的优势

当你已经决定开始从事某个行业时，那你需要花费几个星期，或者几个月的时间找到自己在这个行业的优势。至于如何寻找，你可以向那些在这个行业中工作了十年、二十年，或是四十年的前辈们请教。

3. 你不止适合一种职业

你觉得自己只适合一种行业？当然不是。比如可以通过学习，做好一切准备，相信自己能够在这些行业中做出成绩，如农业种植、水果栽培、科学耕种、医药、销售、广告、地方报纸的编辑、教育和林业。

心理启示：

对内向者而言，确认自己正在做的工作的重要性非常重要。当一个人对自己从事的工作丝毫不感兴趣，那他就感觉自己被放错了位置，没有得到足够的重视，自己的才能未能得到发挥。这样发展下去，就会对工作完全失去动力。

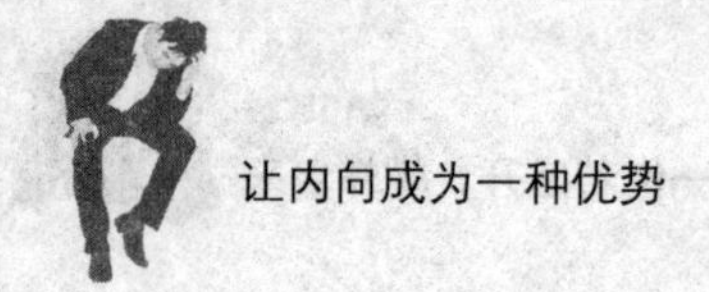

想成功要先花90%的时间想失败

内向者如果渴望成功，那先拼尽全力失败吧。爱默生曾说：“每一种挫折或不利的突变，都带着同样或较大的有利的种子。”在失败的背后，往往隐藏着宝贵的经验与信念，事实上，失败是一笔不可缺少的财富。虽然，在遭遇挫折、面临失败的时候，都会产生一定程度的负面情绪，但是，如果自己长期深陷其中而不能自拔，失败就会成为你的代名词。美国著名心理学家贝弗利·波特认为，当一个人在工作中的失败感大于他所取得的成就感时，就很有可能对自己的工作失去热情，而当这种失败感以一定的频率固定出现的时候，他就很容易对自己的工作产生倦怠。面对失败，我们需要做的并不是自甘堕落，自暴自弃，而是不断积累失败的经验，让失败成为一笔财富。

在人生道路上，成功没有巅峰，追求没有止境，短暂的荣誉往往会束缚着人们前进的手脚，一时的辉煌往往会消减人们的斗志。而失败，让人痛心更催人奋进，既让人难堪更让人坚定，让人们在放弃时能鼓足勇气，想逃避时拾起自尊。失败是成功的前奏，失败是一笔财富，失败能够使人不断地反省自己，在逆境中奋进，在低谷中抓住机遇，不断冒险与尝试，最后采摘成功的果实。

和田一夫21岁那年，自己经营的位于静冈县热海家的蔬菜水果店被一场大火烧毁，他几乎失去了所有，但是，失败并没有让他放弃希望，他将烧成平地的100坪土地拿去做抵押，借钱买了块300坪的土地盖了一个超级市场，开创了日本八百伴。超级市场在和田一夫的经营下，发展越来越好，这时，和田一夫想带着自己的超级市场进军亚洲，而新加坡成为了进入亚洲的起点。

1972年，和田一夫和日本野村证券公司第一次考察新加坡市场，然而，在新加坡，他碰到了两件令自己苦恼的事情：一是新加坡租金太贵，完全超出了自己的预算之外；二是在新加坡期间，和田一夫无意中听到一位的士司机告诉他一段日本杀害新加坡的国仇家史。对此，和田一夫说：“对日本百货公司来说，70年代是一个必须面对历史的时代。”回到日本后，和田一夫告诉了董事们这两件事，结果董事们纷纷表示反对投资新加坡。但是，和田一夫明白“零售业成功的因素是要消费者口袋里装着钞票”，于是，在70年代初期，和田一夫在新加坡开辟了第一个亚洲市场。1976年，受世界石油危机的冲击，巴西八百伴被迫关门。通过这次教训，和田一夫领悟到：“不该死守一个地方，要大胆调动资金，分散资产。”紧接着，八百伴从东南亚“流通”到了台湾、香港、中国。80年代末期至90年代初期，整个亚洲经济处于全盛时期，和田一夫的八百伴集团在16个国家拥有了400多间百货公司，八百伴集团坐上了世界零售业第一把交椅。

1997年，和田一夫在日本负责掌管日本八百伴公司的弟弟，因被指控欺骗日本财政部而被法庭判定有罪，当时也判定和田一夫结束所有海外企业，回日本受审。当时，日本媒体称和田一夫将资金调动到中国，拖累了日本八百伴。顿时，一夜之间，和田一夫变成了一个连累八百伴股东和员工的罪人。这时，和田一夫做出了决定，宣布“自我破产”，交出所有财物，向企业界告别，搬到一个租来的房子去住。

如今，和田一夫成立了“和田一夫企业咨询公司”，他的日常工作就是用电脑给许多企业家回答问题，为企业团体做演讲。同时，他以探讨自己的失败撰写了《从零开始的经营学》，这本书成为了日本经典著作之一。对此，和田一夫这样说：“失败是我的财富，我想将这个企业咨询网络像当年八百伴一样伸展到亚洲，甚至全世界。”

杰出的音乐家贝多芬在与外界声音隔绝之后，坚持音乐创作并获得了巨大的成功；只受过三年正规教育，被老师认定是一个智力迟钝的学生——爱迪生，在经过不懈的努力之后，他成为了最伟大的发明家之一。失败并不可怕，只要你在失败中不断地积累经验，终究能将失败变成财富。

日本著名实业家原安三郎曾说：“年轻时赚一百万的经验，并不能成为将来赚十亿元的经验，但损失一百万的经验，倒可以培养赚十亿元的经验，逆境是锻炼人才最好的机会。”一个不能认识和接受失败的人，也无法看清楚成功的本质，从失败的教训中学到的东西，往往比在成功中学到的还要深刻。成功，总是在经历多次失败之后才姗姗来迟，正确面对失败，才是走向成功的重要素质和能力。

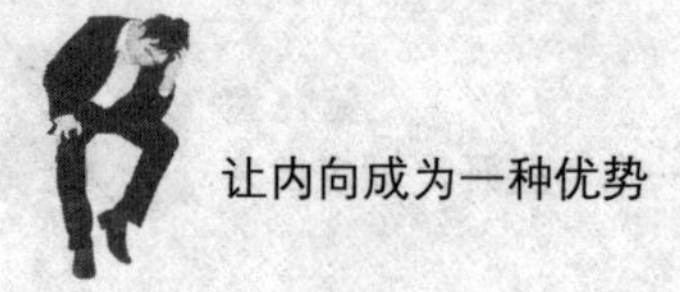

心理启示：

其实，遭受失败并不可怕，关键是用积极的心态来面对。只要内向者能改变心态，把每一次的失败都当作考验自己的机会，把它当作超越自己的一次机遇，那么，我们就不会沉浸在痛苦中，甚至感谢失败让我们看清了真相，获得了经验。失败会让人变得成熟，它是人生的一笔宝贵财富。

选对方向，你的努力才有价值

有句话说得好：方向不对，努力白费。或许，你每天都在加班，工作起来从来不惜力，甚至还是一个彻头彻尾的完美主义者，但是最后的结果却是毫无所获。那么，年轻人，你在持续努力之前，是否选对了方向呢？当我们在穿衣服系扣子的时候，如果第一颗纽扣扣错了，那下面的扣子肯定会跟着出错。人生是一样的道理，如果我们选择的方向不对，无论我们付出多少倍的努力，那最终的结果都是白费。甚至，当我们付出的努力越多，却偏离自己想要到达的地方越来越远。

法国著名科学家法伯发现了一种很有趣的虫子，这种虫子有一种“跟随者”的习性，它们外出觅食或者玩耍，都会跟随在另一只同类的后面，而从来不敢换一种思维方式，另寻出路。发现这种虫子后，法伯做了一个实验，他花费了很长时间捉了许多这种虫子，然后把它们一只只首尾相连放在一个花盆周围，在离花盆不远处放置了一些这种虫子很爱吃的食物。一个小时之后，法伯前去观察，发现虫子一只只不知疲倦地在围绕着花盆转圈。一天之后，法伯再去观察，发现虫子们仍然在一只紧跟一只地围绕着花盆疲于奔命。七天之后，法伯去看，发现所有的虫子已经一只只首尾相连地累死在了花盆周围。

后来，法伯在他的实验笔记中写道：这些虫子死不足惜，但如果它们中的一只能够越出雷池半步，换一种思维方式，就能找到自己喜欢吃的食物，命运也会迥然不同，最起码不会饿死在离食物不远的地方。

这种只会跟随的虫子，不具备把握自己、选择方向的能力，他们用生命努力去换取，最终也都是在可悲地做着无用功。

只知道跟在别人身后漫无目的地奔跑，结果只是自食其果。现实生活中，是否也有很多这样的人呢？找到自己的方向，并懂得正确努力的人，就如同一个高尔夫球高手一般，才会在生活这唯一一次的竞赛中取得优异的成绩。

威廉是一个非常勤奋的青年，他特别希望在各个方面都超越别人。经过多年努力，依然没有什么成效，他对此感到迷茫，希望智者能为自己指引一下人生的方向。

智者叫来自己的三个弟子，嘱咐弟子们把威廉带到山上，打一担自己认为最满意的柴火。于是，威廉和智者的三个弟子沿着门前的江水直奔山上。

等到他们返回时，智者正在原地迎接他们。首先回来的是威廉，他扛着两捆柴火，智者让他在一边休息。不一会儿，智者的两个弟子也扛着柴火回来了。正在这时，从江面上驶来一个木筏，载着小弟子和八捆柴火，停在智者面前。威廉看见如此情形，解释说："我刚开始就砍了六捆柴火，扛到半路，走不动了，只好扔了两捆；又走了一会儿，还是感觉柴火压得自己喘不过气来，又扔掉两捆。最后我就把这两捆柴火扛回来了，但是，大师我真的已经很努力了。"这时大弟子说："我和他刚好相反，刚开始，我们俩各自砍了两捆柴火，我和师弟轮流担，觉得很轻松，最后，我们还把这位施主丢弃的柴火都挑了回来。"这时小弟子说："我个字矮，没什么力气，这么远的路程，就是一捆柴也无法挑回来，所以，我选择走水路，自己造了一个竹筏，结果就这样回来了。"

智者听了，微微颔首，然后走到威廉面前，拍着他的肩膀，语重心长地说："一个人要走自己的路，本身没有错，让别人说，也没有错，关键是你走的路是否正确。年轻人，你要永远铭记：选择方向比努力更重要，选错了方向再努力也是白费力气。"

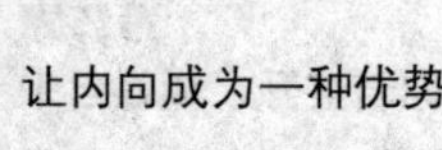

人生有很多条道路，路到尽头，内向者就应该及时转弯。我们总是敬佩那些执著努力的人，他们的精神被弘扬成主旋律，感染着很多青年人热血沸腾地努力拼搏。但你是否能够保持辨别方向的清醒的头脑呢？有人做过统计，在一般人所做的努力中，无效努力的成份占到80%以上；而促成你成功的有效努力的成份仅占20%左右。这依然符合80/20法则的定律。

心理启示：

因此，我们可以说，积极地自我开发，调动自己的积极性，执著地努力，这些都是年轻人不二的选择。在这中间，内向者还应该着重注意：选择正确的方向，始终正确地努力，不要只顾盲目地奔跑，而失去了思考的能力。

第16章　竞争能力——坚持到底，世界就是你的

每个人身上都存在不容易被竞争对手模仿、具有竞争优势的、独特的知识和技能。而对内向者来说，应该提高自己各方面的能力，增强个人竞争优势，使别人无法取代你，只要坚持到底，世界就是你的。

用心做好每天的事情

生活中的坎坷多是由自己、由心造就的。内向者之所以迷茫、甚至跌倒，多是因为你没有看清自己。清楚地认清自己的能力，选择一条适合自己走的路。每天积累一点点，成功就会更快降临。但你要知道，成功的尺度不在于做了多少工作，而在于做出多少成果。确立了目标并坚定地“咬住”目标的人，才是最有力量的人。

目标始终如一的人，能抛除一切杂念，会聚集起自己的所有力量，全力以赴向目标高地挺进。把你需要做的事想像成是一大排抽屉中的一个小抽屉。你的工作只是每天拉开一个抽屉，令人满意地完成抽屉内的工作，然后将抽屉推回去。不要总想着所有的抽屉，而要将精力集中于你已经打开的那个抽屉。一旦你把一个抽屉推回去了，就不要再去想它。

一位曾经到阿拉斯加拜访过爱斯基摩人的作家，回来之后向人们讲述了他在那里的一个见闻：

“永远不要问爱斯基摩人他多大了。如果你问的话，他们也会对你说：‘我不知道，我也不在乎。’再追问下去，他们就会说：‘不到一天大！’爱斯基摩人相信，到了晚上入睡的时候，他们就死了。但在第二天的清晨醒来

时，他们又重新复活过来，获得新生。因此，没有一个爱斯基摩人能活过‘一天’！也因正为如此，每一个爱斯基摩人的面容都不带忧愁和焦虑，他们快快乐乐地过着自己的每一个‘一天’。”

“不到一天大！”——这并不是爱斯基摩人的一句玩笑话，仔细地回味这种“不到一天大”的生命心态与理念，你的心中一定会增添一份深刻的崇敬，甚至还感受到了一种莫大的震撼。

内向者，给自己一个清晰而合理的目标，在较短的时间内、正常的努力幅度下，它是能高高地踮脚就能够到的，这样的目标才会对你的人生有推进的作用。而那些看似远大，只能当做谈资而最终束之高阁的理想，对于它的过分追求，最终成为一种妄想。

只有每次只面对一天，并且把每一天都当做一辈子来过，我们才会万分珍惜这宝贵的一天的每一分、每一秒时光。把每一天都当做一辈子来过，那么，谁还会有时间，去挥霍、去做无用功呢?

泰德·本杰明，曾经在欧洲服役，现在居住在美国马里兰州的巴铁摩尔城纽霍姆路5716号。在战场的那段时间，忧虑曾经一度令他精神崩溃。

当时，泰德在94步兵师担任士官职务，主要是搜集和记录作战死亡、失踪以及受伤的士兵名单。同时需要帮忙挖掘被草率乱埋在战场上的盟国及敌国士兵的尸体，将这些人的遗物转交给他们的家属或最亲密的朋友，这些遗物对他们的亲友来说具有重大的纪念意义。

泰德的工作很烦琐，他总是担心自己出错，造成难堪，终于处于一种焦虑不堪的状态。有时候，他甚至会胡思乱想：在这战乱时期，自己是否可以安全度过这段时间，自己是否可以活着回去，抱抱那尚未见面的16个月大的唯一的儿子。泰德既担忧又疲惫不堪，竟然瘦了整整34磅。心中充满着对未知的恐惧，以至于泰德精神恍惚，差点疯掉。无聊时，他总会呆呆地看着自己只剩皮包骨的双手，想象着自己回家时非常瘦弱的样子，一瞬间陷入另一阵恐慌之中。泰德的精神彻底崩溃了，他像一个无助的孩子一样哭泣。他感觉自己非常脆弱，甚至只要一独处，他就会感到伤心得无以复加。在坦克大战开始后不久的一段时间里，泰德经常哭泣，他对生活完全失去了信心。

1945年4月，整日忧心忡忡的泰德最终被医生诊断为患了“结肠痉挛”的疾病。这种病会给人带来极大的痛苦，不过病因却是过分忧虑。泰德心想，如果当时战争没有立即结束的话，他大概会完全崩溃了。

最后，泰德住进陆军诊疗站，一位军医给了他改变一生的忠告。当医生给泰德做完全体验之后，告诉他说：“泰德，你的毛病出在心里，我希望你可以将生活想象成一个沙漏，你知道任何人都无法让一粒以上的沙子同时通过瓶颈。在生活中，我们每个人都好像是一个漏斗，每天都有许多事情需要我们尽快去完成，但是我们只能一件一件地完成，假如我们让工作如同沙粒一般均匀地缓缓通过瓶颈，那整个沙漏是可以正常工作的，我们的生理和心理也是非常健康的。”

每天都做好手边的事，有几个人能够做到？在现实生活中，有些人并不是好高骛远，在生活的重压下，眼前的一点点收获和利益不足以满足他们那颗强烈追求的心。于是，他们的眼光变得很长远，长远到遥不可及但却异常渴望。不知不觉，高不成低不就成了他们的习惯，在对生活的憧憬中，偶然有一天他们低头会发现，原来自己每一天都荒废了，都在原地的小小的圈子里踏步，远走的是心，而不是自己的脚步。

人生的时间、精力极其有限，想用有限的时间、精力铸就人生最大的成功，就必须要选对成功价值最大的事情去做。也就是说，我们每天都要有清晰的目标可以追求，每天做好一件事，这一个月，这一年，你将会有巨大的成长和收获。

心理启示：

用心把一天中最重要的那件事做好，执着地追求，你就会发现，你所有的行动都会带领你朝着这个目标迈进。在激烈的竞争中，如果你能做好一天中最重要的事情，成功的机会将大大增加。

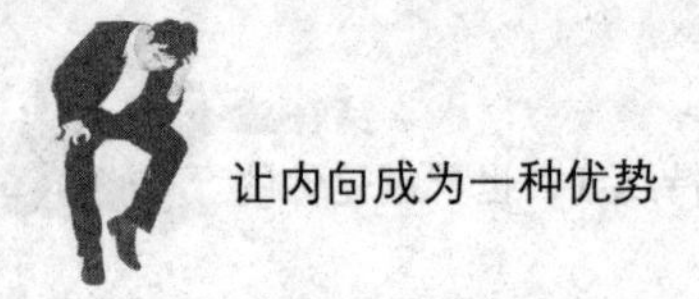

成功从善于推销自己开始

俗话说："美玉藏于深山，人不知其美，黄金埋于地下，人不知其贵。"一个优秀的人，如果只是深藏不露，而不能表现自己，人们就不能看到他存在的价值。这样下去，即使他有绝世的才华，也会渐渐被埋没。现在是一个讲究张扬自己个性的时代，尤其是身处职场上的人们，在关键时刻恰当地张扬也就是"秀"一下，不失为一个引人注意的好方法。天上不会掉馅饼，机会是要靠自己创造的。相信自己，相信自己的能力，相信自己的才华，并且勇敢地在别人面前表达出来，你就会接近成功。

内向者总是在苦苦等待机会降临到自己的身上。但殊不知，一味地等待机会的降临是一种多么无知而可笑的想法。就像成功学大师卡耐基所说："没有机会，这是失败者的推诿，许多奋斗者的成功，都是他们用自己的能力去创造机会的。"

原微软有限公司总经理吴士宏，在1985年离开了原来毫无生气甚至满足不了温饱的护士职业，她鼓足勇气，走进了世界最大的信息产业公司IBM公司的北京办事处。面试像一面筛子。两轮的笔试和一次口试，她都顺利地滤过了严密的网眼。最后主考官问她会不会打字，她条件反射地说："会！"

"那么你一分钟能打多少？"

"您的要求是多少？"

主考官说了一个标准，吴士宏马上承诺说她可以。因为她环视四周，发觉考场里没有一台打字机，果然，主考官说下次录取时再加试打字。

实际上吴士宏从未摸过打字机。面试结束，她飞也似地跑回去，向亲友借了170元买了一台打字机，没日没夜地敲打了一星期，双手疲乏得连吃饭都拿不住筷子，她竟奇迹般地敲出了专业打字员的水平，以后好几个月她才还清了这笔不少的债务，而IBM公司却一直没有考她的打字功夫。吴士宏就这样成了这家世界著名企业的一个最普通的员工。

在人生的旅途中，每个人都会遇到很多成功的机会。在机会面前每个人

的态度是不相同的。有的人把握住机会，努力发展；有的人和机会擦肩而过，视而不见；有的人寻求机会，捕捉超越的空间；有的人不思进取，坐等机会的到来。我们应以积极的态度，捕捉机会，把握机遇，为自己寻找一片翱翔的艳阳天。

一位刚毕业的女大学生到一家公司应聘财务会计工作，面试时即遭到拒绝，因为她太年轻。女大学生却没有气馁，一再坚持。她对主考官说："请再给我一次机会，让我参加完笔试。"主考官拗不过她，答应了她的请求。结果，她通过了笔试，由人事经理亲自复试。

人事经理对这位女大学生颇有好感，因她的笔试成绩最好。不过，女孩的话让经理有些失望，她说自己没工作过，唯一的经验是在学校掌管过学生会的财务。他们不愿找一个没有工作经验的人。人事经理只好敷衍道："今天就到这里，如有消息我会打电话通知你。"

女孩从座位上站起来，向人事经理点点头，从口袋里掏出一美元双手递给人事经理："不管是否录取，请都给我打个电话。"人事经理从未见过这种情况，竟一下子呆住了。不过他很快回过神来，问："你怎么知道我不给没有录用的人打电话?"

"您刚才说有消息就打，那言下之意就是没录取就不打了。"人事经理对这个年轻女孩产生了浓厚的兴趣，问："如果你没被录用，我打电话，你想知道些什么呢?"

"请你告诉我，在什么地方不能达到你们的要求，我在哪方面不够好，我好改进。"说完，女孩微笑着解释道："给没有被录用的人打电话不是公司的正常开支，所以由我付电话费，请你一定打。"

人事经理马上微笑着说："请你把一美元收回。我不会打电话了，我现在就正式通知你，你被录用了。"就这样，女孩用一美元敲开了机遇的大门。

其实道理很清楚：一开始便被拒绝，女孩仍要求参加笔试，说明她有坚毅的品格，她能坦言自己没有工作经验，显示了一种诚信，即使不被录取，也希望能得到别人的评价，说明她有直面不足的勇气和敢于承担责任的上进心。女孩自掏电话费，说明了思维的灵活性，她巧妙地展示了自己公私分明的良好品德，这更是财务工作不可或缺的。

任何人的成功都是来自于自觉自愿地去寻找机会、发挥创造力。那些甘于沉沦和平庸的人最终会沉沦和平庸下去，而那些主动执行、善于创造机会的人，则从最平淡无奇的生活中找到一丝微弱的机会，他们用自身的行动改变了他们的处境。

心理启示：

内向者要想有所成就，就不要奢望别人主动地来关注自己，而是要积极主动地把自己的才干展示给他们看。一次不行，就多表现几次，在一个地方表现无效，就在多个地方进行表现。表现多了，被发现、被赏识的可能性就会增大。把自己的美展示给别人，从而赢得机遇的青睐，仅仅需要一些勇气。

追求极致，精益求精无止境

大部分内向者拥有一颗追求完美的心，希望自己在工作和生活的各个方面都表现得尽善尽美。虽然说完美很难实现，但却是可以无限接近的。每个人都懂得努力去追求理想，望着自己远在天边的梦想的背影一次次地暗下决心，一定要做到。但其中真正小有成就者有几人呢？

也许内向者会感觉困惑，努力了，也坚定了自己的理想，怎么总是处处碰壁呢？生活中有这样一种人，他们常常只专注于结果，一心一意，盯着结果却忽略了过程，匆匆忙忙地，以自己想当然的方法去思考、做事，最后却是适得其反。你是不是属于这种人呢？

芸芸众生能做大事的实在太少，多数人的多数情况是只能做一些具体的事、琐碎的事、单调的事，也许过于平淡，过于鸡毛蒜皮，但这就是工作，是

生活，是成就大事不可缺少的基础。我们必须改变心浮气躁、浅尝辄止的毛病。经济的快速发展，使得专业化程度越来越高，社会分工越来越细，这要求我们要更加专注细节，精益求精。

年轻的洛克菲勒初入石油公司工作时，既没有学历，又没有技术，因此被分配去检查石油罐盖有没有自动焊接好。这是整个公司最简单、枯燥的工序，同事戏称连3岁的孩子都能做。每天，洛克菲勒看着焊接剂自动滴下，沿着罐盖转一圈，再看着焊接好的罐盖被传送带移走。半个月后，洛克菲勒忍无可忍，他找到主管申请改换其他工种，但被回绝了。无计可施的洛克菲勒只好重新回到焊接机旁，下决心既然换不到更好的工作，那就把这个不好的工作做好再说。

于是，洛克菲勒开始认真观察罐盖的焊接质量，并仔细研究焊接剂的滴速与滴量。他发现，当时每焊接好一个罐盖，焊接剂要滴落39滴，而经过周密计算，实际上只要38滴焊接剂就可以将罐盖完全焊接好。经过反复测试、实验，最后，洛克菲勒终于研制出“38滴型”焊接机，也就是说，用这种焊接机，每只罐盖比原先节约了一滴焊接剂。可是，就这一滴焊接剂，一年下来却为公司节约出5亿美元的开支。公司也没想到还有人能在这个岗位做出这么大的成就，年轻的洛克菲勒很快得到提拔，就此迈出日后走向成功的第一步，直到成为世界石油大王。

对于一项看似不用大脑，谁都可以轻易完成的工作，洛克菲勒能够精心来认真对待，在关注一点点细节的同时，发挥自己的才能，把一个简单的任务做到了极致。

在工作和生活中，那些追求完美的内向者，也许他们不具备出众的才华、振奋的激情，但他们一定拥有一颗关注细节、精益求精的心。他们心中有一座灯塔，不管白天与黑夜，他们永远细心地追寻生活中的目标。对于大多数人来说，顺其自然造就了他们的平庸无奇，粗心大意让他们时常功败垂成。为什么在可以选择更好的时候我们总是落于平庸？为什么我们总是有理由纵容自己碌碌无为？

如果一个运动员不专注细节，不追求完美的话，那么他不可能赢得金牌，能把金牌带回家的运动员必须超越其他所有人和已有的记录，不百分之百的付

出谈何能成功。不要总说别人对你的期望值比你对自己的期望值高。不要总是觉得自己的工作很不错，要经常让别人来评判你的工作是否让人满意，如果哪个人在你所做的工作中发现失误，那么你就不是完美的，你也不需要去找一些理由，还是回去再把工作做得更完美一点吧！

也许有人心宽体胖，会说做到99分就很不错了，何必再花大力气做到100分呢？西方流传的一首民谣可以对此作形象的说明。这首民谣说：丢失一个钉子，坏了一只蹄铁；坏了一只蹄铁，折了一匹战马；折了一匹战马，伤了一位骑士；伤了一位骑士，输了一场战斗；输了一场战斗，亡了一个帝国。

你把其他一切都做得很好，就留下了一个瑕疵，可能最后导致失败的就是这个瑕疵。对于我们来说，从早到晚，不管阴天还是晴天，也不管是不是受到胸闷、头疼或心脏病的困扰——每天都必须到达指定的地方，开始工作。而只有在坚持工作数个小时后，休息才显得格外甜美惬意。

心理启示：

无论在哪里，账本上的数字必须精确无误；无论在哪个仓库，货物的数量必须和清单上一致；无论何时，对孩子、顾客和邻居的态度必须和蔼可亲。简而言之，无论做什么事情，内向者都要付出百分之一百二的努力，正是这种品质才能铸就成功的基础。

做事情应当善始善终

秦朝末年，家境贫寒的陈平爱好道表法里的黄老之术，他担任过魏王咎的太仆，项羽的都尉，刘邦的军中尉。他献计使项羽疏远谋士范增，汉朝建立后，他被封为曲逆侯，历任惠帝、吕后、文帝三朝丞相，他能应付各种情况并能善始善终。一个人做事需善始善终，要做好事情的开头，更要做好事情的结尾。许多人在做一件事情时，往往能很好开始却不能很好地持之以恒。这样的人不管怎样努力，最终的结果只是在心中期盼来一个又一个春天，却看不到秋天收获的风景。

一位劳碌了一生的老木匠准备退休，他为这家公司做出了很大的贡献。从开始上班的第一天起，他就在这里工作，从学徒，到师爷，每一步都走得扎扎实实。

这天，他告诉老板，说自己的身体不能承担过重的体力劳动了，要离开建筑行业，回家与妻子儿女享受天伦之乐。老板舍不得他的好工人走，问他是否可以帮忙再建一座房子，老木匠答应了。在盖房的过程中，大家都看出来，老木匠的心已不在工作上了。他用料也不那么严格，做出的活也全无往日水准。老板并没有说什么，只是在房子建好后，把大门钥匙交给了老木匠。“这是你的房子。我送给你的礼物。”老木匠愣住了，同样，他的后悔与羞愧大家也都看出来了。他这一生盖了多少好房子，最后却为自己建了这样一幢粗制滥造的房子。

在生活中，幸运有时总会降临到你的头上，而承载这份幸运的则是你善始善终的态度。最后关头一点点的漫不经心，往往让你损失惨重，后悔不已。人生的获得，在于每一次都竭尽全力的努力，不管是在开始，还是在结束。每一小步都走得坚实，走到一个阶段的最后，你所积累的会显得更加深厚。

很多人都明白，人与人之间的才智差别并不是很大，但许多看上去才智不佳的人同样取得了成功。而很多本来才智超群的人却很落魄。原因并不是做事能力差，而是因为成功者能够认认真真地把事情做到最后，而失败者却总是见异思迁，什么事都只能做一点点或做到一半，便放弃了，在他的人生里留下了许多的“半截子”工程。实践证明，如果每个人都能够一心一意做事并坚持到最后，许多事情都会有好的结果。

有一次，丘吉尔应邀参一次加演讲会，他为了取得演讲成功，在会前反复背诵讲稿，对着镜子反复进行演讲练习，恐怕到时候出丑被人耻笑。

然而，他一进入演讲会场就紧张得心跳加速，满脸冒汗，按照会议安排，该他上台演讲了，他走上讲台给台下人鞠了个躬，然后开始演讲。可是因为太

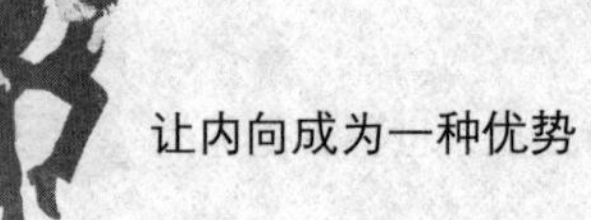

紧张，没讲几句话，脑子里就一片空白，本来背得滚瓜烂熟的讲稿却一句也想不起来了，他急得满脸通红，只好尴尬地离开讲台，不得不放弃了这次演讲机会。

丘吉尔为自己第一次演讲失败而感到羞愧，回到家里觉得无地自容，他认为这是他的奇耻大辱。他永远也不能忘记，这次演讲不仅没有得到台下听众的热烈掌声，而且一双双羞辱的目光一起射在他的身上。他不相信自己是天生的笨蛋，他相信只要克服了演讲时的紧张恐惧心理，就一定会成为杰出的演说家。他把那次演讲出丑的事，当成他学习演讲的动力。他自己寻找机会大胆地面对观众，大声地说自己想说的话和观点，他不再刻意提前拟稿和背稿，而是尽兴发挥演讲，结果他的演讲效果一次比一次好。

1940年，丘吉尔当选为英国首相，人们都为他精彩的演讲喝彩，他的脱稿就职讲话精彩纷呈，不仅观点鲜明，神态自然，铿锵有力，而且说出了人们想说而没能说出的话，句句都说到了人们的心坎上，博得了台下一阵又一阵的掌声。在反法西斯战斗中，他精辟的演讲振奋了英国军民的士气，成为鼓舞士兵一次又一次打败强敌的动力。

丘吉尔在改变自己的过程中的善始善终精神令我们感动。在许多人看来，如果经历了那样丢尽脸面的演讲场合，就会永远地避开类似的场合，不再进行演讲活动。然而，丘吉尔却没能被这样的失败所击倒，而是把挫败当成了追求成功的动力，找到挫败自己的原因后，进行不懈努力，善始善终地锻炼自己的演讲能力，正是丘吉尔高于常人的关键所在。

万事开头难，但万事有个圆满的结局更是难上加难。我们大多数人做事都能在开始时雄心勃勃，把开头的事情做得井井有条，可是没多久，就会因为种种原因产生厌烦心理，以至于越来越粗糙，结果不是半途而废，就是不能有令人满意甚至于不能令自己满意的结局。由此可见，真的是世上无难事，只怕有心人。只有做到善始善终才是人生最大的成功。而人生最大的败笔之一，就是做什么事都半途而废，无功而返，也就是以恶终告终。

对于学生或刚刚步入社会的青年来说，开始做事时，他们的热情高涨，但这股热情很快就会被接踵而来的困难消磨殆尽，或者做事情的三分热乎劲一退，就马上改变主意，这山望着那山高，于是又放弃原来的计划而开始了新的行动，他们就是这样无休止地做着这样有头无尾的事情，以至于留下无数的“烂摊子”工程。他们不能获取成功，因为他们不能把自己的行动和愿望贯彻到底。聪明的猎人不仅跟踪猎物，重要的是他们会最终抓获猎物。

做到善始又善终，必须有执著的追求、执著如一的精神。老舍先生毕其一生的精力，耐住了寂寞和枯燥研究文学，用自己的执著追求贯彻了善始善终的精神。鲁迅、巴金等成功的大师们无一不是善始善终的模范。

心理启示：

内向者如果在做人和做事上不具备善始善终的品质，就意味着他是生活的弱者，无论他曾经有过怎样的风光和辉煌，他的人生也将充满悲伤与苦难。一个人如果在为人和做事上都做到了善始善终，就意味着他必然是生活的强者，也必然能够收获到平静而幸福的人生。

沉下心来，人生会越来越平稳

卢梭曾说：“节制和劳动是人类的两个真正医生。”即使每个内向者都是块好铁，总得锻炼锻炼才能成钢，就是在你为生存而付出的劳动里，锻炼了一切与理想相关的东西，比如自信、尊严、才识和能力。沉重是生活的一部分，我们享受生活的欢乐，也要接纳生活的沉重，因为生命中有一些责任是你必须要承担的，你必须负重前行，脚步才不会太飘忽。

内向者要想有所作为，首先要从转变思想、改变观念开始。如果本是穷人，又是新人，还要“穷摆谱”，那么机会是不会主动光顾他的。而能沉下心来的人，他的思考富有高度的弹性，不会有刻板的观念，能够吸收各种信息，

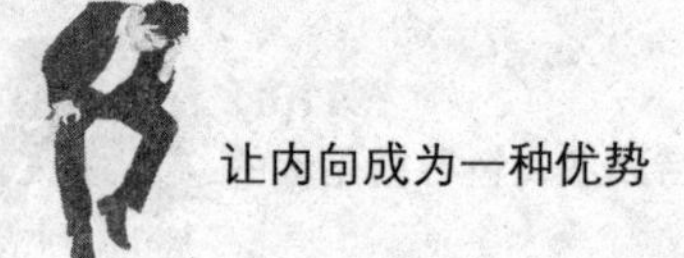

形成一个庞大而多样的信息库，这将是他的本钱。

玛丽大学毕业时，她决定在纽约扎根并做出一番事业来。她的专业是建筑设计，本来毕业时是和一家著名的建筑设计院签了工作意向的，但由于那家设计院在外地，玛丽未经考虑就决定不去。如果去了，她会受到系统的专业训练和锻炼，并将一直沿着建筑设计的路子走下去。可是一想到会几十年在一个不变的环境里工作，或许永远没有出头之日，这点让玛丽彻底断了去那里工作的念头。

玛丽在纽约找了几家建筑公司，大公司不要没有经验的刚出校门的学生，小公司玛丽又看不上，无奈只好转行，到一家贸易公司做市场销售工作。一段时间后，由于业绩得不到提高，身心疲惫的玛丽对工作产生了厌倦情绪。但心高气傲的她觉得如果自己单干肯定会更好，于是她联系了几个朋友一起做建材生意。本以为自己是“专业人士”，做建材生意有优势，可是建筑设计与建材销售毕竟是两码事。不到一年，生意亏本了，朋友们也因利益关系闹得不欢而散。

无奈之下的玛丽只好再换工作，挣钱还债。由于对工作环境不满意，几年下来，她又先后换了几次工作，玛丽对前途彻底失去了信心。现在专业知识已忘得差不多了，由于没有实践经验，再想做几乎是不可能了。玛丽虽然工作经验丰富，跨了好几个行业，可是没有一段经历能称得上成功……现实的残酷使玛丽陷入很尴尬的境地，这是她当初无论如何也没想到的。

“这山望着那山高”的想法切不可有，如果你忽略了理想必须扎根在现实的土壤上的话，结果只能被理想和现实同时抛弃。学会沉下心来，因为你在人生的过程中会看到许多山峰，但你不可能翻越每一座山峰，得到所有美好的东西。命运对任何人都是公平的，当你为没有得到而苦恼时，还是仔细想一下自己将会失去什么吧！

20世纪70年代初，美国麦当劳总公司看好中国台湾市场。他们在准备正式进军台湾市场前，需要在当地先培训一批高级干部，于是进行公开招考甄选。由于要求的标准颇高，很多初出茅庐的年轻人都未通过。

经过一再筛选，一位名叫韩定国的年轻人脱颖而出。最后一轮面试前，麦

当劳的总裁与韩定国谈了三次，并且问了他一个出人意料的问题："如果我们要你去洗厕所，你会愿意吗？"

还未等他开口，一旁的韩太太随意答道："我们家的厕所一向都是他洗的！"

麦当劳总裁一听非常高兴，当场决定录用了韩定国。麦当劳总裁认为一个成功的企业家不仅要能干大事，而且小事也应干得很利索。

韩定国后来才知道，麦当劳训练员工的第一堂课就是从洗厕所开始，因为服务业的基本理念是"非以役人，乃役于人"，只有先从卑微的工作开始做起，才有可能了解"以客为尊"的道理。

洗厕所的工作只是麦当劳正常的员工培训内容之一，不分种族肤色，在世界范围内通行。中国的大男人韩定国一开始难以接受，那是把它严重化了，上升到"折辱"的境地。这大可不必，做些清洁善后工作也是应尽的责任，一个人的层次，并不是由做不做这些小事来界定的。

许多内向者在步入社会的初期都拥有远大的抱负，一心只想一鸣惊人，而不去做埋头耕耘的工作。等到忽然有一天，他看见比他起步晚的，比他天资差的人，都已经有了可观的收获，他才惊觉到自己这片园地上还是一无所有。这时他才明白，不是上天没有给他理想或志愿，而是他一心只等待丰收，忘了播种。

心理启示：

沉下心做事，就是要面对现实，面向未来，顺从规律，服从大势，不做揠苗助长的蠢事，不干明天后天才有可能做的蠢事。扎扎实实，一步一个脚印地走；循序渐进，一步一步登上事业的巅峰。

有目标的人往往走得更远

那些大凡作出巨大成就的人，他们都必须知道自己想成就的是什么？当然，他们绝不像太平洋中没有指南针的船只一样，随风飘荡。成就梦想，确定目标是第一步，然后思考：如何达成自己的目标。这个道理似乎听起来好像老生常谈，但是，令人惊讶的是，许多内向者都没有认清：为自己制订目标以及执行计划，是唯一能超越别人的可行途径。

每个人的行为特点都是有目的性的行为，一般来说，没有目的性的行为是很难成功的。有可能你想成为一名政治家，想成为一名流行歌手，想成为一名将军……但是，生活中没有目标的人就是可怜的糊涂虫，他们永远没有办法找到成功的途径。车尔尼雪夫斯基曾说："一个没有受到献身热情所鼓舞的人，永远不会做出什么伟大的事情。"一旦内向者失去了目标，就意味着失去了人生的推动力，失败必将来临。当然，在追寻目标的过程中，我们应该有自己的立场，因为我们的生命不需要被保证。

哈佛大学有一个非常著名的关于目标对人生影响的跟踪调查，调查对象是一群智力、学历、环境等条件差不多的年轻人。通过调查发现：27%的人没有目标；60%的人目标模糊；10%的人有比较清晰的短期目标；3%的人有十分清晰且长期的目标。

此项调查进行了长达25年的跟踪，发现那些调查对象的生活状况以及分布现象都十分有意思：那些占3%有十分清晰且长期目标的人，25年来几乎不曾改变过自己的人生目标，他们始终朝着同一个方向不懈努力。25年后，他们几乎都成了社会各界的顶尖成功人士，在他们当中有白手起家的创业者、行业领袖、社会精英；那些占10%有比较清晰的短期目标的人，在25年后，他们大多生活在社会的中上层，在他们身上有着共同的特点：那些短期目标不断被达成，生活质量稳步上升，他们成为了各行各业不可缺少的专业人士，他们的职业大多是医生、律师、工程师等等；其中占60%目标模糊的人，25年后他们大多生活在社会的中下层，他们能够安稳地生活与工作，但都没有什么特别的成绩；剩下27%没有目标的人，25年以来，他们几乎都生活在社会的最底层，而且，他们的生活过得很不如意，常常失业，需要靠社会救济，常常在抱怨他人，抱怨社会。

也许你现在与别人差距不大，那是因为你们距离起跑线不远，而不是你比别人聪明，或者说上天眷顾你，你是属于那10%、60%还是剩下部分，只有你自己最清楚，不过，希望你能努力成为那10%目标清晰的人。有目标有远见的人往往可以走得更远，因为世界会为他们让路。

一个没有目标的人就像是一艘没有舵的船，永远过着飘泊不定的生活，只会到达失望和丧气的海滩。很多人即使付出了艰辛的努力，但还是无法成功。其实，这是因为他的目标总是模糊不清或者根本没有实际可行的目标。在生活中，一旦我们确立了清晰的目标，也就产生了前进的动力，所以，目标不仅仅是奋斗的方向，更是一种对自己的鞭策。

心理启示：

有人曾这样说，一个人无论他现在多大的年龄，其真正的人生之旅，是从设定目标那一天开始的，之前的日子，只不过是在绕圈子而已。要想获得成功，我们就必须拥有一个清晰而明确的目标，目标是催人奋进的动力。如果你缺失了目标，即使每天你不停地奔波劳碌，却还是无法获得成功，而成功者之所以能轻松地走向成功，那是因为他们的目标明确，眼光长远。

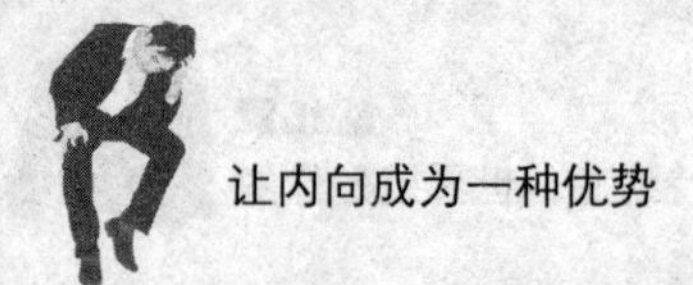

第17章　沟通能力——口生莲花，赢得信任

众所周知，一个具有良好沟通能力的人，他可以将自己所拥有的专业知识及专业能力进行淋漓尽致的发挥，并能给大家留下“我很棒”“我能行”的深刻印象。然而，内向者在沟通能力这方面恰恰比较不擅长，若能提高自己的沟通能力，口生莲花，必定能够赢得别人的信任。

开口第一句，给对方留下深刻印象

首因效应是指我们在与对方交往中给人留下的第一印象，而首次交往中产生的印象将在对方的头脑中形成并占据着主导地位的效应。通常来说，我们在第一次与某物或某人接触时都会留下深刻印象，我们在对他人的认知过程中，通过“第一印象”最先输入的信息对以后的认知会产生影响作用。

初次约会，她在车站等了一个小时，可他还没有来，她打手机，接不通。最后，他终于来了，但她并没有生气，反而亲切地说：“路上堵车吗？人来了就好。”他有点不好意思，不过她的身影已经住在心里了。之后，两人聊了很多愉快的话题。

热恋中，有一次他出差在外，不小心把三千元弄丢了，那是他几个月的收入。在车站，他告诉了她，刚说了一句：“我把三千元弄丢了……”女朋友第一句话说的是：“人没有丢就好……”他愣在那里，啥也说不出来。其实，她一直很节俭，不过她并没有埋怨。这一次，他坚定了娶她回家的念头。

结婚后，他工作忙，很少买菜。一个双休日，他拎了一袋蔬菜回来，她第一句话说的是：“你辛苦了，有进步……不过，豆角有些老……”他很清楚，妻子对他买的菜并不满意，只是怕伤他的心，不埋怨罢了。

从初次约会、热恋到结婚，无论发生了什么事情，她所说的第一句绝不是埋怨，而是关心。所以，当她的第一句话说出的时候，他就认定了她，那句话奠定了和谐的基调，就这样让他们的感情持续升温。在日常生活中，很多时候就是因为第一句话没有说好，闹得彼此的关系很紧张。

雪后初晴的一天，作家盖达尔正在公园里兴致勃勃地堆雪人。忽然，在他身后响起了“咯吱咯吱”的脚步声，他回头一看，一位年轻姑娘正向他走来。姑娘彬彬有礼地向他伸出右手说：“我认识您，您是作家盖达尔，我读过您的全部著作。”盖达尔听了微笑着，十分幽默地说了一句：“我也认识你，你或许是七年级或十年级的学生，我也读过你全部的书，代数、物理、三角……”这时候，姑娘笑着作了自我介绍，从此，他们相识并成为了好朋友。

经过研究表明，第一印象作用最强，持续时间也长，这比以后得到的信息对于事物或人的整个印象产生的作用更强。由于首因效应所带来的强大作用，我们在进行语言表达的时候，也可以把其作为自己的口才心理策略，即开口第一句话的重要性。

那么，如何才能说好第一句话呢？

1. 主动问候

当我们与陌生人初次见面的时候，应该主动问候对方，以谦逊的语气，体现出自己的坦诚、真挚和热情，神态自然，使用得体的语言，千万不要忸怩作态，故弄玄虚。在第一句话里，自己的思想感情要自然流露，以消除对方的戒备心理：“您好，您就是张先生吧！经常听朋友提起您的名字，今天终于能亲自见上您一面了。”

2. 语言得体

我们所说出的第一句话要使对方能够听得懂，并且听进心里，这时候不要弄虚作假，说一些不知所云的话。只有与对方心理相容才能激起心理上的共鸣，如果第一句话对方就不慎重，有可能会导致整个交流的失败。

3. 以赞扬为基调

第一句话要以赞扬为基调，尽量谈论对方颇为得意的方面，比如“您很有气质”、“听说您的书法很大气，今天见您算是知道什么叫‘人如其字’”，

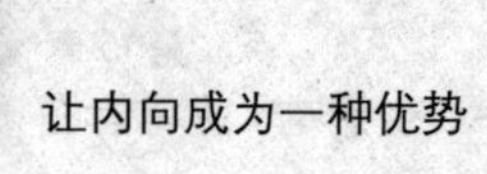

等等。当然，这样的赞赏并不是毫无诚意的恭维或拍马屁，而是发自肺腑的语言，这样才能激起对方的自豪和信任感。

心理启示：

在人际交往中，人们往往注意外表、服饰的“首因效应”。其实，“首因效应”带来的影响并不仅仅局限于外表、服饰等等，还表现在见面时所说的第一句话，而且，该效应带有比较鲜明的情绪色彩，很容易影响对方的心理。所以，当我们说好了第一句话之后，就奠定了整个谈话的基调，话题才会源源不断而来。

说好寒暄话，拉近彼此距离

游走在社交场合的我们虽然名片越来越多，但真正无话不谈的朋友却只有几个，因为绝大多数都只是场面上的朋友，迎来送往，无非就是“您好”、“再见”。但是，令人苦恼的是，如果是真正的朋友，即便相对无言，也不会觉得尴尬。而社交场合的场面朋友就不同了，即使打了招呼“您好”，还需要周旋几句才能说“再见”，中间所呈现出的一段空白，不仅需要我们去填，而且还需要“巧”填。

下班后，大家一起聚餐，酒过三巡，王董事长又向别人讲起了自己的创业史，新来的同事小松并没有走开，反而把身子往前挪了挪，神情专注地听王董事长的光荣战绩：“想当年，我不过也才你这般年纪，不怕吃苦不怕遭人白眼……”“您说得对，咱们这一代就是缺点不怕吃苦的精神，看来我得向您学习啊。”小松随声附和。

在生活中，客套的“场面话”是不可或缺的，它就犹如粘合剂，和谐了人与人之间的心灵距离。一旦缺少了适时的场面话就使整个交谈显得尴尬窘迫，甚至不知道下句话该说些什么。特别是对于那种还比较陌生的朋友，适时的场面话更不可缺少。

2011年就快到了，公司为了庆祝新年的到来，特地举办了一次鸡尾酒会。销售部最年轻的经理小王也参加了，跟不同的客户寒暄了几句，小王就躲进了角落里喝橙汁，他不太擅长说场面话，所以，自己躲起来落个清静。没想到，一个商人模样的老外却走过来打招呼，小王赶紧放下冰橙汁，与他握手。那位老外笑着说："为什么你的手冷冰冰的呀？"小王忙着解释，朝那杯冰橙汁乱指，老外马上摇头："不不不，你只需要说'但我的心是热的'就行了。"小王窘迫地笑了。

也许，老外并不关心小王的手为什么是冰冷的，而小王也没有必要解释为什么自己的手是冰冷的。当两个陌生人见面了，他们所需要的只不过是寒暄几句"场面话"，什么话能让对方开心，就说什么话。一般情况下，那些让人开心的场面话，定会给对方留下深刻的印象，无形之中就会拉近彼此的心理距离。

几位同事正在办公室里讨论工作中出现的问题，这时经理身边的"红人"小李走过来了，她笑着安排了工作，并针对同事提出的问题一一作了解答。同事张丽笑着说："小李，你太聪明了，你的智商真高，怪不得坐到了助理这样的位置，羡慕啊。"听了这番"客气话"，小李有点不高兴，笑容僵硬在脸上，旁边的小杨赶忙说："经理一直在我们面前夸你头脑灵活，今天一见，果真名不虚传啊！"小杨的场面话挽救了小李，其实，平时小杨与小李的关系挺疏远的，但从这一次之后，小李每次见到小杨都会亲切打招呼，两人渐渐成为了无话不谈的朋友。

交际中总会出现各种尴尬、难堪的情境，这时候一旦开口不当，就会令场面越来越僵，最终影响整个人际关系的和谐。此时场面话成为了这些情境的粘合剂，它能较好地填补不适当的话引起的尴尬心理。

那么，场面话该怎么说才合适呢？

1. 恰到好处地称赞

有时候，我们需要当面称赞对方，比如称赞对方的工作能力，称赞对方教

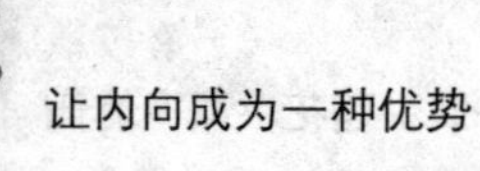

子有方。诸如此类的场面话，有的可能是实情，有的可能与事实有一段差距，听起来虽然有点别扭，但只要不太离谱，对方听了都会感到高兴的，比如“这衣服穿在你身上再合适不过了”，短短一句话比一段话还能触动对方的内心。

2. 话不宜多

场面话是人们在应对各种关系时的现象之一，这是交际的需要，但并不意味着你的场面话说得越多越好，而是越精越好。当你在洞悉了对方心理之后，只需要说出一句话就能有效地影响其心理了，比如“什么时候一起喝茶吧”、“你最近忙吗……我想请你喝茶”，前者比较真诚，后者因话太多而显得虚伪。

3. 适时地附和

很多人往往希望自己的成就得到肯定与赞赏，因此，我们可以在交流时加入一些简单的语言，比如“对的”、“你说得对”等等，以肯定对方的成就，这样会缩短彼此之间的心灵距离。

心理启示：

那些社交高手总能够漂亮地完成这样那样的任务，而且通过几句简单的场面话就拉近了彼此的心灵距离。等到下一次见面，场面上的朋友已经成为了很好的朋友。相反，那些不善交际、不懂说话的人，则会尴尬地维持着自己的笑脸。所以，我们在日常交际中，需要适时说好场面话，拉近彼此的心灵距离。

善于赞美，激发可口可乐效应

在态度心理学中，人们把说服性信息与一些强化刺激联系起来，从而提高了信息的效应现象，被称之为可口可乐效应，这一效应的实质是强化作用。

换句话说，就是利用美言来使对方产生积极的热情，或者，对方在美言的作用下处于很好的精神状态中，对方会在这种影响力下爆发出前所未有的激情与动力。

有时候，“可口可乐”看起来与说服性信息的内容完全无关，但是可口可乐却是一种积极肯定的刺激；当在读过说服性信息后即给予对方“可口可乐”时，这无疑于肯定这一信息的积极性，并做出了正面的强化；另外，“可口可乐”本身潜隐着说服的作用，尽管没有表明是给那些接受说服信息的人喝，但它本身潜隐着这样的信息，也就是当你喝了可口可乐就得做出与可口可乐性质一致的反应，否则，就会产生心理不协调。

在企业里，这种可口可乐效应也被人们所重视。当员工表现优秀的时候，上司会给予物质奖励，它就会起到可口可乐效应的作用，所有的员工对工作更加积极了，对上司更加亲近了。物质本身并没有这种作用，但是由于两件事（员工表现优秀与物质奖励）紧密相伴，从而产生了可口可乐效应。今天业绩突破了十万大关，上司一高兴就说“今天晚上大家聚餐”，结果使员工更加遵从上司的管理，工作的积极性也更高了。

美国南北战争开始时，北方联军连吃败仗。后来林肯大胆启用了一位将军——格兰特。他出身平民，衣着不整，言语粗俗，行为莽撞，有人还说他是个酒鬼。林肯心里明白，所有对他的传言都是夸大之辞……后来，竟然有人要求林肯撤掉格兰特的军职，其理由是说他喝酒太多。林肯则不以为然，他赞扬格兰特说：“格兰特总是打胜仗，要是我知道他喝的是哪种酒，我一定要把那种酒送给别的将军喝。”格兰特没有辜负林肯的信任，为结束南北战争立下了赫赫战功，证明自己的确是一位能力卓越的将军。后来，他成为美国第十八任总统。

在这里，林肯用“美言”激发出了格兰特将军的热情，形成了良性的链状反应，从而产生了“可口可乐”效应。而且，这是一种愉快的潜隐刺激伴随说服性交流信息而产生的巨大作用。最终，格兰特将军焕发出积极的热情，为结束南北战争立下了赫赫战功，证明林肯所说“总是打胜仗的将军”。

有一个女孩，5 岁就开始登台演唱。她有着优美的歌声，她的天才从一开

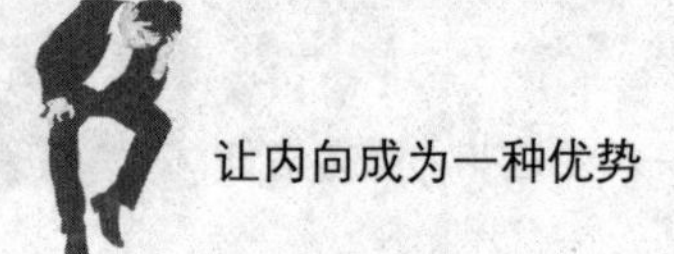

始就显现无疑。长大后，她的家人请了一个很有名的声乐老师来训练她，不论何时，只要这女孩一想到放弃或节奏稍微不对，老师都会很细心地指正。经过一段时间后，她嫁给了他。婚后他还是她的老师，但是她的朋友们发现。她那优美自然的歌声发生了变化，声带拉紧、硬绷绷的，不再像以前那样动听。渐渐地，邀请她去演唱的机会越来越少。最后，几乎没有人邀请她了。而这时，她的丈夫——也是她的老师——去世了。此后几年，她很少演唱，她的才能似乎枯竭了，直到有一位推销员追求她，每当她哼着小调，或一个乐曲旋律时，那位推销员都会惊叹歌声的美妙："再唱一首，亲爱的，你有全世界最美的歌喉。"他总是这样说。她开始重新焕发对音乐的热情，她的自信心开始恢复了，她又开始前往世界各地演唱。

事实上，他并不确知她唱得好不好，但是他确实非常喜欢她的歌声，所以他总是以"美言"来使她心花怒放，以此产生了可口可乐效应。

1. "美言"要适合对方的心理需求

卡耐基去邮局寄挂号信，办事员服务态度很差，很不耐烦。当卡耐基把信件递给办事员称重时，他说："真希望我也有你这样美丽的头发。"闻听此言，办事员惊讶地看看卡耐基，接着脸上露出了微笑，便热情周到地为卡耐基服务起来。当我们对他人说出美言的时候，需要考虑这赞美是否适合对方的心理需求，加强"可口可乐"与其需求的匹配性，越匹配越能发挥出可口可乐效应的作用。

2. 慎用"美言"

我们在使用"美言"的时候，需要慎选，只有真诚的"美言"才能起到效应作用，那些变味、虚假的美言就有可能起到消极的效应作用。所以，我们应该选择真诚的美言，比如，身材很肥胖的朋友穿了紧紧的连衣裙，你还说"这裙子完全衬出了你的身材"，那么效果也就适得其反了。

3. 传递愉快信息

当我们在劝说朋友的时候，可以向对方传递愉快的肯定信息，诸如"喝杯热茶吧，可以暖暖身体"，或者给予微笑、点头、招手等动作，这样也可以起到可口可乐效应的作用。

心理启示：

其实，此效应中所说的“可口可乐”指的就是“美言”，或者可以说带着赞美的语言。在日常交际中，我们可以利用“美言”来使对方产生积极的热情，通过操控其心理来达到自己的目的。

把话说到对方心坎儿上

沟通是双方通过语言或非语言来交流思想感情的过程，因此，在沟通过程中，我们不仅需要说话，也需要适当的聆听。是否能够通过语言来影响其心理，就决定于你是否悉心聆听了。良好的聆听会为你捕捉到很多有效的信息，而这些信息将决定你是否能够成功地操控他人心理。说话是一个传递信息的过程，把话说到位，不仅关系到能否准确表达自己的思想，而且还在于自己的思想是否被对方所接受并产生共鸣。

有一天，车上的乘客很多，而这时又上来了一位抱小孩的妇女。于是，电车售票员小丽像往常一样对乘客们说：“哪位同志给这位抱小孩的女同志让个座儿。”但她连喊了两次，却无人响应。小丽并没有着急，缓缓地站了起来，用期待的眼神看了看靠窗口的几位小伙子，提高了嗓音：“抱小孩的那位女同志，请您往里走，靠窗坐的几位小伙子都想给您让座儿，可就是没有看见您。”

话音刚落，“呼啦”一声，几位小伙子都不约而同地站了起来让座。这位女同志坐下以后，光顾喘气定神，忘记对让座的小伙子道谢，小伙子面露不悦的神色。小丽看在眼里，心中明白，她忙中偷闲，逗着小孩子说：“小朋友，叔叔给你让了座儿，你还不谢谢叔叔。”一语提醒那位妇女，连忙拍着孩子说：“快谢谢叔叔，快谢谢叔叔。”那小伙子听到“谢谢叔叔”时，连声说：

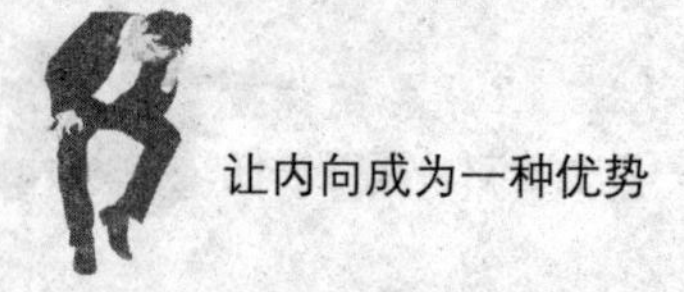

“不客气。”

小丽不过说了最简单的几句话，却产生了这么大的魔力，秘诀就在于她能够通过察言观色聆听出他人的心理需求，这里的聆听并不只是单纯地“听对方的言语”，还需要“聆听”对方的非语言暗示。小丽通过“聆听”对方的非语言暗示，了解到对方的心理需求，恰到好处地说出几句话，句句都在对方心坎儿上。

19世纪，在奥地利的维也纳，妇女们喜欢戴一种高高耸起的帽子。她们进剧场看戏也不愿将帽子脱下，以致后排的观众被挡住视线。这些后排的观众纷纷去找剧场经理提意见，于是，经理就上台请在座的女观众脱帽，然而说了半天妇女们也不予理睬。最后经理又补充了一句话：“那么，这样吧，年纪大一点的女士可以照顾，不必脱帽。”这句话一出，全剧场的女士竟齐刷刷地把帽子脱了下来。

虽然，妇女们并没有发表任何意见，但她们的行为却透露出这样的信息“戴着高高耸起的帽子是为了使自己变得年轻美丽”，剧场经理“聆听”出了她们的心理需求，针对其心理，说出这样的话“年纪大一点的女士可以照顾，不必脱帽”，暗示出“如果你觉得自己年纪比较大，那就别脱帽吧”，一句话说到了妇女们的心坎儿上，她们纷纷脱下了自己的帽子，因为谁也不想承认自己年纪大。

在沟通过程中，我们需要积极地聆听，让对方尽可能地传递出更多有效的信息，以找出对方的兴趣点，这样我们才有机会把话说到对方心坎儿上，从而影响其心理，最终赢得对方的信任。

1. 表示理解

有时候，即使我们不能认同对方的做法，也需要表示出理解“您说的很有道理，我非常理解您”、“谢谢您，如果我站在您的位置，也会有与您一样的想法”。话说到了对方心坎儿上，他会不自觉地受你影响。

2. 维护对方的自尊心

美国著名的哲学家詹姆斯曾经说过：“人类天性的至深本质就是渴求为人所重视。”当对方的表述有些偏颇的时候，我们需要维护对方的自尊心，尽量以委婉的表达方式传递这样的信息“您说得非常有道理，但我相信，每个企业，毕竟都有它存在的理由。”

3. 具体而新颖的赞美

每个人都渴望别人的赞美与认同，当我们察觉出对方有这方面的心理需求的时候，需要给予具体而新颖的赞美之词，比如“您的声音真的非常好听”、“听您说话，我就知道您是这方面的专家”、“跟您谈话我觉得自己增长了不少见识，谢谢您了”。这些恰到好处的赞美会触动对方的内心，继而赢得对方的信任，最终达到影响对方心理的目的。

心理启示：

换句话说，把话说好，关键在于把话说到对方心坎上，以此影响其心理。那么，如何把话说到对方心坎儿上呢？这就需要我们善于通过聆听来洞悉对方的心理需求，再利用语言将自己的思想传递给对方，满足其心理需求，达到影响他人心理的目的。

聊对方感兴趣的事，容易赢得好感

著名口才大师卡耐基说：“即使你喜欢吃香蕉、三明治，但是你不能用这些东西去钓鱼，因为鱼并不喜欢它们。你想钓到鱼，必须下鱼饵才行。”简单地说，当我们在与对方进行语言交流的时候，需要“忘记”自己的兴趣与爱好，用对方的兴趣爱好来展开话题，这样会使彼此之间的沟通更加顺畅。在沟通过程中，谈论对方的兴趣与爱好，这样能让对方感觉到受重视、受尊重，继而赢得对方的好感与信任。

阿美是一家房地产公司总裁的公关助理，奉命聘请一位特别著名的园林设计师为本公司的一个大型园林项目担任设计顾问。但这位设计师已退休在家多

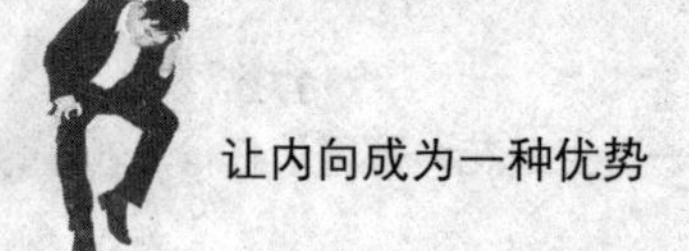

年，且此人性情清高孤傲，一般人很难请得动他。

为了博得老设计师的欢心，阿美在正式拜访之前做了一番调查，她了解到老设计师平时喜欢作画，便花了几天时间读了几本中国美术方面的书籍。这天，她来到老设计师家中，刚开始，老设计师对她态度很冷淡，阿美就装作不经意地发现老设计师的画案上放着一幅刚画完的国画，便边欣赏边赞叹道："老先生的这幅丹青，景象新奇，意境宏深，真是好画啊！"一番话立即使老先生感到一种愉悦感和自豪感。

接着，阿美又说："老先生，您是学清代山水名家石涛的风格吧？"这样，就进一步激发了老设计师的谈话兴趣。果然，他的态度转变了，话也多了起来。接着，阿美对所谈话题着意挖掘，环环相扣，使两人的感情越来越近。终于，阿美说服了老设计师，出任其公司的设计顾问。

人类本质里最深层的驱动力就是希望具有重要性，而且，一个人的兴趣与爱好是其人生中最看重的一部分，他希望自己的兴趣与爱好能够得到别人的认同与肯定。一旦你在谈话中巧妙地说到了他的兴趣所在，他就会转变之前的冷淡态度，开始滔滔不绝起来，在自己感兴趣的事情面前，任何人都会激起一种谈话的欲望。所以，如果你想让对方对你的谈话感兴趣，那就只能以对方的兴趣来展开话题，这样才能有效地影响其心理，令之后的沟通畅通无阻。

一位漂亮的女郎在首饰店的柜台前看了很久。售货员问了一句："这位女士，您需要买什么？""随便看看。"女郎的回答明显缺乏足够的热情。不过，细心的售货员发现这位女士总是有意无意地触摸自己的上衣，好像对自己的上衣很是满意，售货员忍不住说："您这件上衣好漂亮呀！您的眼光真不错。""啊！"女郎的视线从陈列品上移开了，移到了自己感兴趣的上衣上面，"这种上衣的款式很少见，是在隔壁的百货大楼买的吗？"售货员满脸热情，笑呵呵地继续问道。

"当然不是，这是从国外买来的。"女郎终于开口了，并对自己的回答颇为得意。"原来是这样，我说在国内从来没有看到这样的上衣呢。说真的，您穿这件上衣，确实很吸引人。""您过奖了。"女郎有些不好意思了。"只是……对了，可能您已经想到了这一点，要是再配一条合适的项链，效果可能就更好了。”聪明的售货员顺势转向了主题。“是呀，我也这么想，只是项链这种昂贵商品，怕自己选得不合适……”“没关系，来，我来为您参谋一下。”

在日常交际中，双方的沟通最忌讳彼此沉默不语，或者对方总是一副爱理不理的样子。那么，如何打开对方的话匣子呢？最有效的方法就是先从对方的兴趣谈起，这样会使整个谈话过程变得愉悦而畅快。当然，在这其中，我们可以通过提问这样的方式来深入了解对方的心理需求、心理动机以及所感兴趣、关心的事情，顺势展开话题，对方就会侃侃而谈。

1. 找到对方的兴趣点

每个人都有自己的兴趣爱好，因此，在谈话过程中，我们要想办法找到对方的兴趣点。可以在与对方交谈之前做好准备工作，了解对方有什么兴趣爱好；也可以通过自己的观察或提问来获得对方感兴趣的事情。

2. 话题先从对方的兴趣说起

在沟通过程中，为了获得更多有关对方的信息，也为了满足其自尊心，我们需要让对方尽可能地多说话。所以，话题要先从对方的兴趣说起，这样顺势展开的话题会利于整个沟通的顺利进行。

心理启示：

许多人习惯于谈论自己的兴趣爱好，从来不考虑对方，这样的人永远不会得到对方的认同。所以，赢得对方好感与信任的诀窍在于，用他人的兴趣与爱好来展开话题，谈论他最喜欢的事情，达到影响他人心理的目的。

话不在多，但要注意时机

著名作家大仲马说过：“不管一个人说得多好，你要记住，当他说得太多

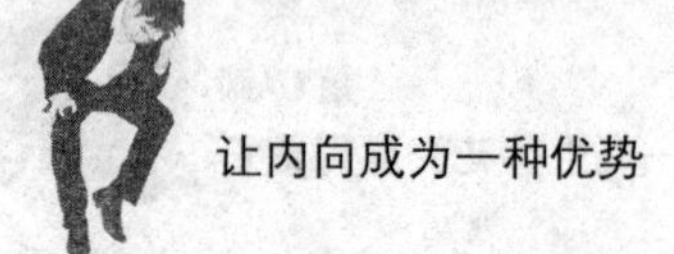

的时候，终究会说出蠢话来。”我们每个人都应牢牢记住这句至理名言，要明白言不在多，但一定要把握说话的时机，这样才能深入地影响对方的心理。

那些会说话的人之所以会获得成功，并不在于他说了多少话，而在于他掌握了说话的时机。正所谓“言多必失”，成功者更注重把握说话的时机，不管在什么场合都显得落落大方，说话的时候说得很充分，不该说的时候一句话也不说。口齿伶俐，在各种场合口若悬河、滔滔不绝，这是很多人所向往的场景，但如果自己在不适当的时机口无遮拦，说了错话，说漏了嘴，这也是难以弥补的过失。

有一个经营印刷业的老板，在经营了多年之后萌发了退休的念头。他原来从美国购进了一批印刷机器，经过几年使用后，扣除磨损费应该还有250万美元的价值。他在心中打定主意，在出售这批机器的时候，一定不能以低于250万的价格出让。有一个买主在谈判的时候，针对这台机器的各种问题滔滔不绝地讲了很多缺点和不足，这让印刷业的老板十分恼火。但是他在自己刚要发作的时候，突然想起自己250万元的低价，于是又冷静了下来，一言不发，看着那个人继续滔滔不绝。结果到了最后，那人再也没有说话的力气，突然蹦出一句：“嘿，老兄，我看你这个机器我最多能够给你350万元，再多的话我们可真是不要了。”于是，这个老板很幸运地比计划多赚了整整100万美元。

正所谓“静者心多妙，超然思不群”。一些习惯于滔滔不绝的人往往是最沉不住气的人，一旦遇到了冷静的对手，他就最容易失败，因为急躁的心情让他们没有时间考虑自己的处境与位置，也不会静下心来思考有效的对策。而在上面这个案例中，那位啰嗦不停的买主正好中了老板无意设下的“陷阱”，不等对方发言，就迫不及待地提出建议价格，等于自己设置空子让别人钻。

一家小公司与一家大公司进行一次贸易谈判，谈判一开始，大公司的代表依仗自己的实力，便滔滔不绝地向对方介绍情况，而小公司的代表则一言不发，埋头记录。大公司的代表讲完后，征求对方代表的意见。小公司的代表好像突然睡醒了一样，迷迷糊糊地回答说：“哦，讲完了？我们完全不明白，请允许我们回去研究一下。”于是，第一轮会谈结束。

几星期后，谈判重新开始，小公司的代表声称自己的技术人员没有搞懂对方的讲解。结果大公司代表没有办法，只好再次给他们介绍了一遍。谁知，讲完后小公司代表的态度仍然不明朗，仍是要求道："我们还是没有完全明白，请允许我们回去再研究一下。"就这样，结束了第二次的会谈。

过了几星期后，第三次会谈，小公司的代表还是一言不发，在谈判桌上故伎重演。唯一不同的是，这次，他们告诉公司，一旦有讨论结果立即通知对方。过了一段时间，在大公司毫无准备的情况下，小公司要求立即谈判，并且拿出了最后的方案，以迅雷不及掩耳之势逼迫大公司，使对手措手不及。最后，达成了这一项明显有利于小公司的协议。

一家小小的公司居然能够打败大公司，在谈判中获得了成功，关键在于小公司懂得沉默，懂得掌握说话的时机。在说话时机尚未成熟的时候，他们一直不说话，使对方摸不着头脑，盲目骄傲自大，同时也为自己赢得了时间去研究对手的方案，给了大公司措手不及的一击。可见，说话看准时机比说话多更有效，它能起到滔滔不绝完全达不到的效果。那么，在日常生活中，我们该如何看准说话的时机呢?

1. 占据优势时少说话

在谈话过程中，我们完全占据了优势的位置，这时候需要少说话，正所谓"桃李不言，下自成蹊"，对方在无措之时自会露出破绽。

2. 不了解情况时少说话

有时候，在不了解对方的情况时不要盲目地乱说，这有可能会给对方提供可乘之机，使自己遭受很大的损失。所以，在不了解对方情况的时候，不要轻易把话说出口，需要谨慎用语。

3. 气愤时少说话

当自己或对方的情绪正在激烈的时候最好少说话，这时候一旦开口不慎就会引发一场争执。最佳的说话时机是等双方都冷静下来，能够心平气和地谈话或者安排时间交谈，只有这个时候双方的交流才能顺利进行下去。

心理启示：

言不在多，少说话可以使自己有更多的时间思考，经过思考之后，再找准说话时机，这样说出的话会更精彩。在日常交际中，我们应该少说话，特别是当一个比自己更有经验的人在场的时候，如果自己说得太多，就无疑于自曝其短，这样继续下去的结果将对自己很不利。

参考文献

[1]金翎.内向者的完美口才打造计划[M].北京：中国商业出版社，2013.

[2]骆川.别让内向性格阻碍你：内向者的能量修习课[M].北京：中国华侨出版社，2013.

[3]墨非.别让太过内向误了你[M].北京：中国华侨出版社，2014.

[4]庄立.拥抱内向的自己[M].北京：中国华侨出版社，2016.